Tobias Sambale

Arbeitsbuch Rettungsdienst RS/RH

ELSEVIER

ELSEVIER
Hackerbrücke 6, 80335 München, Deutschland
Wir freuen uns über Ihr Feedback und Ihre Anregungen an books.cs.muc@elsevier.com

ISBN 978-3-437-48251-9

1. Auflage 2018

Wichtiger Hinweis für den Benutzer
Ärzte, Praktiker und Forscher müssen sich bei der Bewertung und Anwendung aller hier beschriebenen Informationen, Methoden, Wirkstoffe oder Experimente stets auf ihre eigenen Erfahrungen und Kenntnisse verlassen. Bedingt durch den schnellen Wissenszuwachs insbesondere in den medizinischen Wissenschaften sollte eine unabhängige Überprüfung von Diagnosen und Arzneimitteldosierungen erfolgen. Im größtmöglichen Umfang des Gesetzes wird von Elsevier, den Autoren, Redakteuren oder Beitragenden keinerlei Haftung in Bezug auf jegliche Verletzung und/oder Schäden an Personen oder Eigentum, im Rahmen von Produkthaftung, Fahrlässigkeit oder anderweitig, übernommen. Dies gilt gleichermaßen für jegliche Anwendung oder Bedienung der in diesem Werk aufgeführten Methoden, Produkte, Anweisungen oder Konzepte.

Für die Vollständigkeit und Auswahl der aufgeführten Medikamente übernimmt der Verlag keine Gewähr.
Geschützte Warennamen (Warenzeichen) werden in der Regel besonders kenntlich gemacht (®). Aus dem Fehlen eines solchen Hinweises kann jedoch nicht automatisch geschlossen werden, dass es sich um einen freien Warennamen handelt.

Bibliografische Information der Deutschen Nationalbibliothek
Die Deutsche Nationalbibliothek verzeichnet diese Publikation in der Deutschen Nationalbibliografie; detaillierte bibliografische Daten sind im Internet über http://www.d-nb.de/ abrufbar.

18 19 20 21 22 5 4 3 2 1

Um den Textfluss nicht zu stören, wurde bei Patienten und Berufsbezeichnungen die grammatikalisch maskuline Form gewählt. Selbstverständlich sind in diesen Fällen immer Frauen und Männer gemeint.

Planung: Anna-Marie Seitz, München
Projektmanagement und Herstellung: Christine Kosel, München
Satz: abavo GmbH, Buchloe/Deutschland
Druck und Bindung: Printer Trento S.r.l, Trento/Italien
Umschlaggestaltung: SpieszDesign, Neu-Ulm
Titelfotografie: Tobias Gruber, Hamburg

Aktuelle Informationen finden Sie im Internet unter **www.elsevier.de**.

Vorwort

Ende der 70er Jahre verabschiedete der Bund-Länderausschuss „Rettungswesen“ ein Grundsatzdokument zur Ausbildung des Personals im Rettungsdienst. Der 20. September 1977 gilt damit als die Geburtsstunde des Rettungssanitäters. In seinem über 40-jährigen Bestehen hat das Berufsbild zahlreiche Veränderungen und Wandlungen durchgemacht. Nicht zuletzt basierten diese auf dem stetigen medizinischen Fortschritt und einer sich ständig wandelnden Gesellschaft und Arbeitswelt. Inzwischen ist der Rettungssanitäter der Assistent von Notfallsanitätern und Notärzten, der kompetente Ansprechpartner im Krankentransport und eine wichtige Führungskraft im Sanitätsdienst. Er nimmt zahlreiche Rollen ein und ist vielfältig einsetzbar. Dementsprechend tiefgehend muss auch die Vorbereitung auf diese beruflichen Herausforderungen sein. Gemessen an der relativ kurzen Ausbildungsdauer, ist der Rettungssanitäterlehrgang wohl eine der intensivsten medizinischen Ausbildungen in Deutschland. Aus diesem Grunde freut es mich sehr, Sie bei Ihrer Vorbereitung auf diesen schönen Beruf mit dem Arbeitsbuch „Rettungsdienst RS/RH“ unterstützen zu können. Das Arbeitsbuch ist vollständig am gleichnamigen Lehrwerk ausgerichtet und ermöglicht Ihnen so, Ihre Lernerfolge von Buchkapitel zu Buchkapitel zu überprüfen. Es empfiehlt sich dabei, die Aufgaben zunächst ohne Lehrwerk zu lösen, um Ihnen aufzuzeigen, welche Aspekte sie bereits können und welche Sie tiefgehender behandeln sollten. Im zweiten Schritt ziehen Sie dann das Lehrwerk zu Rate. Zu den Musterlösungen sollten Sie erst als allerletztes greifen.

Eine kleine Besonderheit dieses Buches ist der Beispielfall an seinem Ende. Er soll eine Möglichkeit aufzeigen, wie Sie Ihr neu erlerntes Wissen bündeln können, um es über die Verknüpfungen länger im Gedächtnis zu behalten. Solche Fälle können Sie ohne größere Probleme auf Basis der im Buch gestellten oder selbst erdachten Fragen in Lerngruppen erarbeiten und einander damit herausfordern.

Ich wünsche Ihnen für Ihre Ausbildungszeit und ihren beruflichen Werdegang alles Gute. Ich hoffe, dass Sie daran so viel Freude finden werden, wie ich sie bei der Zusammenstellung dieses Arbeitsbuches hatte.

Für Ihre Prüfungen wünsche ich Ihnen natürlich außerdem noch viel Erfolg!

Hamburg, Herbst 2017
Tobias Sambale

Inhaltsverzeichnis

Aufgaben

Lösungen

Aufgaben

Kapitel 1 – Grundlagen des Lernens

1. Definieren Sie den Begriff „Lernen".

2. Nennen Sie die 3 Gedächtnisebenen.

3. Beschreiben Sie die 3 Gedächtnisebenen.

4. Erläutern Sie den Unterschied zwischen „aufnehmenden" und „ausdrückenden Lerntätigkeiten".

5. Ergänzen Sie die Abbildung.

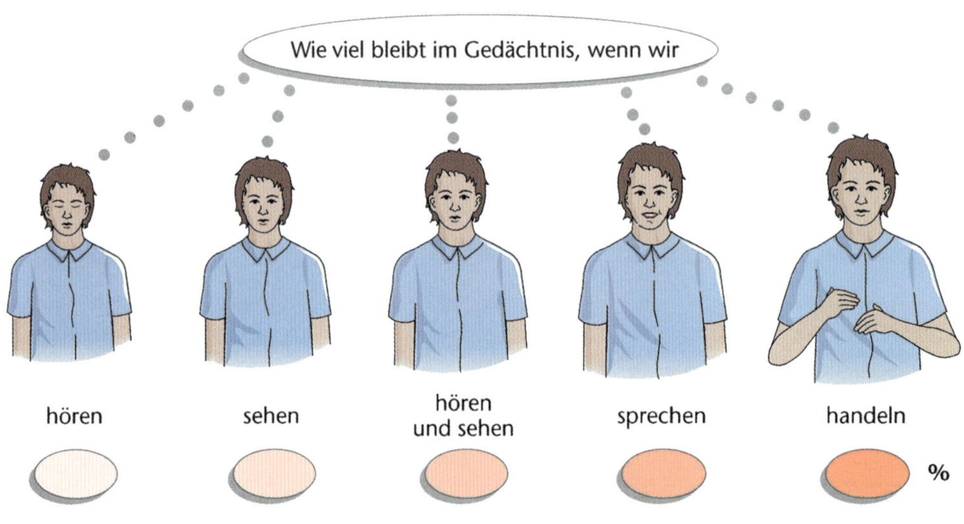

6. Nennen Sie ein Beispiel für die Bündelung von Einzelinformationen zu den sogenannten „Chunks".

7. Erläutern Sie die Abbildung.

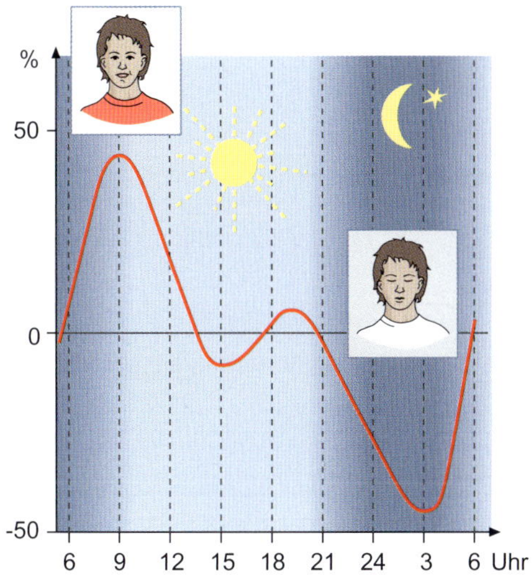

8. Richtig oder falsch.

	Richtig	Falsch
Die meisten Menschen können sich länger als 20 Minuten voll konzentrieren.	☐	☐
Nach spätestens 20 Minuten Lernen sollte eine individuelle Lernpause von einigen Sekunden erfolgen.	☐	☐
Nach ca. 45 Minuten empfiehlt es sich, eine Auffrischungspause von 15–20 Minuten zu machen.	☐	☐
In den kurzen Minipausen ist es ratsam kurz das Gebäude zu verlassen, um etwas frische Luft aufzunehmen.	☐	☐
Nach etwa 3 Stunden Lerntätigkeit braucht der Körper eine längere Erholungspause von etwa 1,5 Stunden.	☐	☐

9. Planen Sie Ihr Vorgehen.

Ihre Kurskollegin Julia hat Befürchtungen, die anstehende Rettungssanitäterprüfung nicht zu bestehen. Sie leide seit ihrer Kindheit unter Prüfungsangst. Sie fragt Sie nach Tipps im Umgang mit ihrer Angst.

Kapitel 2 – Grundlagenwissen Physik, Chemie und Biologie

1. Ergänzen Sie den Text.

Mol – Volumen – Medikamenten – Gramm – Konzentration – Menge – Einheiten – Vorsilben – Fehldosierungen

Die ______________ gibt an, welches ______________ eines Stoffes auf ein bestimmtes ______________ entfällt. Dabei dürfen Masse und Stoffmenge nicht verwechselt werden. Während die Stoffmenge in ______________ ausgedrückt wird, wird die Masse in ______________ angegeben. Auch ist darauf zu achten, dass die Bruchteile und die Vielfachen von diesen ______________ mit bestimmten ______________, etwa Mikro-, Milli- oder Kilo- angegeben werden. Dies ist bei der Verabreichung von ______________ oder ihrer Vorbereitung unbedingt zu bedenken, damit es nicht zu ______________ kommt.

2. Erläutern Sie den Begriff „Druck".

____

____

____

____

____

____

____

____

3. Zeichnen Sie die Ergebnisse der angegebenen Transportprozesse in die jeweils rechte Abbildung ein.

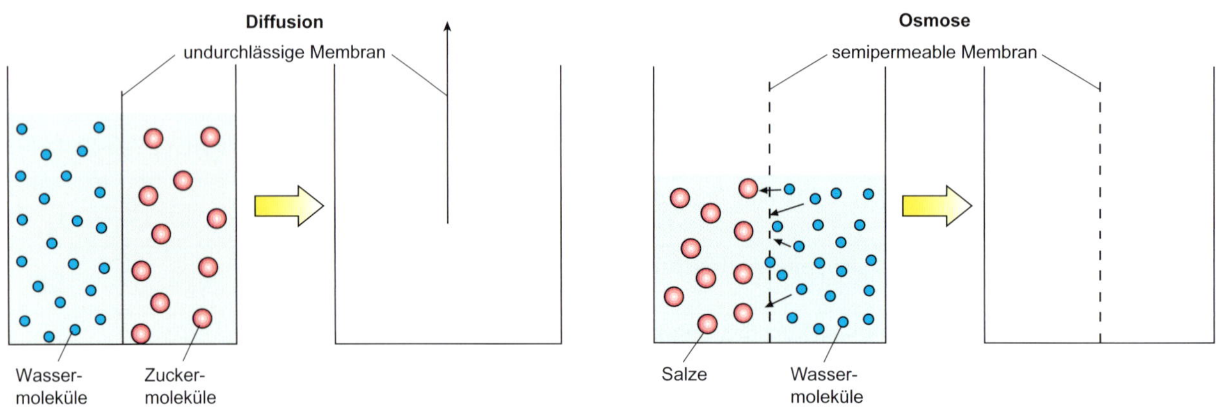

© Heike Hübner, Berlin

4. Erläutern Sie den Begriff „Ion".

____

____

____

____

5. Nennen Sie mindestens 4 Merkmale des Lebens.

6. Bringen Sie die Begriffe in die richtige Reihenfolge. Beginnen Sie bei den kleinsten Strukturen.

Organisationsebenen des menschlichen Körpers

Organe	1
Moleküle	2
Gewebe	3
Zellen	4
Organismus	5
Atome	6
Zellorganellen	7
Organsysteme	8

7. Ergänzen Sie die Tabelle.

Gewebe des menschlichen Körpers

Gewebe	Aufgabe	Vorkommen (Beispiel)
	Kommunikation im Organismus	
		Haut
	Bewegung und Organfunktion	
Binde- und Stützgewebe		

8. Beschriften Sie die Abbildung.

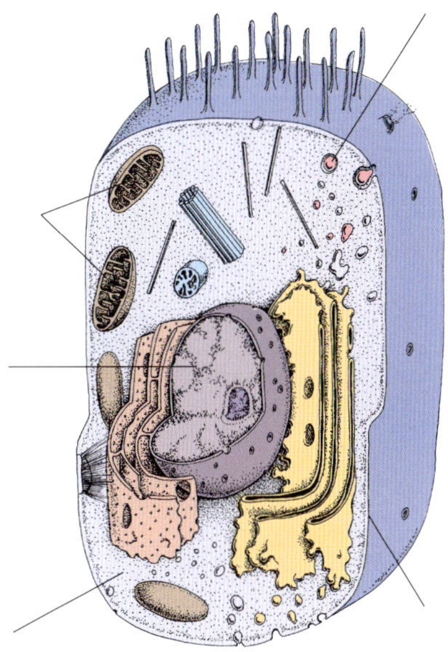

© Gerda Raichle, Ulm

Kapitel 3 – Anatomie und Physiologie

1. Nennen Sie mindestens 5 Strukturen, die im Mediastinum verlaufen.

2. Zeichnen Sie den Weg des Blutes ein und verbinden Sie die Begriffe mit den jeweiligen Strukturen des Herzens.

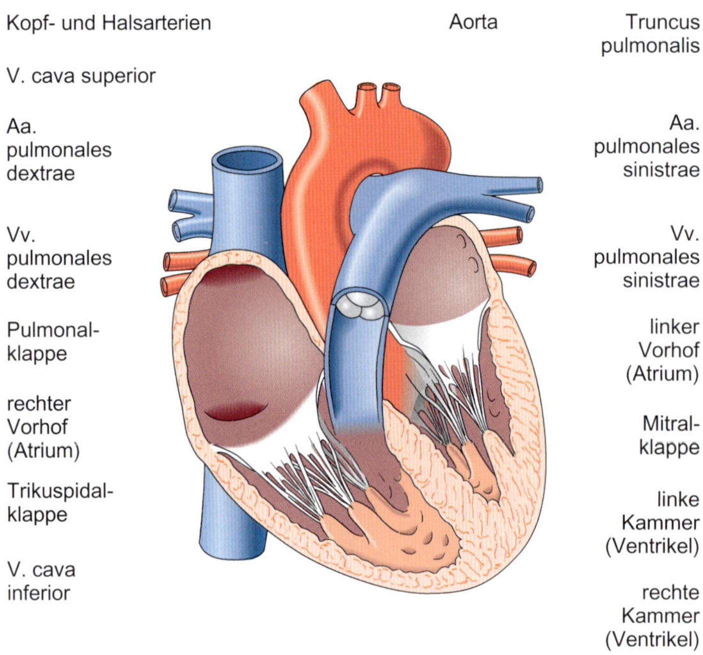

3. Richtig oder falsch.

	Richtig	Falsch
Die Herzinnenhaut heißt Epikard und kleidet das Herz von innen aus. Ihre Funktion ist dabei eine Reduzierung der Reibung beim Blutdurchfluss.	☐	☐
Der Herzmuskel ist die dickste Schicht des Herzens. Sie ist in der linken Herzkammer am stärksten ausgeprägt.	☐	☐
Das Perikard umgibt das Herz wie ein Beutel. Durch Blutungen oder Entzündungen kann dies zu einem lebensbedrohlichen Zustand führen.	☐	☐
Das Reizleitungssystem des Herzens umfasst den Sinusknoten, den AV-Knoten, die Tawara-Schenkel und die Paulusfasern.	☐	☐
Fällt der Sinusknoten aus, springen in der Regel tiefer gelegene Zentren, etwa der AV-Knoten, als Rhythmusgeber ein.	☐	☐

4. Planen Sie Ihr Vorgehen.

Sie kommen als RTW-Besatzung zu einem Patienten, der kaltschweißig und nur bedingt ansprechbar ist. Bei der Pulskontrolle fällt Ihrem Kollegen der niedrige Puls auf. Das angebrachte EKG zeigt einen AV-Block III° mit einer Herzfrequenz von 35/Min. und schmalen Kammerkomplexen.

5. Nennen Sie die normale Herzfrequenz von Säuglingen.

☐ ca. 80/min.
☐ ca. 100/min.
☐ ca. 120/min.
☐ ca. 140/min.
☐ ca. 160/min.

6. Erläutern Sie die Funktion der Herzklappen.

7. Beschreiben Sie den Aufbau einer Arterie vom muskulären Typ.

8. Erläutern Sie die in der Abbildung dargestellte Windkesselfunktion.

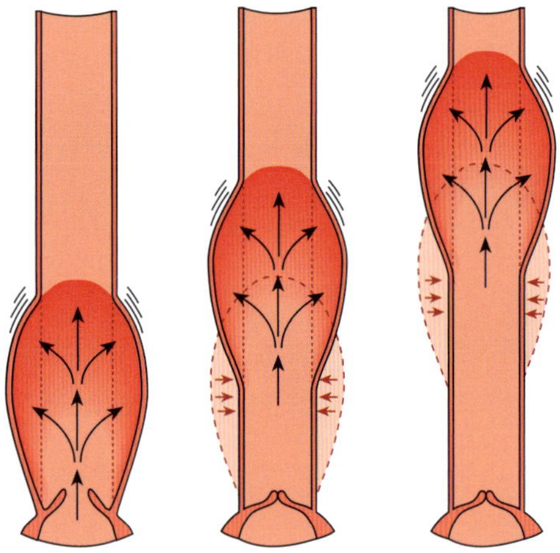

© Gerda Raichle, Ulm

9. Richtig oder falsch.

Erythrozyten – Thrombozyten – Blutgerinnung – Blutplasma – Leukozyten – Lebensdauer – Zellen – Immunabwehr – Herzinfarkten – Milz

Das menschliche Blut besteht aus den Blutzellen und dem sogenannten ______________. Zu den Blutzellen gehören die ______________, welche den Sauerstoff im Organismus transportieren. Sie haben eine ______________ von 120 Tagen und werden in der ______________ abgebaut. Die ______________ spielen eine Rolle bei der sogenannten ______________. Sie sind oftmals auch an der Entstehung von ______________ und Schlaganfällen beteiligt. Die ______________ hingegen sind Bestandteil des Immunsystems. Sie sind keine einheitliche Zellart, sondern ein Sammelbegriff für eine Vielzahl von ______________, die sowohl der spezifischen als auch der unspezifischen ______________ angehören können.

10. Planen Sie Ihr Vorgehen.

Sie werden als KTW-Besatzung zu einem Patienten mit einer frisch diagnostizierten Beinvenenthrombose gerufen. Er habe eine Einweisung von seinem Hausarzt erhalten, da sein rechtes Bein seit einigen Tagen geschwollen sei.

11. Beschreiben Sie den Aufbau der Atemwege.

12. Beschriften Sie die Abbildung.

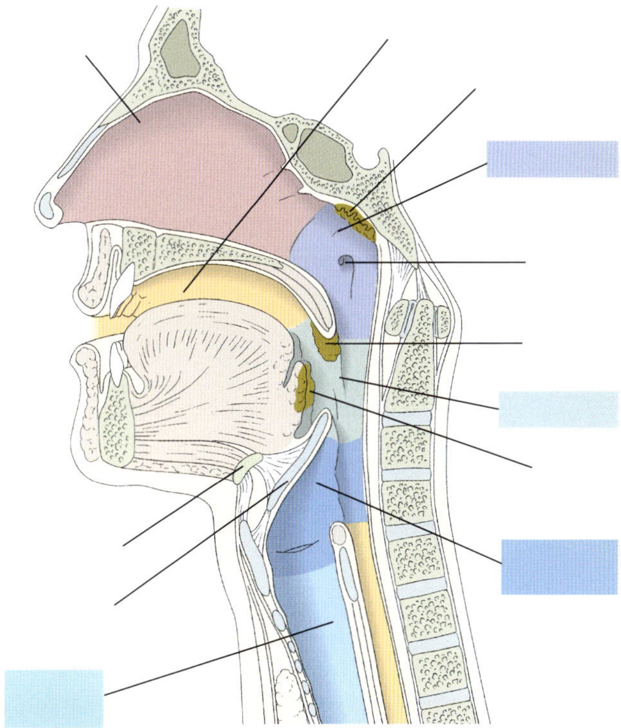

13. Richtig oder falsch.

	Richtig	Falsch
Die Vitalkapazität umfasst das exspiratorische Reservevolumen, das Atemzugvolumen und die Totalkapazität.	☐	☐
Das Residualvolumen ist das Volumen, welches bei der Exspiration als letztes ausgeatmet wird.	☐	☐
Das Atemzugvolumen beträgt je nach Größe, Alter und Geschlecht etwa 900 ml.	☐	☐
Die funktionelle Residualkapazität umfasst das Residualvolumen und das exspiratorische Reservevolumen.	☐	☐
Das Totraumvolumen ist das Volumen, welches sich im luftleitenden, aber nicht im gasaustauschenden System befindet.	☐	☐

14. Bewerten Sie die Situation.

Sie transportieren einen COPD-Patienten, welcher mit 2 l Sauerstoff pro Minute versorgt wird, von einer ländlichen Klinik in ein Universitätsklinikum. Sie führen mit dem Einverständnis des Patienten eine Pulsoxymetrie durch und erhalten einen Wert von 91 %. Der Patient gibt an, sich gut zu fühlen und keinerlei Beschwerden zu haben, die er sonst nicht auch hat. Sie erleben den Patienten als leicht kurzatmig, aber freundlich und voll orientiert.

15. Erläutern Sie die Vorgänge bei der Atemregulation.

16. Erläutern Sie die Grenzen der Pulsoxymetrie.

17. Beschriften Sie die Abbildung.

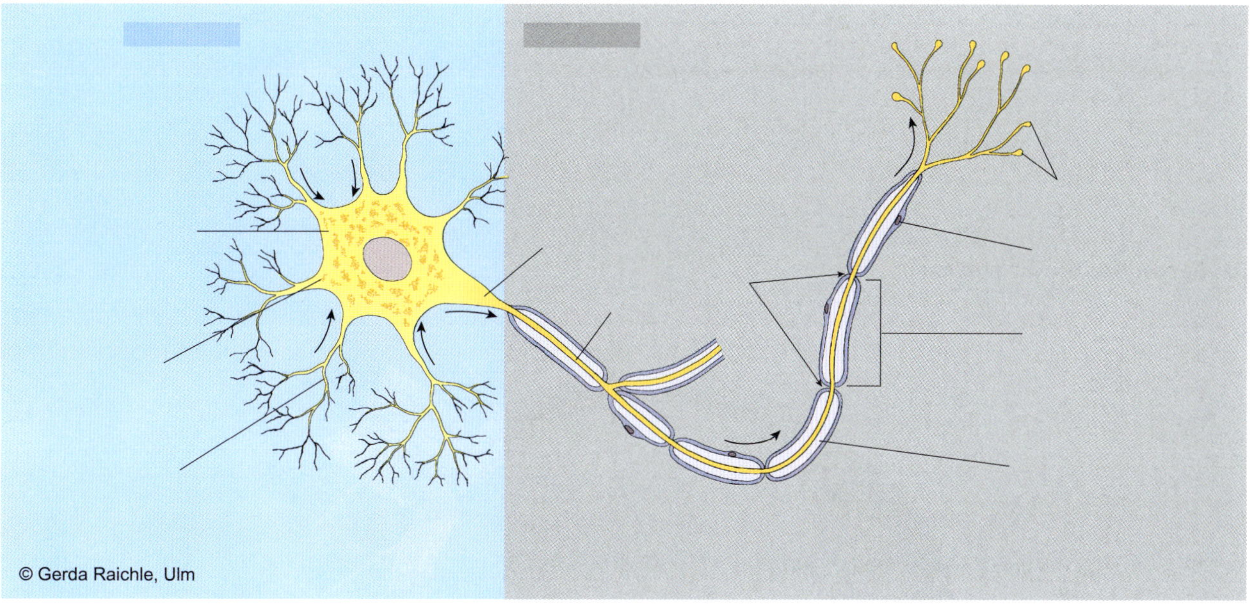

18. Erläutern Sie die Begriffe.

Einteilung des Nervensystems

Willkürliches Nervensystem	Unwillkürliches Nervensystem

19. Beschreiben Sie den Vorgang der Erregungsleitung an der Nervenzelle.

20. Bewerten Sie die Situation in Bezug auf mögliche Verletzungen des Nervensystems.

Sie erreichen als RTW-Besatzung eine Unfallstelle. Ein Motorradfahrer ist mit hoher Geschwindigkeit auf ein Stauende aufgefahren. Er ist nicht bei Bewusstsein. Die Unfallstelle ist abgesichert.

Kapitel 3 – Anatomie und Physiologie

21. Nennen Sie 5 Sinnesorgane des Menschen.

22. Beschriften Sie die Abbildung.

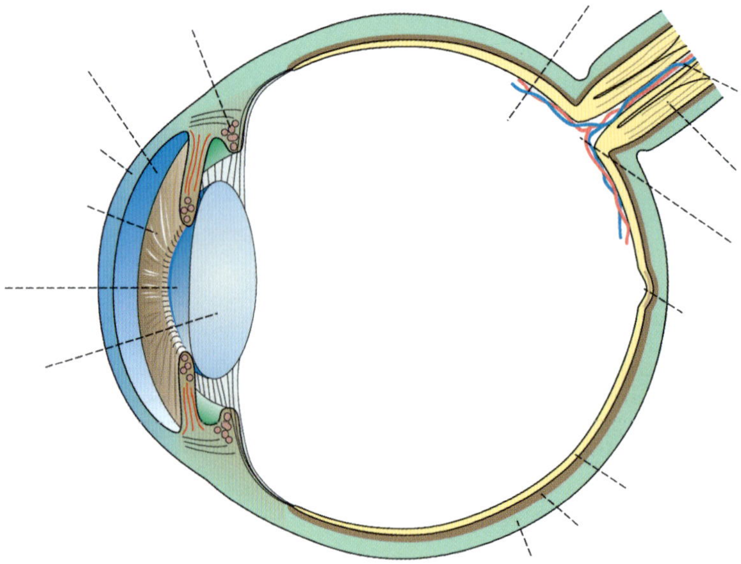

23. Erläutern Sie den Weg eines Geräusches durch das Ohr.

24. Bewerten Sie die Situation in Bezug auf mögliche Komplikationen.

Sie erreichen als RTW-Besatzung eine Unfallstelle. Ein Jugendlicher hat Spiritus in ein Lagerfeuer gespritzt und sich dabei höhergradige Verbrennungen des rechten Arms und des Brustkorbs zugezogen. Die Atmung ist nicht beeinträchtigt. Auch bestehen keine Verbrennungen im Gesicht- oder Halsbereich.

25. Richtig oder falsch?

	Richtig	Falsch
Der passive Bewegungsapparat des Erwachsenen umfasst Bänder, Knorpel und über 300 Knochen, die dem Körper als Gerüst dienen.	☐	☐
Der aktive Bewegungsapparat umfasst etwa 630 Einzelmuskeln und ist für einen erheblichen Anteil des Körpergewichts verantwortlich.	☐	☐
Röhrenknochen sind vom sogenannten Periost umgeben und werden in drei Bereiche aufgeteilt.	☐	☐
Diese werden Metaphyse, Hypophyse und Diaphyse genannt.	☐	☐
Knochen bestehen unter anderem aus Kalzium und Phosphat.	☐	☐

26. Beschriften Sie die Abbildung.

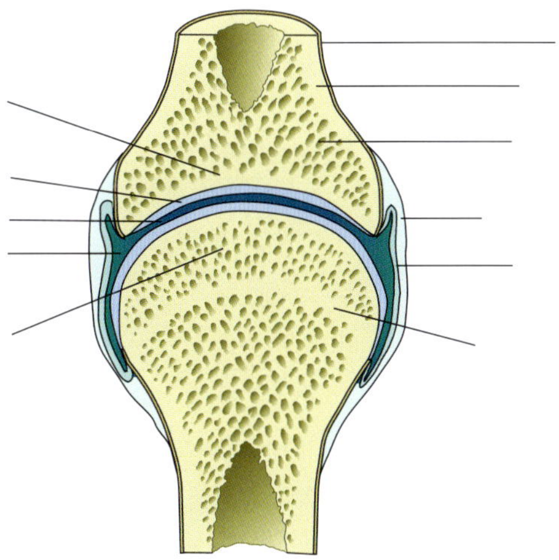

© Gerda Raichle, Ulm

27. Erläutern Sie, welche Arten von Muskulatur im menschlichen Körper zu finden sind.

28. Bewerten Sie die getroffene Maßnahme in Bezug auf mögliche Komplikationen.

Sie werden zu einem Patienten mit einer Anaphylaxie gerufen. Herr Fallada habe eine Biene in seinem Weißbier gehabt, welche ihn an der Rachenhinterwand gestochen habe. Der Patient ist stark zyanotisch, ein deutliches Pfeifen ist während der Inspiration wahrzunehmen. Ihr Teamleiter verabreicht umgehend Adrenalin intramuskulär.

Kapitel 3 – Anatomie und Physiologie

29. Ergänzen Sie den Text.

Bauchspeicheldrüse – Magen – Dickdarm – Speiseröhre – Leber – Verdauungssystem – Nährstoffanteil – Abschnitte – Mund

Das menschliche ______________ lässt sich in mehrere ______________ unterteilen. Es beginnt zunächst im ______________, wo die Zähne den Nahrungsbissen zerkleinern und er mit Speichel gleitfähig gemacht wird. Die ______________ transportiert den Nahrungsbrei dann in den ______________, wo er mit Hilfe von Salzsäure angedaut wird. Über den sogenannten Pförtner wird nun der Zwölffingerdarm erreicht. Hier werden noch Verdauungsenzyme aus der ______________ und das Gallensekret aus der ______________ hinzugegeben. Dem Zwölffingerdarm schließt sich der Dünndarm an, auf welchen der ______________ folgt. Dieser endet mit dem sogenannten Rektum. Auf diesem Weg sind dem Speisebrei sowohl das Wasser als auch der ______________ entzogen worden.

30. Beschriften Sie die Abbildung.

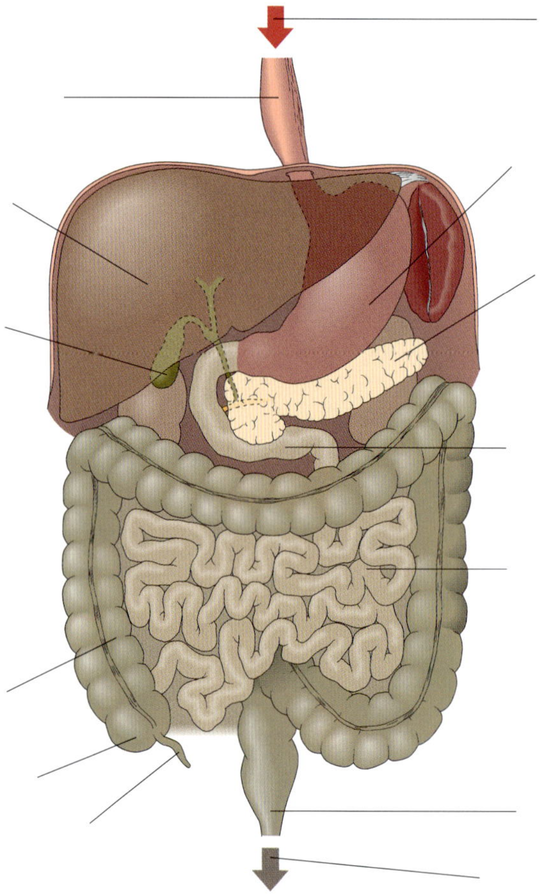

31. Vervollständigen Sie die Tabelle.

Zelltypen des endokrinen Pankreas

Zelltyp	Hormon	Funktion
	Somatostatin	
		Sorgt für die Aufnahme von Glukose in die Körperzellen und senkt somit den Blutzuckerspiegel
A-Zellen		

Kapitel 3 – Anatomie und Physiologie

32. Nennen Sie mindestens 6 mögliche Differentialdiagnosen.

Frau Anatoli klagt über Schmerzen im Unterbauch. Sie seien bereits seit dem Morgen da und in den letzten Stunden so stark geworden dass sie sich entschieden habe, einen RTW zu rufen.

33. Beschreiben Sie den Aufbau der Bauchspeicheldrüse.

34. Richtig oder falsch?

	Richtig	Falsch
Die Leber ist das größte und wichtigste Stoffwechselorgan des Menschen.	☐	☐
Ihr Gewicht liegt zwischen 2.000 und 3.000 g. Sie ist damit das schwerste Organ im menschlichen Körper.	☐	☐
Die Leber hat eine Vielzahl von Aufgaben. Zum Beispiel die Gallenproduktion, die Produktion von Bluteiweißen oder der Energiespeicherung.	☐	☐
Zu den Bluteiweißen gehören beispielsweise Albumin, Gerinnungsfaktoren, Insulin und Enzyme.	☐	☐
Bei der Entgiftung des Organismus hat die Leber eine zentrale Bedeutung.	☐	☐
Auch die Glykogenolyse, also die Neubildung von Glukose findet in der Leber statt.	☐	☐

Kapitel 3 – Anatomie und Physiologie

35. Richtig oder falsch?

	Richtig	Falsch
Die Niere hat neben der Entgiftung des Körpers auch die Aufgabe Hormone und Enzyme zu produzieren.	☐	☐
Die Nierenhülle setzt sich aus zwei Schichten zusammen. Die Fettkapsel schützt die Niere vor Stößen, und die Nierenkapsel gibt der Niere als bindegewebige Hülle ihre Struktur.	☐	☐
Die Niere ist ein paarig angelegtes Organ und wiegt bei Erwachsenen zwischen 120 g und 200 g.	☐	☐
Die Niere ist gut durchblutet. Sie wird täglich von über 1.500 l Blut durchflossen und filtert es dabei.	☐	☐
Bei dieser Filterung werden täglich etwa 1,5 l Primärharn gebildet, die auf diesem Wege ausgeschieden werden können.	☐	☐

36. Beschriften Sie die Abbildung.

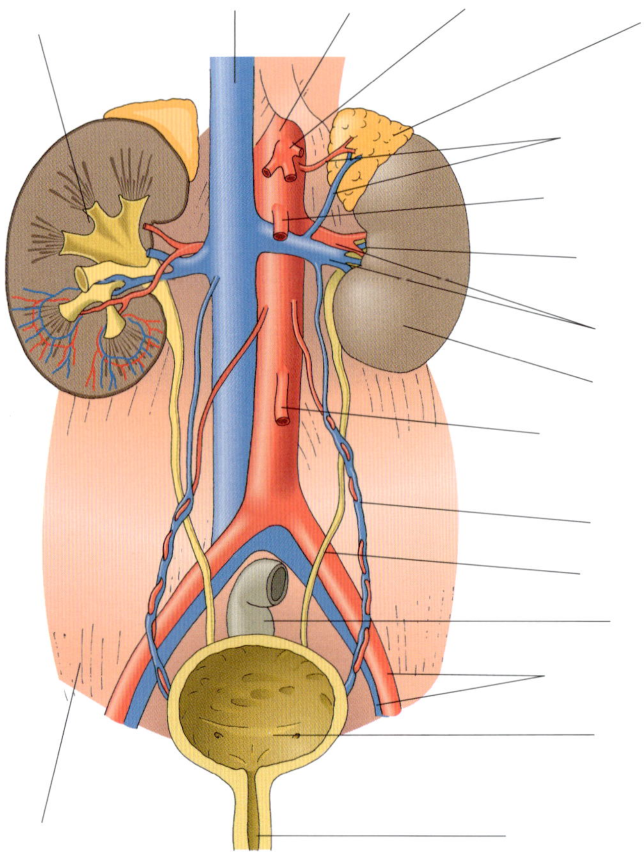

37. Nennen Sie alle Bestandteile der ableitenden Harnwege.

38. Erläutern Sie die Einweisungsdiagnose und nennen Sie mindestens 4 mögliche Differentialdiagnosen.

Sie werden in eine Pflegeeinrichtung gerufen, um Herrn Silbermann in ein Krankenhaus zu transportieren. Auf dem Einweisungsschein steht, dass er eine „Makrohämaturie" habe.

39. Nennen Sie die äußeren und inneren Geschlechtsorgane der Frau.

Äußere Geschlechtsorgane	Innere Geschlechtsorgane
•	•
•	•
•	•
•	•

40. Beschriften Sie die Abbildung.

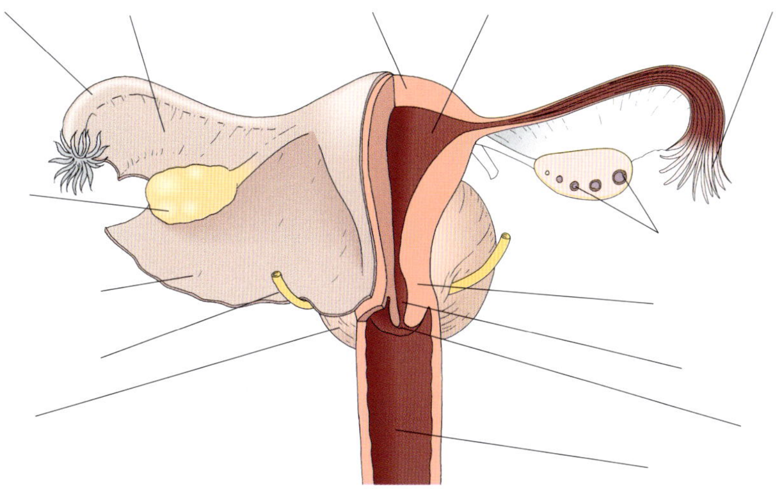

41. Richtig oder falsch?

	Richtig	Falsch
Die Bildung geschlechtsspezifischer Hormone beginnt bei Mädchen mit der Geburt.	☐	☐
Die beiden wichtigsten Sexualhormone der Frau sind Östrogen und Protestosteron.	☐	☐
Diese werden durch die Hormone der Epiphyse (FSH und LH) in ihrer Ausschüttung reguliert.	☐	☐
Östrogene sorgen unter anderem für die Ausbildung der Geschlechtsmerkmale, die Förderung der Eireifung und die Vorbereitung der mütterlichen Brust für die Milchproduktion.	☐	☐
Im Alter von 45 bis 55 Jahren nimmt die hormonelle Stimulation der Frau ab. Dieser Abschnitt des Lebens wird als „Wechseljahre" bezeichnet.	☐	☐

42. Planen Sie Ihr Vorgehen.

Sie werden in einen Privathaushalt gerufen. Eine 30-jährige schwangere Frau erwartet Sie. Sie habe vor 5 Minuten ihren Blasensprung gehabt. Dem Fruchtwasser war auch etwas Blut beigemengt. Sie habe keine Wehen spüre aber anhaltend die Bewegungen ihres Kindes.

43. Nennen und erläutern Sie die 3 Phasen der Geburt.

Kapitel 4 – Hygiene, Infektionskrankheiten und Arbeitsschutz

1. Definieren Sie die Begriffe.

Hygiene und Infektionsschutz	
Infektionsschutzgesetz	
Hygiene	
Schutzimpfung	
Infektionsfahrt/Infektionstransport	
Mikroorganismen	

2. Beschriften Sie die Abbildung.

Infektionsquelle – direkter Übertragungsweg – indirekter Übertragungsweg – Empfänger

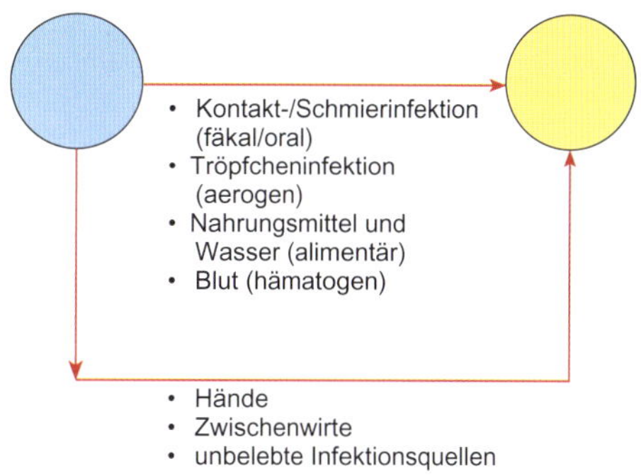

3. Unterscheiden Sie „Sterilisation“ und „Desinfektion“.

4. Nennen Sie 3 Desinfektionsarten (Anwendungsbereiche).

5. Richtig oder falsch?

	Richtig	Falsch
Als Kontamination wird die Infektion von Menschen mit Krankheitserregern bezeichnet.	☐	☐
Die Infektionsquelle ist auch immer das Erregerreservoir.	☐	☐
Nosokomiale Infektionen betreffen die oberen Atemwege.	☐	☐
Die Inkubationszeit ist der zeitliche Abstand zwischen Ansteckung und Krankheitsausbruch.	☐	☐
Die Infektionskette ist der Weg des Mikroorganismus von der Infektionsquelle bis zu einer Infektion.	☐	☐
Ein Beispiel für eine direkte Übertragung wäre die Übertragung von Krankheitserregern über die Hände des Rettungsdienstpersonals.	☐	☐

6. Erläutern Sie den Begriff „Infektionskrankheit".

7. Nennen Sie 3 klinische Zeichen einer AIDS-Erkrankung.

8. Planen Sie Ihr Vorgehen.

Sie werden zu einem Einsatz in einer Pflegeeinrichtung gerufen. Die Pflegerin weist Sie darauf hin, dass die Patientin mit einem 3-MRGN besiedelt sei.

9. Nennen Sie mindestens 6 Arbeitsschutzvorschriften.

10. Erläutern Sie die Aufgaben der gesetzlichen Unfallversicherung.

© Werner Krüper, Bielefeld

11. Entscheiden Sie, ob es sich bei der geschilderten Situation um einen Arbeits- bzw. Wegeunfall handelt.

	Arbeits-/ Wegeunfall	Kein Arbeits-/ Wegeunfall
Sie fahren auf dem Weg zur Arbeit noch einen Umweg zu einem Bekannten, um etwas abzuholen, das Sie ihm geliehen haben. Kurz vor dessen Haustür kommt es zu einem Verkehrsunfall, bei dem Sie sich verletzen.	☐	☐
Sie unterbrechen Ihre Arbeit für ein privates Telefonat und stolpern dabei vor der Rettungswache über einen Bordstein und verletzen sich am Knie.	☐	☐
Sie führen eine Venenpunktion durch und stechen sich an der Kanüle des Venenzugangs.	☐	☐
Sie rutschen bei der Rettung einer Person aus einem Fahrzeug ab und verstauchen sich den Fuß.	☐	☐
Sie gehen in Ihrer Pause zum Supermarkt und stürzen über eine vorstehende Gehwegplatte.	☐	☐
Sie werden auf einer Alarmfahrt unverschuldet von einem anderen Fahrzeug übersehen. Bei der folgenden Kollision verletzen Sie sich.	☐	☐

Kapitel 5 – Gerätekunde

1. Nennen Sie die 3 rettungsdienstrelevanten Teile des Medizinprodukterechts.

2. Definieren Sie den Begriff „Medizinprodukt“.

3. Finden Sie 7 versteckte Begriffe.

Tipp: Sie alle haben mit dem Medizinprodukterecht zu tun.

F	R	J	T	D	X	X	N	T	H	U	J	U	X	C	Q	H
R	F	U	N	K	T	I	O	N	S	S	T	Ö	R	U	N	G
Y	N	H	O	N	X	U	U	Q	D	L	M	J	F	D	F	K
N	R	C	V	V	L	C	X	P	C	J	D	I	U	A	H	X
H	A	T	R	P	W	H	T	D	X	Z	P	N	C	O	F	W
Y	N	W	E	B	B	S	U	O	I	P	D	S	F	I	F	K
L	W	R	I	A	B	V	M	K	U	P	R	T	U	Z	L	Z
Q	E	C	N	P	E	N	G	U	D	W	F	A	E	S	O	K
P	N	B	W	S	T	G	M	M	T	C	J	N	G	O	S	R
G	D	V	E	Y	R	V	D	E	B	Q	Z	D	W	X	C	S
B	E	M	I	A	E	K	M	N	Q	B	D	H	P	F	N	N
Q	R	O	S	G	I	D	H	T	D	R	A	A	T	I	N	I
U	Z	R	U	J	B	H	W	A	M	G	C	L	L	N	E	W
P	L	I	N	A	E	Q	P	T	T	O	C	T	L	S	O	J
C	M	X	G	Q	R	G	X	I	U	U	Y	U	B	L	C	V
X	X	Z	Y	E	S	E	U	O	S	T	K	N	K	H	Q	C
U	W	M	T	K	N	L	Q	N	G	N	A	G	M	S	F	X

4. Korrigieren Sie die Fehler im Text.

Der Vertreiber eines Medizinprodukts ist derjenige, der die tatsächliche Sachherrschaft über das Gerät hat. Dabei handelt es sich im Regelfall um den Betriebsarzt oder den Dienstherr des Rettungsfachpersonals. Dieser unterscheidet sich vom Verwender, der das Gerät tatsächlich handhabt. Sowohl Betreiber als auch Anwender haben bestimmte Pflichten im Umgang mit Medizinprodukten. So dürfen zum Beispiel viele Geräte ohne eine entsprechende Einweisung durch den Notarzt nicht genutzt werden. Auch dürfen Medizinprodukte nicht bestimmungsmäßig gebraucht werden.

5. Erläutern Sie den in der Abbildung dargestellten Vorgang.

Manuelle Blutdruckmessung

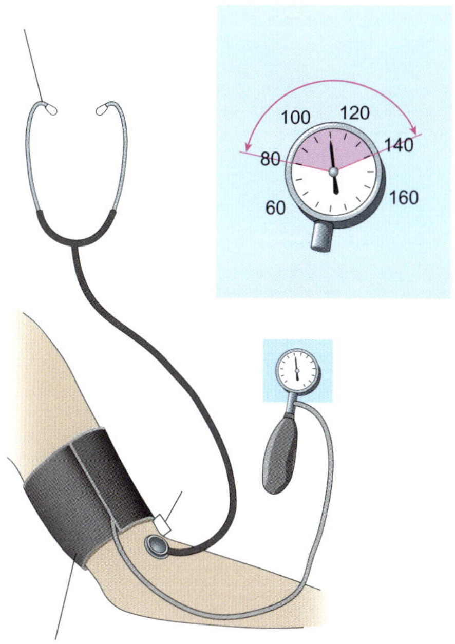

© Gerda Raichle, Ulm

6. Nennen Sie mindestens 5 Beispiele für Überwachungs- und Messgeräte, die im Rettungsdienst genutzt werden.

7. Planen Sie Ihr Vorgehen

Sie besetzen heute einen Krankentransportwagen und sollen eine Fernverlegung eines sauerstoffpflichtigen Patienten durchführen. Dieser erhält 4 l O_2/Min. Sie verfügen über zwei 10 l-Sauerstoffflaschen. Eine davon ist mit 200 bar gefüllt, eine weitere mit lediglich 60 bar. Sie rechnen mit etwa 5 Stunden Transportzeit.

8. Nennen Sie mindestens 3 Sicherheitsregeln im Umgang mit Sauerstoff.

Kapitel 5 – Gerätekunde

9. Vergleichen Sie die Anwendung der Schaufeltrage mit der Anwendung des Spineboards.

10. Lösen Sie das Rätsel.

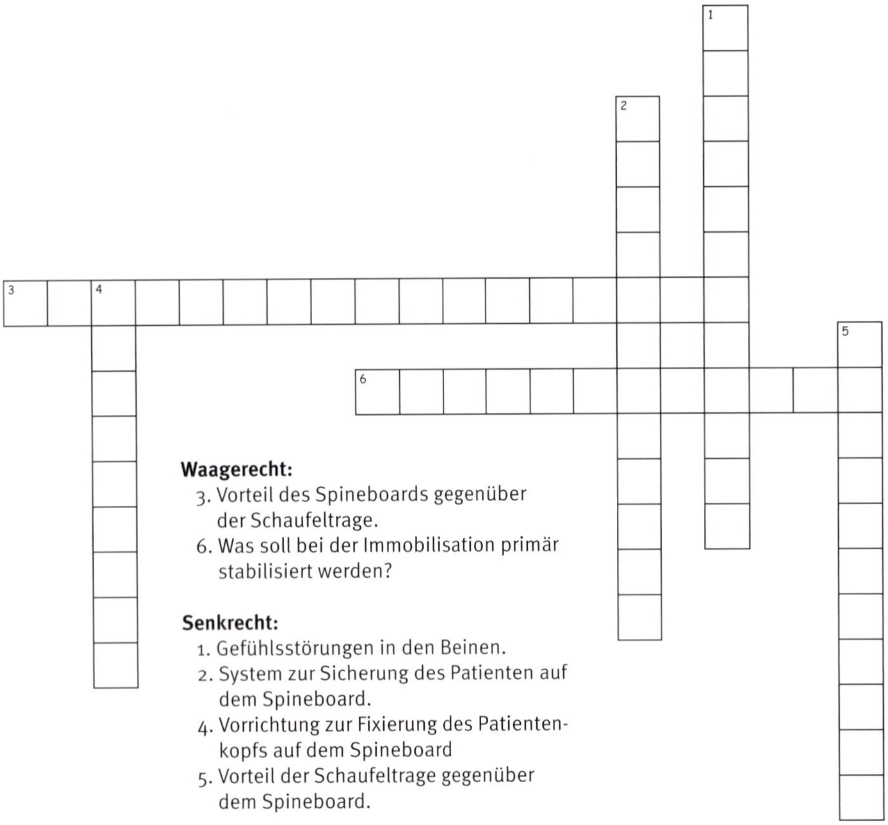

Waagerecht:

3. Vorteil des Spineboards gegenüber der Schaufeltrage.
6. Was soll bei der Immobilisation primär stabilisiert werden?

Senkrecht:

1. Gefühlsstörungen in den Beinen.
2. System zur Sicherung des Patienten auf dem Spineboard.
4. Vorrichtung zur Fixierung des Patientenkopfs auf dem Spineboard
5. Vorteil der Schaufeltrage gegenüber dem Spineboard.

11. Richtig oder falsch?

	Richtig	Falsch
Ein Defibrillator ist ein Gerät zur Erzeugung elektrischer Impulse zur Therapie von Herzklappenerkrankung.	☐	☐
Hierzu werden zwei Elektroden benutzt, über die der Strom in den Körper des Patienten eindringen, bzw. wieder ausgeleitet werden kann.	☐	☐
Es werden mehrere Arten von Defibrillatoren unterschieden: Manuelle Geräte, halbautomatische Geräte und vollautomatische Geräte.	☐	☐
Bei den manuellen Geräten muss der Stromstoß manuell durch den Anwender erfolgen. Das Gerät analysiert zuvor den Herzrhythmus und gibt eine Empfehlung ab.	☐	☐
Halbautomatische Geräte geben keinen Stromstoß frei, wenn das EKG des Patienten dies nicht begründet.	☐	☐
Bei den automatischen Geräten werden von diesen gleichzeitig die Thoraxkompressionen durchgeführt.	☐	☐

Kapitel 6 – Beurteilung von Verletzten und Kranken

1. Nennen Sie mindestens 5 mögliche Notarzteinsatzindikationen.

____

____

____

____

____

2. Ergänzen Sie den Text.

Atemfrequenz – Hirnfunktionen – Sauerstoffversorgung – Vergiftungen – Faktoren – Fieber

Die Atmung von Notfallpatienten kann anhand verschiedener ______________ beurteilt werden. Zu ihnen gehören die ______________, die Atemtiefe und das Atemmuster. Die Atemfrequenz wird durch viele Aspekte beeinflusst. So zum Beispiel führt ______________ zu einem Anstieg der Atemfrequenz. Ein Abfall der Atemfrequenz kann zum Beispiel bei ______________ auftreten. Die Atemtiefe sagt etwas über die Menge Luft, die pro Atemzug in den Brustkorb des Patienten gelangt, aus. Eine zu flache Atmung kann dazu führen, dass die ______________ des Organismus nicht mehr gewährleistet wird. Veränderungen des Atemmusters liegen oftmals in Störungen der ______________ durch Vergiftungen oder Sauerstoffunterversorgung begründet. Auch Stoffwechselstörungen können sich auf das Atemmuster auswirken.

3. Beschriften Sie die Abbildung.

Bezeichnung	Atemmuster	Vorkommen bei …
	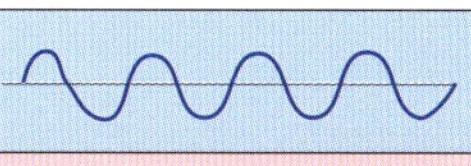	Gesunden
	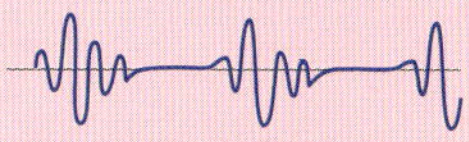	gelegentlich im Schlaf, Enzephalitis, Schlaganfall
	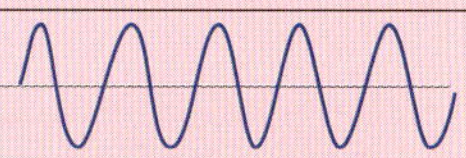	metabol. Azidose (z.B. diabetisches Koma)
	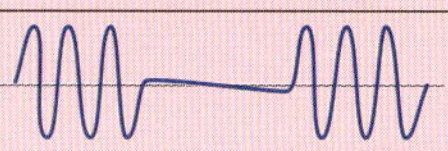	Hirnverletzung, Hirndrucksteigerung
	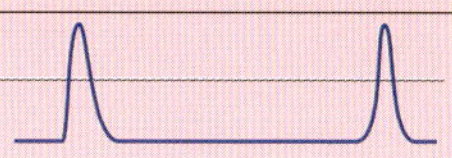	Frühgeborenen, kurz vor Todeseintritt

4. Planen Sie Ihr Vorgehen.

Sie werden zu einer jungen Patientin gerufen, die eine stark beschleunigte Atmung aufweist. Zudem gibt sie Kribbelgefühle in beiden Händen und dem Kiefer an. Die Sauerstoffsättigung beträgt 100%. Zeichen für eine Infektion, eine Vergiftung, ein Trauma oder einen Schlaganfall ergeben sich nicht. Ihr Kollege schlägt vor, Sauerstoff zu verabreichen.

____

____

____

____

____

____

Kapitel 6 – Beurteilung von Verletzten und Kranken

5. Ergänzen Sie die Tabelle.

Glasgow Coma Scale (GCS)

Funktion	Punkte
Augen öffnen	
	4
	3
	2
	1
Beste verbale Reaktion (Worte)	
	5
	4
	3
	2
	1
Beste motorische Reaktion (Bewegungen)	
	6
	5
	4
	3
	2
	1

6. Nennen Sie mindestens 5 Untersuchungen, die Sie in Bezug auf die Herz-Kreislaufsituation des Patienten vornehmen können.

7. Erläutern Sie, inwieweit das Herz-Kreislaufsystem mit dem Bewusstsein zusammenhängt.

8. Planen Sie Ihr Vorgehen.

Sie befinden sich auf einem Krankentransport im Patientenraum, als Ihre Patientin plötzlich einsetzende Brustschmerzen angibt.

9. Nennen Sie mindestens 4 Aspekte, die Ihnen bei der Untersuchung der Mundhöhle auffallen können.

10. Erläutern Sie die Bedeutung des Ersteindrucks.

11. Richtig oder falsch?

	Richtig	Falsch
Im ABCDE-Schema steht „A“ für „Airway“, „B“ für „Breathing“, „C“ für „Circulation“, „D“ für „Disability“ und „E“ für „Extremities“.	☐	☐
Bei einer Verlegung des Atemwegs kann bei Punkt „A“ eine Anwendung des Esmarch-Handgriffs erfolgen.	☐	☐
Bei „B“ sollte auf Störungen der Atmung mit der Gabe von Sauerstoff reagiert werden.	☐	☐
Bei „C“ erfolgen unter anderem eine Pulskontrolle und die Messung der Rekapillarisierungszeit.	☐	☐
Der Punkt „D“ enthält unter anderem eine Kontrolle der Pupillenfunktion.	☐	☐
Die Immobilisation der Halswirbelsäule sollte im ABCDE-Schema bei Punkt „E“ erfolgen.	☐	☐

12. Beschreiben Sie den Ablauf und den Sinn der sogenannten SAMPLER-Anamnese.

Kapitel 7 – EKG und Herzrhythmusstörungen

1. Ergänzen Sie den Text.

Herzrhythmusstörungen – EKG – Herzen – Potentialänderungen – Kammerflimmern – Sinusrhythmus – Erregungsbildung – Herzmuskel

Die Ableitung eines Elektrokardiogramms ________________ ermöglicht es, die elektrischen Ströme, die am menschlichen ________________ fließen, nachzuvollziehen. Hierfür wird sich zunutzen gemacht, dass die ablaufenden ________________ am ________________ auch noch auf der Haut messbar sind. Der regelhafte Herzrhythmus ist der ________________. Wenn das Herz allerdings geschädigt ist, wird auch seine Fähigkeit zur ________________ und -leitung beeinträchtigt. Dies führt dazu, dass sich auch das Bild im EKG verändert. Dies kann von einfachen Veränderungen bis hin zu lebensbedrohlichen ________________ reichen. Unmittelbar lebensbedrohliche Rhythmusstörungen wären zum Beispiel das ________________ oder die pulslose elektrische Aktivität.

2. Beschriften Sie die Abbildung.

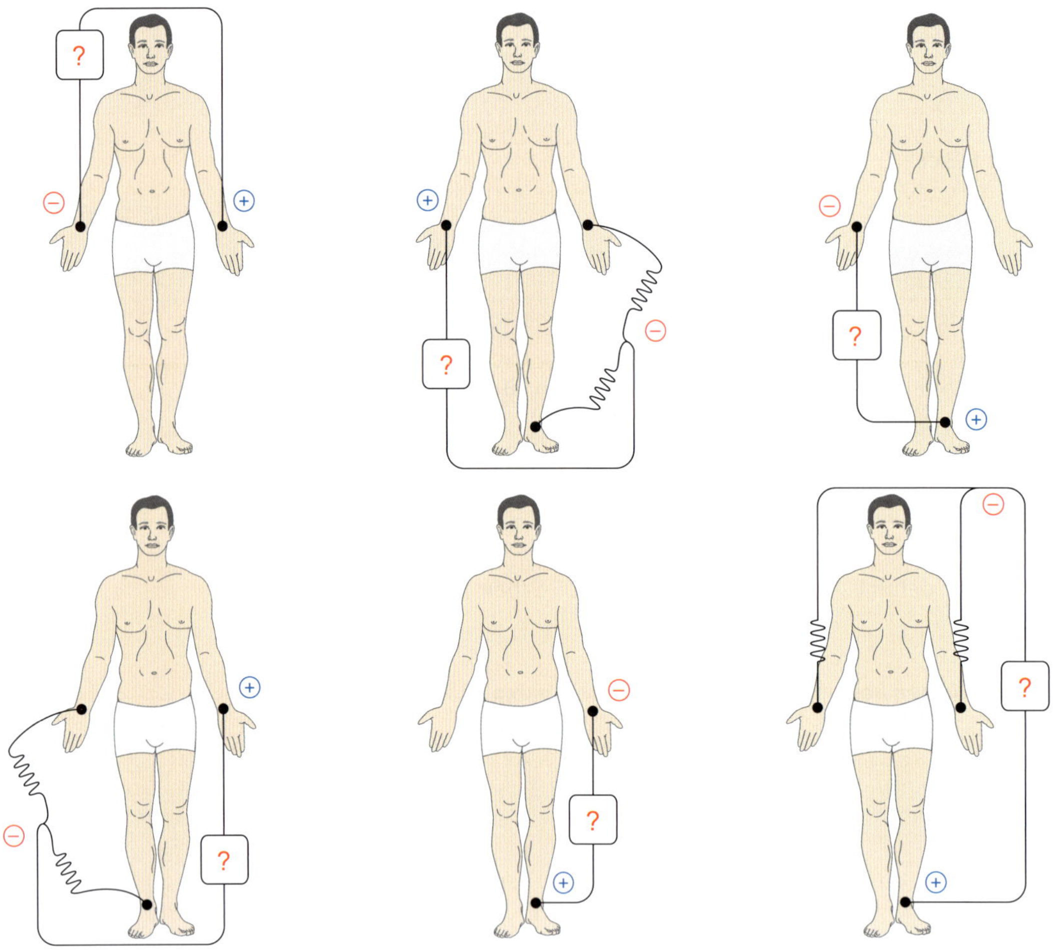

3. Nennen Sie die Punkte, an denen die Brustwandableitungen nach Wilson angebracht werden.

____

____

____

____

4. Erläutern Sie die Bedeutung der EKG-Untersuchung in der dargestellten Situation.

Sie werden zu einem Patienten gerufen, der seit 20 Minuten über starke Brustschmerzen mit Ausstrahlung in den linken Arm klagt. Am Einsatzort finden Sie einen kaltschweißigen Mann mittleren Alters vor, der angibt sein Herz stolpere ab und zu.

5. Ergänzen Sie die Abbildung.

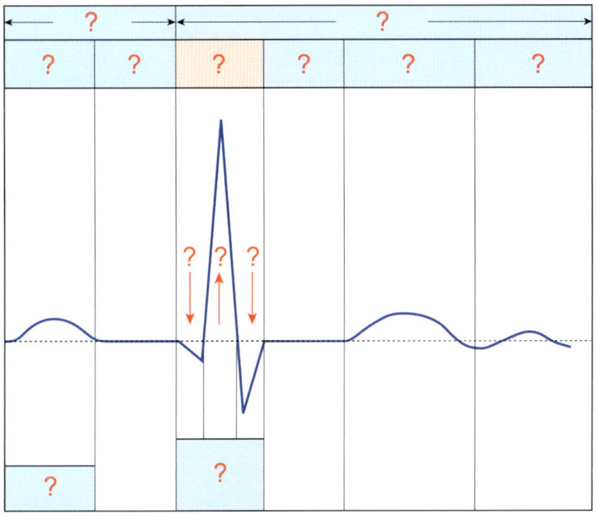

© Heike Hübner, Berlin

6. Nennen Sie mindestens 5 verschiedene Herzrhythmusstörungen.

Kapitel 7 – EKG und Herzrhythmusstörungen

7. Richtig oder falsch?

	Richtig	Falsch
Eine Sinustachykardie ist ein Sinusrhythmus mit einer Frequenz von mehr als 100/Minute. Sie ist oftmals ein Zeichen für Stress, Anstrengung, Schmerz, Angst, Volumenmangel, o.ä.	☐	☐
Eine pulslose elektrische Aktivität kann ähnlich aussehen wie ein Sinusrhythmus.	☐	☐
Bei einer Asystolie muss nur dann mit der Reanimation begonnen werden, wenn zweifelsfrei kein Puls vorhanden ist.	☐	☐
Supraventrikuläre Tachykardien werden häufig durch Störungen im Bereich des AV-Knotens ausgelöst.	☐	☐
Kammerflimmern wird auch als „Nulllinie" bezeichnet. Eine Defibrillation sollte so früh wie möglich erfolgen.	☐	☐

8. Erläutern Sie die Gefahren von bradykarden Herzrhythmusstörungen.

9. Befunden Sie das EKG und nennen Sie eine Untersuchung, die Sie in diesem Fall unbedingt durchführen müssen.

Sie werden zu einem bewusstlosen Patienten in einer Privatwohnung gerufen. Ihr Patient habe sich laut der Ehefrau an die Brust gefasst und sei kurz darauf zusammengesunken.

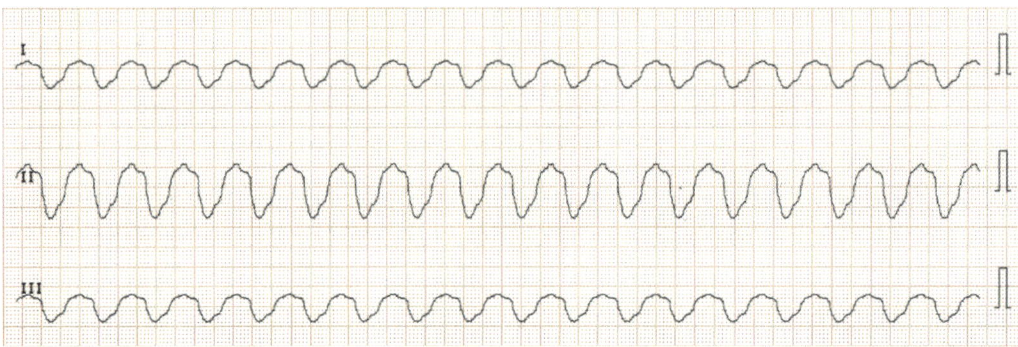

© A. Lobmüller, Würzburg

1. Erläutern Sie die Bedingungen, die erfüllt sein müssen, um mit Reanimationsmaßnahmen bei einem Patienten zu beginnen.

2. Nennen Sie die 4 verschiedenen Formen des Herz-Kreislaufstillstands.

3. Positionieren Sie die Helfer und die Ausrüstung möglichst optimal für die Durchführung einer Reanimation.

Sauerstoff – Teamleiter – Absaugung – Koffer – Teampartner – EKG

4. Nennen Sie 4 mögliche reversible Ursachen für den Herz-Kreislaufstillstand in dieser Situation.

Sie werden zu einem Patienten gerufen, der aus dem 2. Stock gefallen ist. Zum Zeitpunkt des Notrufs war dieser noch bei Bewusstsein. Kurz vor Ihrer Ankunft wurde er bewusstlos. Sie können keine Atmung feststellen und beginnen mit der Wiederbelebung.

Kapitel 8 – Reanimation

5. Richtig oder falsch?

	Richtig	Falsch
Mit Thoraxkompressionen kann etwa 60 % der kardialen Auswurfleistung des Normalkreislaufs erzielt werden.	☐	☐
Patienten die auf weichen Unterlagen (z.B. Matratzen) liegen, müssen im Falle einer Reanimation auf eine harte Unterlage (z.B. Zimmerboden) umgelagert werden.	☐	☐
Der Druckpunkt liegt auf der unteren Hälfte des Sternums. Für die Thoraxkompressionen wird der Handballen genutzt.	☐	☐
Die Drucktiefe sollte mehr als 6 cm betragen, das Verhältnis von Kompression zu Dekompression sollte etwa bei 1:1 liegen.	☐	☐
Die Druckfrequenz sollte bei 100–120/Min. liegen. Es ist immer auf eine vollständige Entlastung des Brustkorbs zu achten.	☐	☐
Es erfolgen immer 30 Kompressionen und 2 Beatmungen. Alle zwei Minuten wird eine Analyse des Herzrhythmus mit ggf. nachfolgender Defibrillation durchgeführt.	☐	☐

6. Erläutern Sie die Abbildung.

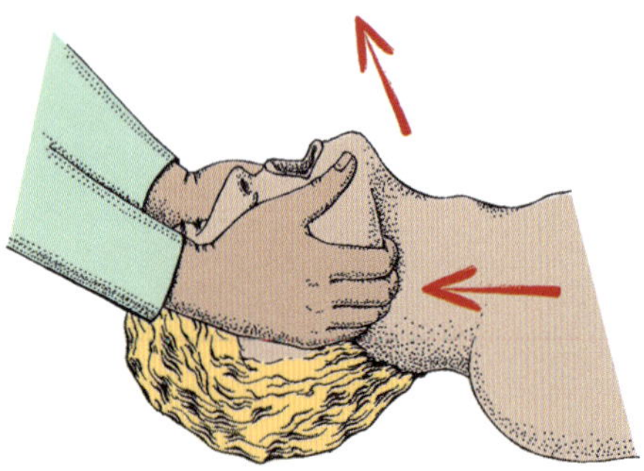

7. Korrigieren Sie die Fehler im Text.

Nachdem die Atemwege freigemacht wurden, kann mit der Herzdruckmassage begonnen werden. Diese wird mit einem Beatmungsbeutel durchgeführt. Sollte eine Beutel-Masken-Beatmung nicht möglich sein, muss die Einlage eines Endotrachealtubus in den Mund-Rachen-Raum erfolgen. Die Beatmungsmaske muss im sogenannten F-Griff gehalten werden, um einen guten Maskensitz zu gewährleisten. Es sollte in jedem Falle mit einem FiO_2 von 0,1 beatmet werden. Dies kann mit Hilfe eines Heimlich-Ventils erreicht werden. Jeder Beatmungshub sollte etwa 900 ml umfassen und ca. 1 Sekunde andauern. Sichtbare Kopfbewegungen sind ein guter Anhaltspunkt für eine effektive Beatmung. Zudem sollten keine Nebengeräusche zu hören sein, die auf eine Undichtigkeit der Beatmungsmaske hindeuten könnten.

8. Nennen Sie die defibrillationswürdigen Herzrhythmen im Falle eines Herz-Kreislaufstillstands.

Kapitel 8 – Reanimation

9. Nennen Sie mindestens 5 wahrscheinliche Ursachen für einen Herz-Kreislaufstillstand im Kindesalter.

10. Erläutern Sie die Abbildung.

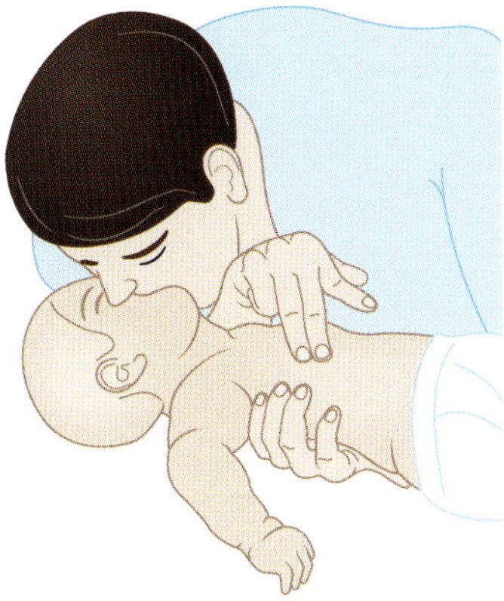

© Stefan Dangl, München

11. Richtig oder falsch?

	Richtig	Falsch
Als Neugeborene gelten alle Kinder, die weniger als 4 Tage alt sind.	☐	☐
Die Reanimationsmaßnahmen sollten bei einer Herzfrequenz von weniger als 60/Min. begonnen werden.	☐	☐
Initial sollten bei einem reanimationspflichtigen Neugeborenen laut ERC 5 Initialbeatmungen erfolgen.	☐	☐
Die Reanimation von Neugeborenen wird im Verhältnis von 3:1 durchgeführt.	☐	☐
Der Wärmeerhalt nach Wiedereintreten eines Spontankreislaufs spielt bei Neugeborenen, wie bei allen Reanimationen, eine untergeordnete Rolle.	☐	☐

Kapitel 9 – Schock

1. Definieren Sie den Begriff „Schock".

2. Benennen Sie die verschiedenen Schockstadien und ordnen Sie die entsprechenden Symptome zu.

Ischämie der Kapillargefäße – Kalte, feuchte Marmorierung der Haut – Koma – Periphere Zyanose – Durstgefühl – Müdigkeit – Azidose im Kapillargebiet – Zunahme der Atemfrequenz – Kaltschweißigkeit – Abfall der Körperkerntemperatur – Mäßiger Blutdruckabfall – Bradypnoe

Symptome im Schock

Stadium I:	Stadium II:	Stadium III:

3. Erläutern Sie das wesentliche Therapieziel der Schockbehandlung.

4. Erläutern Sie die dargestellte Maßnahme.

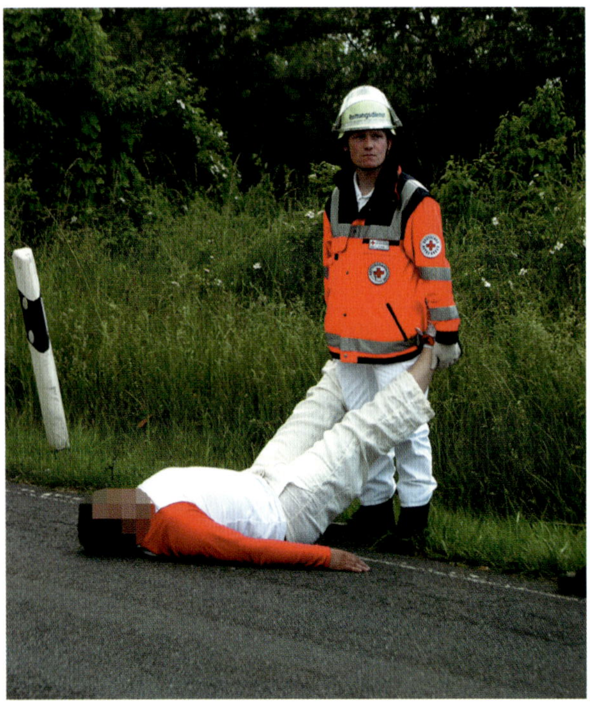

© Ralf Hettler, Aschaffenburg

5. Nennen Sie mindestens 8 mögliche Ursachen für einen hypovolämischen Schock.

6. Vergleichen Sie den hypovolämischen Schock mit dem kardiogenen Schock.

7. Nennen Sie mindestens 6 mögliche Ursachen für einen kardiogenen Schock.

8. Planen Sie Ihr Vorgehen.

Sie werden zu einem Haushaltsunfall gerufen. Eine Frau mittleren Alters ist durch eine Glasscheibe gestürzt und blutet nun stark an beiden Armen. Leichtere Schnittwunden hat sie im Gesicht. Die Patientin ist bewusstseinsgetrübt und atmet schnell.

Kapitel 9 – Schock

9. Finden Sie 8 versteckte Begriffe.

Tipp: Sie alle haben etwas mit einer bestimmten Schockform zu tun.

L	R	U	Z	Z	G	K	J	N	B	J	Q	J	G	J	T	P	Q	A	V
B	V	U	X	S	L	O	S	H	R	N	P	A	R	F	Ü	M	K	U	F
P	K	J	A	R	W	N	A	H	R	U	N	G	S	M	I	T	T	E	L
O	D	Z	C	L	W	S	B	P	D	F	A	R	A	K	A	V	E	K	S
Y	T	B	V	E	G	E	L	Z	C	C	P	T	U	M	O	R	C	O	P
I	R	O	Y	C	P	R	V	R	B	K	K	I	D	E	O	C	E	Q	S
N	K	T	R	K	T	V	E	B	X	O	C	E	J	D	E	D	J	V	G
S	D	X	E	H	F	I	G	C	L	N	P	R	H	I	R	K	I	F	G
E	G	A	I	R	V	E	K	G	U	T	Q	H	B	K	A	D	K	Y	T
K	Q	I	N	O	M	R	V	L	W	R	P	A	M	A	R	H	Q	S	D
T	C	L	I	G	Z	U	X	S	Y	A	U	A	W	M	W	S	J	Y	X
E	R	J	G	S	T	N	E	S	X	S	Q	R	U	E	H	I	S	D	M
N	C	H	E	V	Y	G	J	R	F	T	Q	E	C	N	G	J	N	C	E
G	D	D	R	P	C	S	H	J	T	M	X	W	Y	T	P	B	W	L	D
I	R	P	U	T	D	M	C	L	G	I	S	W	Y	E	Y	S	I	W	S
F	R	R	F	D	J	I	S	E	I	T	G	V	C	K	T	Y	L	W	V
T	W	R	T	N	W	T	D	R	C	T	P	D	C	L	E	U	D	A	Z
E	X	X	Y	U	V	T	O	P	B	E	G	V	E	K	K	H	B	L	T
B	N	V	C	I	D	E	M	J	H	L	E	X	H	K	S	I	H	G	A
P	D	R	M	R	E	L	Z	X	E	D	L	W	H	R	P	J	H	U	O

10. Erläutern Sie den septischen Schock.

11. Richtig oder falsch?

	Richtig	Falsch
Ursachen für einen neurogenen Schock sind Schäden am Parasympathikus.	☐	☐
Die Gefäßwandspannung lässt nach, dadurch versackt das Blut in die peripheren Blutgefäße.	☐	☐
Beispiele hierfür könnten sein: Meningitis, Schädel-Hirn-Trauma, Wirbelsäulenverletzung.	☐	☐
Der neurogene Schock stellt die zeitkritischste Schockform dar. Der Patiententransport sollte äußerst zügig erfolgen.	☐	☐
Ein Wärmeerhalt sollte in diesem Falle ausdrücklich nicht erfolgen, da die Patienten durch das warme Blut in den peripheren Blutgefäßen oftmals eine erhöhte Temperatur aufweisen.	☐	☐

Kapitel 10 – Medikamenten-Applikation

1. Nennen Sie mindestens 8 verschiedene Applikationsformen für Medikamente.

2. Beschreiben Sie Situationen, in denen oftmals eine rektale Gabe eines Medikaments erfolgt.

3. Erläutern Sie die Funktionsweise eines MAD.

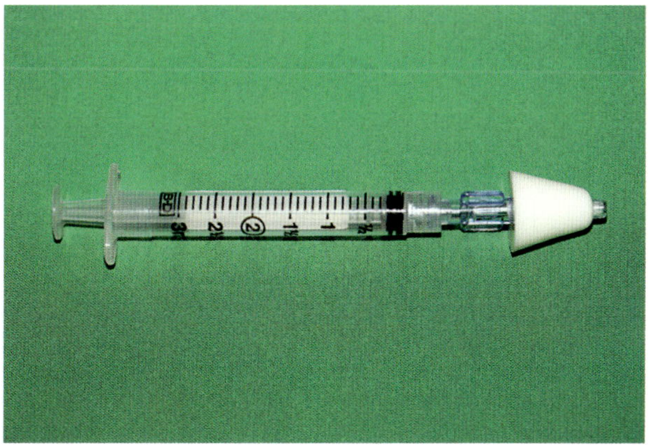

© A. Lobmüller, Würzburg

4. Richtig oder falsch?

	Richtig	Falsch
Die meisten Ampullen auf dem Markt werden mit einer Ampullensäge geliefert.	☐	☐
Beim Aufbrechen von Ampullen sollte immer ein Tupfer verwendet werden, um Verletzungen zu vermeiden.	☐	☐
Medikamente mit einer milchähnlichen Konsistenz sind oftmals auf Sojabasis. Dies sollte bei Allergikern berücksichtigt werden.	☐	☐
Stechampullen weisen an ihrer oberen Seite einen Gummistopfen auf, der mit einer Kanüle durchstoßen werden kann.	☐	☐
Stechampullen enthalten immer Trockensubstanzen, die mit Flüssigkeit aufgelöst werden müssen, da diese ansonsten den Gummistopfen anlösen könnte.	☐	☐

Kapitel 10 – Medikamenten-Applikation

5. Nennen Sie mindestens 4 Grundsätze, die im Umgang mit sterilen Einmalartikeln gelten.

____

____

____

6. Ergänzen Sie den Text.

Luer-Lock-Anschluss – Verschlussrädchen – Infusionssystem – Schutzkappe – Einstichstelle – Infusionsdorns – Tropfkammer – steril

Zunächst sollte die Infusion ausgepackt und die ______________ der Einstichstelle für das Infusionssystem entfernt werden. Dabei muss unbedingt darauf geachtet werden, dass diese ______________ bleibt. Nun sollte das ______________ vorsichtig ausgepackt werden und das ______________ zugedreht werden. Nun muss die Schutzkappe des ______________ entfernt werden, damit er in die ______________ am Infusionssystem gesteckt werden kann. Die ______________ wird durch Zusammendrücken bis zur Markierung gefüllt. Danach wird das Infusionssystem entlüftet, indem das Verschlussrädchen geöffnet wird. Nun kann die Infusion verwendet werden. Es ist allerdings darauf zu achten, dass die Verschlusskappe am ______________ erst entfernt wird, wenn die Infusion an die Venenverweilkanüle angebracht wird.

7. Bringen Sie die Bilder in die richtige Reihenfolge.

Tipp: Es handelt sich um die Vorbereitung eines Medikaments.

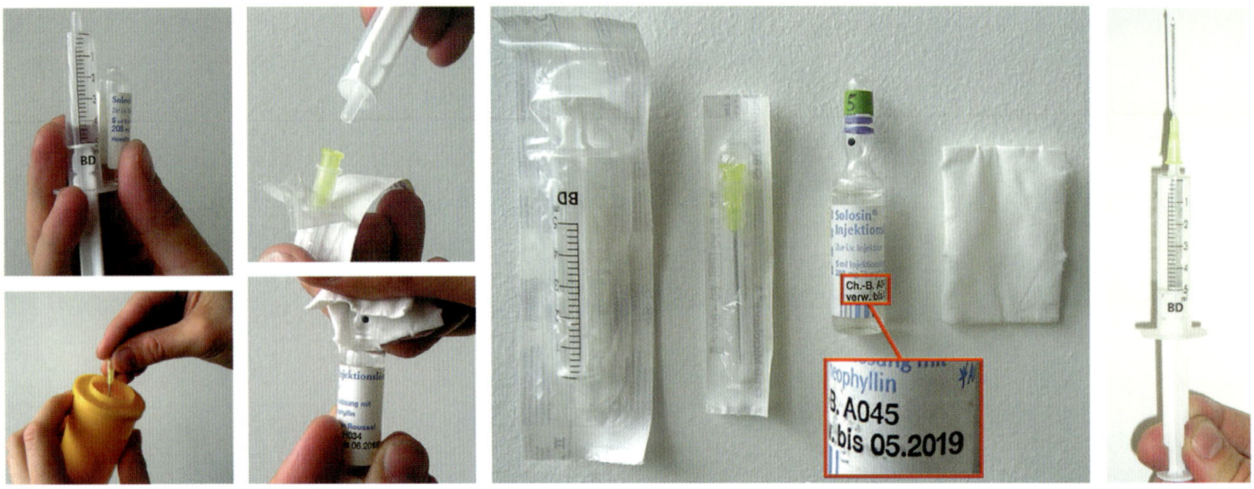

8. Planen Sie Ihr Vorgehen.

Sie haben sich bei der Vorbereitung eines Medikaments an einer Kanüle gestochen. Wie verfahren Sie weiter?

____

____

____

____

____

____

____

____

9. Nennen Sie das für die Anlage eines Venenkatheters erforderliche Material.

10. Richtig oder falsch?

	Richtig	Falsch
Die Punktion einer Vene stellt eine Körperverletzung dar und bedarf im Regelfall der ausdrücklichen Einwilligung des Patienten.	☐	☐
Der Punktionsort sollte zunächst möglichst weit weg vom Körperstamm liegen.	☐	☐
Das Stauband sollte einen Druck aufbauen, der über dem systolischen Blutdruckwert liegt.	☐	☐
Bei der Punktion sollte die Haut gespannt werden, um die Vene auf diese Weise etwas zu fixieren.	☐	☐
Eine Rücklaufprobe ist nicht erforderlich, wenn die Infusion problemlos in die Vene einläuft.	☐	☐

11. Erläutern Sie, was Sie auf der Abbildung erkennen.

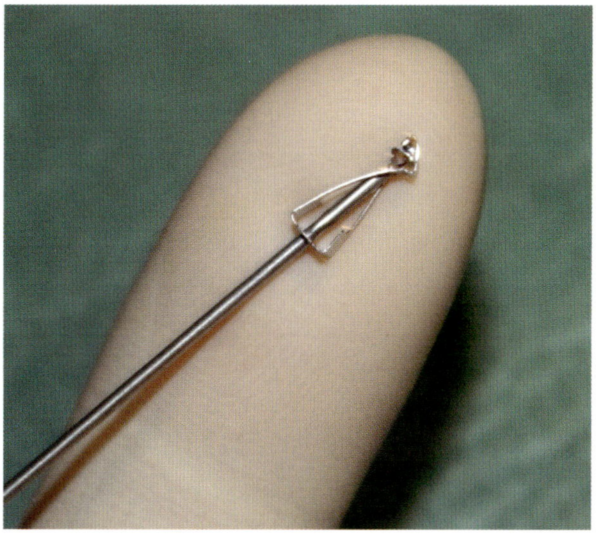

© A. Lobmüller, Würzburg

12. Planen Sie Ihr Vorgehen.

Ihnen fällt auf, dass das Gewebe um eine liegende Venenverweilkanüle anschwillt. Auch läuft die Infusion nicht mehr.

1. Finden Sie 10 versteckte Begriffe.

Tipp: Sie alle sind wichtig für das Verständnis der Funktionsweise von Medikamenten.

D	C	A	C	O	I	Z	I	K	W	Q	Y	T	O	F	Z	R	V	S	J
X	J	J	C	B	T	H	A	S	I	O	W	Y	D	F	O	E	C	U	V
Z	Y	Y	E	U	O	W	W	V	R	Z	E	C	I	I	H	S	Z	U	T
V	D	G	X	K	H	I	J	X	K	D	C	Y	L	U	Y	O	X	Y	R
N	E	E	Q	Y	F	N	N	I	E	I	H	P	I	X	T	R	K	K	D
N	F	D	R	N	W	G	F	N	I	Q	S	Q	Y	W	W	P	E	O	Q
H	R	U	U	H	I	N	A	D	N	Q	E	X	S	N	F	T	H	N	H
Z	W	P	H	G	R	D	P	I	T	Y	L	X	S	T	S	I	H	T	T
N	O	W	Q	M	K	S	P	K	R	S	W	K	N	H	B	O	G	R	S
C	U	S	H	Y	U	I	L	A	I	N	I	E	T	D	I	N	D	A	Y
S	A	N	R	R	N	I	I	T	T	Q	R	K	H	P	Q	L	X	I	E
C	N	B	J	R	G	V	K	I	T	F	K	V	J	H	A	Q	B	N	D
X	T	T	D	G	R	F	A	O	I	X	U	V	W	N	W	B	J	D	F
G	I	V	V	W	E	F	T	N	C	F	N	O	S	N	J	Y	N	I	L
W	D	L	K	E	N	P	I	M	S	F	G	X	F	M	G	Q	P	K	U
F	O	U	V	E	A	I	O	Q	C	Z	Q	I	Z	W	I	Q	F	A	U
B	T	N	G	U	E	S	N	S	Y	F	L	B	G	W	J	U	X	T	O
B	P	W	T	C	F	U	M	L	Z	W	T	F	C	Q	O	M	H	I	C
B	M	E	T	A	B	O	L	I	S	I	E	R	U	N	G	V	L	O	V
X	C	C	V	O	V	G	W	W	I	R	K	D	A	U	E	R	D	N	D

2. Richtig oder falsch?

	Richtig	Falsch
Wird ein Medikament oral appliziert, wird es vom Pankreas resorbiert und ins Blut der Pfortader überführt.	☐	☐
Hier wird es zur Leber transportiert, die als Filter fungiert und einen Teil des Medikaments bereits jetzt inaktiviert oder abschwächt.	☐	☐
Nun wird es im Körper verteilt und entfaltet seine Wirkungen im Gehirn, welches als oberstes Steuerungszentrum eine vermittelnde Funktion ausübt.	☐	☐
Im weiteren Verlauf durchläuft der Wirkstoff noch mehrfach die Leber und wird hier zunehmend verstoffwechselt.	☐	☐
Ausgeschieden wird das Medikament letztendlich über den Darm oder die Nebennieren.	☐	☐

3. Nennen Sie die „8 großen Rs", die bei Medikamentengaben berücksichtigt werden müssen.

4. Nennen Sie mindestens 5 im Rettungsdienst verfügbare Schmerzmittel.

5. Nennen Sie 3 Kontraindikationen für Nitroglyzerin-Spray.

6. Erläutern Sie die Wirkungsweise von Adrenalin.

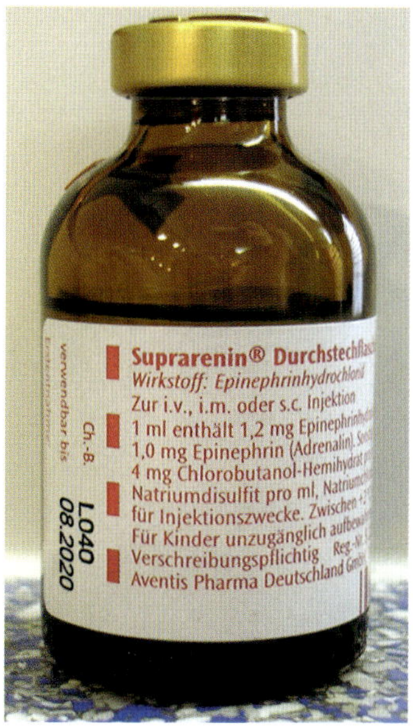

© A. Lobmüller, Würzburg

7. Richtig oder falsch?

	Richtig	Falsch
Salbutamol wirkt als Sympathomimetikum weitend auf die Bronchien und ist somit gut im Rahmen eines Bronchospamus einsetzbar.	☐	☐
Es wird als Inhalationslösung angeboten, die über eine Verneblermaske verabreicht werden kann.	☐	☐
Verneblermasken sollten lediglich mit einem O_2-Flow von unter 4l/Min. betrieben werden, da es ansonsten zum Verspritzen der Inhalationslösung kommt.	☐	☐
Salbutamol wirkt auch beschleunigend auf die Herzfrequenz und sollte somit nicht bei massiven Tachykardien eingesetzt werden.	☐	☐
Die Hauptnebenwirkung ist eine Verengung der Pupille, die mit einer leichten Sehunschärfe einhergeht.	☐	☐

Kapitel 12 – Airwaymanagement und Anästhesie

1. Nennen Sie 3 Schutzreflexe, die einen freien Atemweg gewährleisten sollen.

2. Unterscheiden Sie „freimachen" und „freihalten" der Atemwege.

3. Erläutern Sie die Einsatzzwecke der beiden abgebildeten Hilfsmittel.

© Eckhard Weimer, Würselen

4. Ergänzen Sie den Text.

Cuffdruckmesser – Larynxtubus – Lunge – Cuffs – Patienten – pharyngealen – Larynxmaske – Aspirationsschutz – Beatmung – SGAs – Atemweg

Supraglottische Atemwegshilfen (__________) stellen einen Kompromiss zwischen __________ Atemwegshilfen und Endotrachealtuben dar. Auch sie sind dafür konzipiert, den __________ des __________ offen zu halten, ermöglichen aber im Gegensatz zu den pharyngealen Atemwegshilfen eine __________ direkt über die Atemwegshilfe. Sie kommen entweder auf dem Kehlkopf (__________) oder in der Speiseröhre (__________) zum Liegen und ermöglichen so eine Ventilation der __________. Ähnlich einem Endotrachealtubus verfügen auch die meisten SGAs über blockbare __________. Diese verschließen allerdings nicht die Luftröhre, so dass kein absoluter __________ gewährleistet ist. Dennoch müssen auch hier die Cuffdrücke mit einem __________ überprüft werden.

5. Nennen Sie je 3 Vor- und Nachteile einer endotrachealen Intubation gegenüber einer supraglottischen Atemwegshilfe.

Vorteile	Nachteile

6. Nennen Sie das für eine Intubation im Rettungsdienst mindestens benötigte Material.

7. Beschriften Sie die Abbildung.

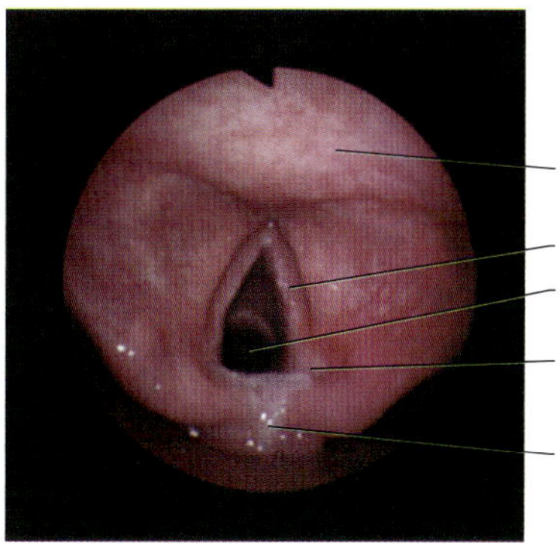

8. Richtig oder falsch?

	Richtig	Falsch
Vor der Intubation müssen alle benötigten Materialien hergerichtet und auf ihre Funktion überprüft worden sein.	☐	☐
Grundsätzlich sollte es vermieden werden, im RTW zu intubieren, da hier durch den Platzmangel die Komplikationsrate höher ist.	☐	☐
Der Patient sollte vor der Intubation monitorüberwacht und optimal gelagert werden.	☐	☐
Der Intubierende hält das Laryngoskop in der linken Hand, der Tubus wird ihm in die rechte Hand gegeben.	☐	☐
Die Lagekontrolle des Tubus ist erfolgt, wenn er durch die Atemluft des Patienten sichtlich beschlägt.	☐	☐

9. Definieren Sie den Begriff „Narkose“.

10. Nennen Sie die 4 Säulen einer Narkose (Narkosequalitäten).

11. Nennen Sie mindestens 6 Narkoseanlässe im Rettungsdienst.

12. Finden Sie 8 versteckte Begriffe.

Tipp: Alle Begriffe drehen sich um die Beatmung im Rettungsdienst.

X	S	J	J	C	W	X	D	C	J	Q	E	R	N	N	P	V	I	C
A	S	B	E	A	T	M	U	N	G	S	D	R	U	C	K	C	I	C
T	X	U	T	I	B	U	H	E	I	G	E	N	A	T	M	U	N	G
E	D	R	K	Z	P	O	I	Q	W	I	S	E	M	B	I	D	T	F
M	J	A	T	E	M	F	R	E	Q	U	E	N	Z	T	F	L	I	C
M	D	Q	K	J	R	K	S	I	H	B	V	Q	P	Q	H	G	D	R
I	D	U	O	J	U	O	I	T	U	V	T	X	E	V	N	C	A	G
N	V	O	A	S	K	N	K	W	G	J	L	R	E	Y	L	E	L	L
U	P	A	S	E	J	T	W	K	T	V	T	B	P	G	H	F	V	C
T	X	N	S	M	P	R	A	H	H	K	W	I	U	M	O	F	O	K
E	L	N	I	N	T	O	U	I	J	O	E	V	B	M	L	Y	L	J
N	F	J	S	I	F	L	K	I	J	G	S	D	J	A	F	M	U	Z
V	Y	U	T	R	X	L	E	H	O	U	W	T	G	G	M	O	M	B
O	W	I	I	F	V	I	I	P	F	I	S	K	U	R	Q	W	E	B
L	M	Y	E	Y	C	E	D	G	A	U	Y	O	K	V	R	T	N	Z
U	L	W	R	J	K	R	G	G	V	T	C	C	R	G	B	F	N	Y
M	H	T	T	G	H	T	K	I	P	O	O	L	Y	M	W	Y	V	R
E	O	Q	G	T	V	B	B	N	Z	Z	F	B	G	X	T	Q	G	V
N	G	C	O	X	H	G	D	X	Q	U	Q	R	B	C	R	T	T	F

Kapitel 13 – Kardiozirkulatorische Notfälle

1. Sortieren Sie die Begriffe.

Aszites – Lungenödem – Zyanose – Nykturie – Herzvergrößerung – Gestaute Halsvenen – Leistungsminderung – Dyspnoe – Pleuraerguss – Beinödeme

Symptome der Herzinsuffizienz

Linksherzinsuffizienz	Rechtsherzinsuffizienz	Gemeinsame Symptome

2. Nennen Sie mindestens 5 Risikofaktoren für die Ausbildung einer Ateriosklerose.

3. Unterscheiden Sie die koronare Herzkrankheit (KHK) vom akuten Koronarsyndrom (ACS).

4. Nennen Sie mindestens 6 Symptome eines akuten Koronarsyndroms.

5. Unterscheiden Sie die stabile Angina pectoris, die instabile Angina pectoris und die Prinzmetal-Angina.

6. Finden Sie 10 versteckte Begriffe.

Tipp: Sie alle drehen sich um entzündliche Prozesse am Herzen.

H	L	G	U	S	U	M	V	F	K	Y	W	K	M	Z	R	A	R	O	K	O
E	K	I	R	B	A	J	W	X	Y	E	R	G	H	E	X	W	U	M	N	W
N	E	G	S	Y	R	M	Y	J	V	Q	M	J	X	F	D	Z	M	R	J	K
E	H	E	R	Z	B	E	U	T	E	L	T	A	M	P	O	N	A	G	E	J
Z	D	X	O	Q	Y	F	G	J	W	A	O	S	H	N	T	I	D	Z	S	K
Q	U	S	H	K	J	V	P	E	R	I	K	A	R	D	I	T	I	S	M	G
J	T	N	N	L	M	T	O	Z	T	I	X	N	F	I	B	P	Z	F	E	A
P	G	K	S	P	J	J	Y	M	A	I	D	K	P	E	Q	C	S	V	Z	S
U	M	J	I	J	K	H	W	I	Y	C	D	B	X	M	V	P	Q	D	M	S
H	E	R	Z	R	Y	H	T	H	M	U	S	S	T	Ö	R	U	N	G	E	N
B	P	F	W	E	Y	M	T	A	M	Y	O	K	A	R	D	I	T	I	S	Q
D	E	K	Y	F	K	P	E	C	J	U	L	V	S	U	Q	J	W	D	X	U
V	E	B	X	S	E	S	O	R	V	D	M	J	T	G	S	M	Q	R	E	Q
Y	M	P	C	Y	P	W	O	V	G	D	U	Y	Z	V	J	V	O	V	P	S
W	U	E	I	K	E	B	Q	F	X	T	Y	L	N	D	O	E	I	L	F	K
D	F	H	V	I	R	E	N	B	T	A	N	G	S	T	E	A	J	J	I	M
U	S	T	R	E	P	T	O	K	O	K	K	E	N	T	G	D	I	P	E	E
C	N	J	U	Q	Q	S	Q	O	S	H	R	T	X	E	W	N	M	F	B	V
V	D	E	N	D	O	K	A	R	D	I	T	I	S	T	W	M	O	B	E	O
C	R	Y	O	O	P	G	T	P	V	F	Q	N	O	M	U	G	C	T	R	I
E	E	H	E	R	Z	I	N	S	U	F	F	I	Z	I	E	N	Z	V	R	D

7. Ergänzen Sie den Text.

Auswurf – Alveolen – Lungenkreislauf – Ödem – Herzinsuffizienz – Atemluft – Konsistenz – Dyspnoe – kardialen – Notfall – Blut

Beim ________________ Lungenödem handelt es sich um einen bedrohlichen ________________. Es entsteht als Folge einer ________________ und kommt zustande, indem sich das ________________ im ________________ staut. Es kommt zu einem allmählichen Übertritt von Flüssigkeit in die ________________. Hier nimmt diese durch den Kontakt mit der strömenden ________________ eine schaumige ________________ an. Das ________________ beeinträchtigt den Gasaustausch in der Lunge und führt dementsprechend zu einer ausgeprägten ________________. Oftmals werden die Patienten zyanotisch und weisen eine Orthopnoe auf. Auch kann manchmal ein fleischwasserfarbener ________________ beobachtet werden.

8. Erläutern Sie grob, was in diesem EKG-Ausdruck zu erkennen ist.

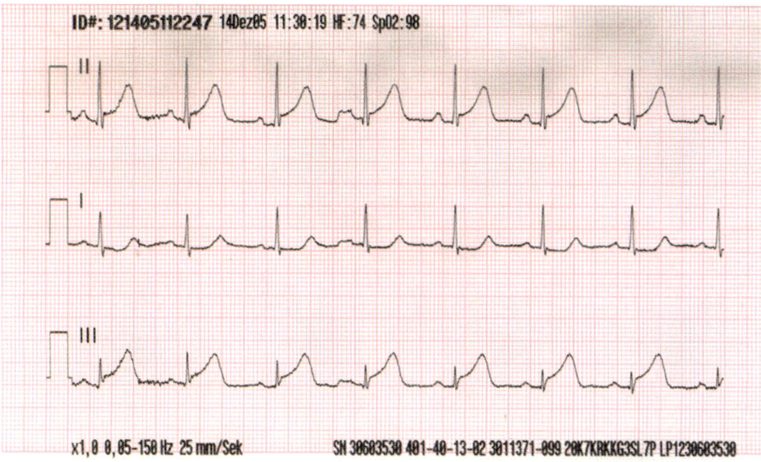

© A. Lobmüller, Würzburg

9. Planen Sie Ihr Vorgehen.

Sie werden zu Herrn Kampmann gerufen. Er habe seit etwa 3 Stunden ein Druckgefühl im Brustkorb und ihm sei nun auch stark schwindelig. Der mitalarmierte Notarzt ist noch auf der Anfahrt. Ihr Teamleiter äußert laut die Verdachtsdiagnose eines akuten Koronarsyndroms.

10. Richtig oder falsch?

	Richtig	Falsch
Ein hoher Blutdruck sollte im Rettungsdienst stets auf normale Blutdruckwerte gesenkt werden.	☐	☐
Ein hoher Blutdruck sollte im Rettungsdienst nur dann auf normale Blutdruckwerte gesenkt werden, wenn der Patient bestimmte Symptome hat.	☐	☐
Ein hoher Blutdruck sollte im Rettungsdienst nur dann leicht gesenkt werden, wenn der Patient bestimmte Symptome hat.	☐	☐
Besteht der Verdacht auf einen Schlaganfall, werden hohe Blutdruckwerte in der Regel akzeptiert.	☐	☐

11. Nennen Sie mindestens 5 mögliche Symptome eines hypertensiven Notfalls.

12. Lösen Sie das Rätsel.

Waagerecht:

5. Anderes Wort für „Durchblutung"
7. Zucken des Körpers
8. Oftmals Ursache eines Hypertonus
9. Teil des vegetativen Nervensystems
10. Eine vegetative Reaktion

Senkrecht:

1. Kurzzeitiger Bewusstseinsverlust
2. Mittel zum Ausschluss einer Hypoglykämie
3. Langsamer Herzschlag
4. Ein Drehen oder ein Schwanken
6. Werden im Nebennierenmark produziert

13. Definieren Sie die Begriffe.

Thrombus

Embolus

14. Ergänzen Sie die Tabelle.

„6 Ps“ Nach Pratt

Kürzel	Englischer Begriff	Deutsche Erläuterung
P		Schmerzen
P	Pallor	
P		Gefühlsstörungen
P	Pulselessness	
P		Lähmung
P	Prostatration	

15. Erläutern Sie die Symptomatik eines venösen Verschlusses.

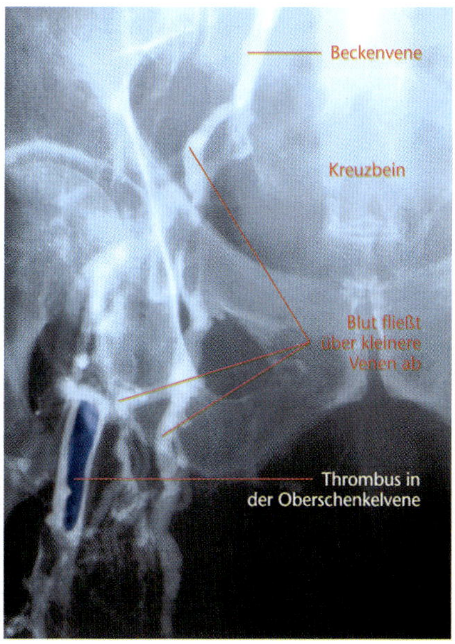

© Dr. med. Eduard M. Walthers, Marburg

16. Nennen Sie mögliche Gefahren in dieser Situation.

Frau Rolfs ist vor einigen Tagen aus Australien zurückgekehrt. Seitdem habe sie ein geschwollenes rechtes Bein. Sie wollte dies in den nächsten Tagen einem Arzt vorstellen. Vor einigen Minuten hat sie plötzlich starke Luftnot bekommen und den Rettungsdienst verständigt. Sie sind als RTW gemeinsam mit einem NEF vor Ort.

Kapitel 14 – Respiratorische Notfälle

1. Unterscheiden Sie „Asthma bronchiale“ und „COPD“.

2. Finden Sie 8 versteckte Begriffe.

Tipp: Gesucht werden Symptome der COPD.

V	X	A	N	S	F	L	Z	I	T	F	I	J	K	R	T	J	P
B	V	W	P	I	R	U	X	N	B	F	Y	W	V	N	P	F	T
Z	N	U	O	P	H	N	K	J	E	N	Y	H	S	A	D	I	U
U	M	L	X	K	Z	G	H	Q	L	N	A	Y	T	V	E	Z	S
W	S	I	K	Y	W	E	X	D	A	G	S	P	J	R	E	Y	W
H	G	F	X	U	Q	N	H	U	S	Y	W	O	I	U	S	A	L
U	I	X	C	S	Y	H	M	H	T	W	S	X	M	H	P	N	N
S	E	R	I	S	W	O	S	R	U	O	K	I	T	E	B	O	R
T	M	R	G	N	J	C	J	L	N	C	A	E	N	D	F	S	D
E	E	I	M	K	V	H	E	O	G	Y	T	O	H	Y	J	E	O
N	N	U	B	Y	C	D	L	L	S	D	F	H	S	S	F	C	H
Q	M	M	X	F	L	R	M	O	D	B	C	C	C	P	Z	S	U
D	M	W	M	E	Q	U	J	S	Y	L	I	L	P	N	O	W	U
O	K	B	F	A	X	C	R	H	S	R	X	S	Y	O	A	V	D
Y	J	Y	C	R	K	K	V	J	P	T	G	Q	E	E	W	V	W
D	C	U	L	U	V	T	G	F	N	K	R	Y	V	V	E	G	E
K	E	C	B	R	O	N	C	H	O	S	P	A	S	M	U	S	E
T	U	V	K	L	U	K	L	O	E	M	H	C	I	Z	B	T	C

3. Planen Sie Ihr Vorgehen.

Sie werden als RTW zu einer jungen Patientin auf einem Sportplatz gerufen. Diese habe mit Freundinnen Volleyball gespielt und plötzlich kaum noch Luft bekommen. Sie hören ein deutliches Atemnebengeräusch bei der Ausatmung.

4. Nennen Sie die bedrohlichste Form eines Asthma-Anfalls.

5. Nennen Sie mindestens 8 mögliche Anzeichen für eine Bolusverlegung von Luft- oder Speiseröhre.

6. Erläutern Sie das dargestellte Manöver.

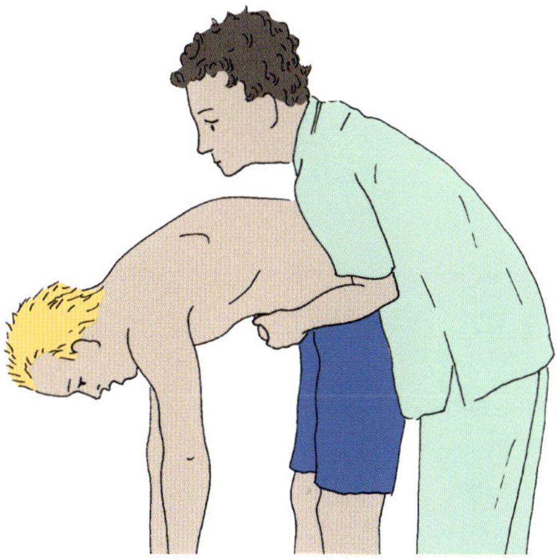

7. Richtig oder falsch?

	Richtig	Falsch
Eine Aspiration meint das Eindringen von flüssigen oder festen Stoffen in die unteren Atemwege.	☐	☐
Dies geschieht besonders oft bei Patienten mit verminderten Schutzreflexen, etwa bei bewusstlosen oder alkoholisierten Patienten.	☐	☐
Eine Aspirationspneumonie tritt nur dann auf, wenn die eingedrungenen Stoffe mit Krankheitserregern kontaminiert waren.	☐	☐
Bei Pneumonien ist es typisch, dass die Patienten trotz eines relativen Sauerstoffmangels einen hohen SpO_2 aufweisen.	☐	☐
Bei Aspirationspneumonien sollte man immer versuchen, einen Absaugkatheter in die Luftröhre einzuführen.	☐	☐

8. Nennen Sie 5 mögliche Anzeichen für eine Hyperventilation.

Kapitel 15 – Neurologische Notfälle

1. Unterscheiden Sie „quantitative" und „qualitative" Bewusstseinsstörungen.

2. Erläutern Sie das FAST-Schema.

3. Beschriften Sie die Abbildung.

Tipp: Gesucht wird die Einteilung der Lähmungsformen.

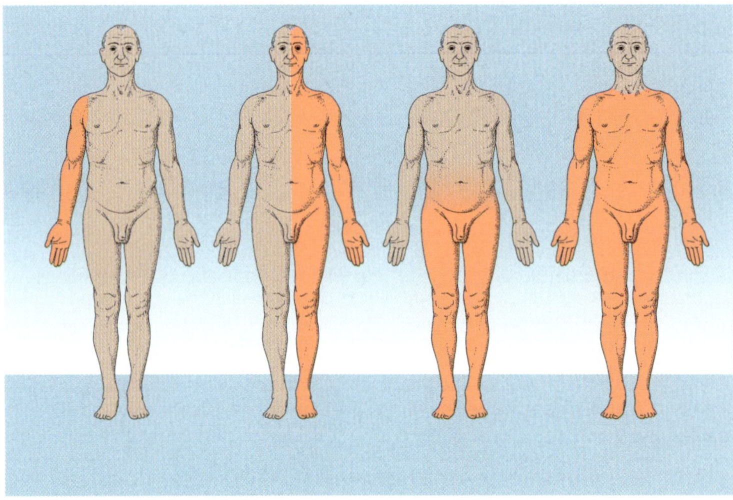

4. Planen Sie Ihr Vorgehen.

Sie befördern eine ältere Dame nach einer Hüftoperation mit Ihrem KTW in eine Reha-Einrichtung. Im Verlauf des Transports fällt Ihnen auf, dass die Patientin undeutlich spricht. Als Sie sich genauer mit dem Problem befassen, fällt Ihnen auch auf, dass sie Ihren rechten Arm nicht mehr bewegen kann.

5. Unterscheiden Sie die „intrazerebrale Blutung" von der „Subarachnoidalblutung".

6. Nennen Sie mindestens 10 mögliche Anzeichen für einen erhöhten Hirndruck.

7. Korrigieren Sie den Text.

Die präklinische Therapie von extrakraniellen Druckerhöhungen unterscheidet sich nicht nennenswert von der Therapie des Schlaganfalls. Der Patient sollte mit leicht erhöhtem Arm gelagert werden. Ein vollständiges Monitoring sollte angelegt werden. Eine Blutzuckerbestimmung muss nicht erfolgen. Auch die Temperaturmessung kann hilfreich sein. Zudem sollte ein arterieller Zugang durch einen Notarzt oder Sanitätshelfer angelegt werden. Wenn der Patient wach sein sollte, muss eine Narkose vorbereitet werden. Ziel ist immer ein schneller Transport in die nächstgelegene Urologie, um eine operative Entlastung des Schädelinnendrucks durchzuführen. Hierfür muss unbedingt eine Voranmeldung erfolgen.

8. Planen Sie Ihr Vorgehen.

Sie transportieren Herrn Kallies von seinem Hausarzt in ein nahe gelegenes Krankenhaus. Herr Kallies erzählt Ihnen, dass er wegen seinen „schlechten Blutwerten" eingewiesen werde. Auf dem Einweisungsschein lesen Sie „V.a. Cholezystolithiasis". Bei Ihrem Gespräch fällt Ihnen auf, dass die linke Pupille des Patienten deutlich größer ist als seine rechte.

Kapitel 15 – Neurologische Notfälle

9. Richtig oder falsch?

	Richtig	Falsch
Zerebrale Krampfanfälle sind spontane Entladung von Nervenzellen im Temporallappen des Gehirns.	☐	☐
Es werden verschiedene Formen des Krampfanfalls unterschieden. So zum Beispiel wird der „tonische" Anfall von den klassischen Zuckungen des Körpers begleitet.	☐	☐
Ein generalisierter Krampfanfall hingegen betrifft alle Extremitäten bei erhaltenem Bewusstsein.	☐	☐
Die medikamentöse Therapie eines Krampfanfalls erfolgt in erster Linie mit der Gabe von Benzodiazepinen.	☐	☐
Eine Nachschlafphase, wie etwa bei Synkopen, ist bei epileptischen Anfällen eher die Ausnahme.	☐	☐

10. Nennen Sie mindestens 5 mögliche Anzeichen für einen Bandscheibenvorfall.

11. Beschriften Sie die Abbildung.

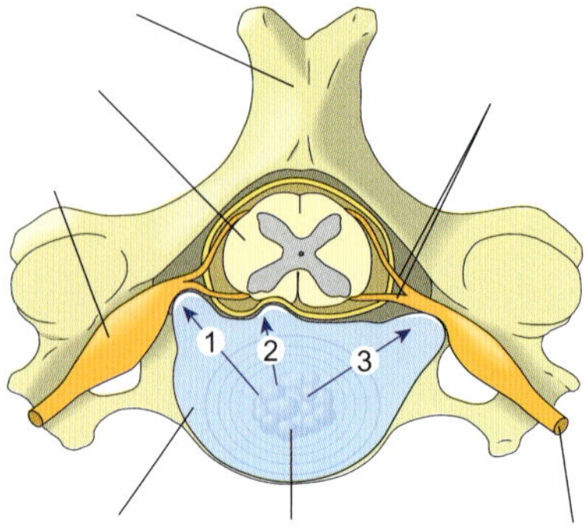

© Gerda Raichle, Ulm

12. Planen Sie Ihr Vorgehen.

Sie werden zu einem Krankentransport in einen Privathaushalt gerufen. Herr Lillienberg wurde vom Arzt des Notdiensts mit dem Verdacht auf einen Bandscheibenvorfall eingewiesen. Er gibt an, dass er in Ruhe keine Schmerzen habe, sich aber nicht bewegen könne.

1. Nennen Sie mindestens 6 Differentialdiagnosen, bei denen Angst eine zentrale Rolle spielt.

2. Finden Sie 8 versteckte Begriffe.

Tipp: Sie alle haben etwas mit Angst zu tun.

W	C	C	P	I	Q	B	L	F	G	J	Q	Z	B	S	Q	I	J
D	R	B	S	C	I	D	J	J	S	A	T	S	U	O	W	F	G
P	C	D	V	U	B	D	U	R	C	H	F	A	L	L	X	A	Q
R	N	Z	C	C	C	S	A	W	X	S	H	M	Y	Y	F	U	F
P	S	D	P	F	Y	Q	H	Y	E	R	B	R	E	C	H	E	N
N	C	N	Q	G	M	L	M	W	L	C	S	Z	N	C	K	A	A
T	H	B	L	U	T	D	R	U	C	K	A	N	S	T	I	E	G
A	W	N	X	I	K	G	I	Y	T	J	F	O	A	E	G	G	Y
C	I	X	U	M	A	F	T	G	T	O	I	Q	K	D	B	B	K
H	T	I	Q	L	U	Q	U	J	Q	B	C	N	T	R	S	P	D
Y	Z	H	Y	P	E	R	V	E	N	T	I	L	A	T	I	O	N
K	E	V	R	E	Q	B	A	P	P	D	D	J	W	L	R	S	W
A	N	B	P	X	S	Q	A	H	D	R	E	R	T	H	O	M	D
R	Y	O	T	S	H	E	K	T	I	K	E	D	D	T	X	H	D
D	K	E	H	E	L	K	R	F	K	J	L	M	J	V	D	W	W
I	T	L	T	Y	N	B	B	F	X	E	Y	N	V	Q	E	C	L
E	N	Q	I	Z	I	T	T	E	R	N	X	V	T	H	E	R	J
L	Y	L	I	D	J	V	H	B	P	P	U	M	K	P	M	G	H

3. Ergänzen Sie den Text.

Ursachen – Schlaganfall – schlagartig – Infekte – Störung – Demenz – Therapie – Desorientierung – Blutzuckerentgleisungen

Verwirrtheit ist ein Symptom vieler Erkrankungs- und Notfallbilder. Sie zeichnet sich durch ______ bis hin zur Bewusstseinsstörung aus. Ihre ______ sind oftmals neuro-vaskuläre (z.B. nach einem ______) oder neuro-degenerative (z.B. bei bestehender ______) Störungen. Das Rettungsfachpersonal sollte immer dann besonders hellhörig werden, wenn sich der Patientenzustand ______ oder über einen sehr kurzen Zeitraum verändert hat. Dies ist oftmals ein Zeichen für eine akute ______, die durch die richtige ______ behoben werden kann. Gezielt sollten in diesen Fällen frische Schlaganfälle, kardiovaskuläre Erkrankungen, ______ und fieberhafte ______ ausgeschlossen werden.

4. Nennen Sie 3 Beispiele für kardiovaskuläre Erkrankungen, die zu Verwirrtheitszuständen führen können.

Kapitel 16 – Psychiatrische Notfälle

5. Beschreiben Sie das „delirante Syndrom“.

6. Nennen Sie mindestens 4 mögliche Auslöser für ein delirantes Syndrom.

7. Ergänzen Sie den Text.

Suizidalität – Experte – Problemlage – psychiatrische – freiwillige – Ratschlägen – Suizidgedanken – Suizidankündigung

Der Begriff ______ bedeutet „Neigung zur Selbsttötung“. Diese abzuschätzen ist ungemein schwierig. Somit ist jede ______ ernst zu nehmen, bis ein ______ den Patienten begutachtet hat. Oftmals hilft es, den Patienten direkt nach seinen ______ zu fragen. Insbesondere, wenn dieser keine Suizidankündigung gemacht hat, sich aber so auffällig verhält, dass das Rettungsfachpersonal annimmt, dass er suizidal sein könnte. Der Patient sollte während des Einsatzes durchgängig das Gefühl haben, dass er bei den Fachkräften ein offenes Ohr für seine ______ findet. Hierbei sollte das Rettungsfachpersonal zurückhaltend mit ______ oder Verurteilungen sein. Ziel ist dabei immer die ______ Mitfahrt in eine aufnahmebereite ______ Klinik.

8. Erläutern Sie die Bedingungen, in denen Patienten auch gegen ihren Willen in ein Krankenhaus eingewiesen werden können.

Kapitel 17 – Thermische Notfälle

1. Nennen Sie je 3 Möglichkeiten des Organismus die Körperkerntemperatur zu senken bzw. zu erhöhen.

Thermoregulation

Erhöhung der Körperkerntemperatur	Absenkung der Körperkerntemperatur

2. Richtig oder falsch?

	Richtig	Falsch
Hitzekrämpfe entstehen durch den vermehrten Verlust von Flüssigkeit und Kochsalz.	☐	☐
Durch diese Elektrolytverschiebung kommt es zu schmerzhaften aber ungefährlichen Krämpfen der Muskulatur.	☐	☐
Als therapeutische Maßnahme erfolgt der Ausgleich des Elektrolytverlusts durch kaliumreiche Infusionslösungen.	☐	☐
Die Hitzeerschöpfung entsteht auf ähnlichem Wege. Im Vordergrund steht hier jedoch eine Überhitzung des Organismus.	☐	☐
Die Symptome reichen von Durst, über Bewusstseinsstörungen bis hin zur Kußmaulatmung.	☐	☐

3. Erläutern Sie die körperlichen Vorgänge beim sogenannten „Hitzschlag".

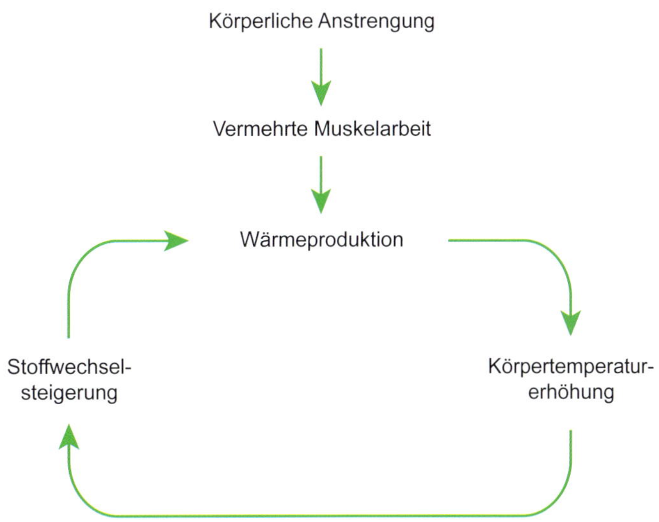

Kapitel 17 – Thermische Notfälle

4. Formulieren Sie eine Verdachtsdiagnose.

Sie werden auf einem Sanitätsdienst auf einer Abendveranstaltung im Sommer von einem Ehepaar aufgesucht. Die Ehefrau gibt an, sie habe Angst, dass Ihr Mann eine Hirnhautentzündung entwickle. Sie sehen einen krank wirkenden Mann mittleren Alters mit Nackensteifigkeit, Übelkeit und Erbrechen. Zudem gibt er Kopfschmerzen an. Eine erhöhte Körpertemperatur können Sie nicht feststellen. Den Tag über habe er im Garten gearbeitet.

5. Nennen Sie mindestens 5 mögliche Ursachen für Verbrennungen.

6. Ergänzen Sie den Text.

Hitze – Brandblasen – gerötet – Schwere – Hauttransplantationen – Gewebebeschaffenheit – Verkohlungen – oberflächliche – intakt

Das Ausmaß einer Verbrennung wird bestimmt durch die ________ der Verbrennungsquelle, die Kontaktfläche zur Verbrennungsquelle, die Kontaktdauer und die ________. Verbrennungen werden in verschiedene Schweregrade eingeteilt. Bei Verbrennungen I° sind nur ________ Verbrennungsschäden vorhanden. Die Haut ist ________, aber vollständig ________. Verbrennungen II° weisen ________ auf. Je nach ________ können sie noch in zwei weitere Untergruppen eingeteilt werden. Verbrennungen III° reichen tief ins Gewebe und heilen kaum. Oftmals sind ________ notwendig. Verbrennungen IV° werden auch als ________ bezeichnet. Sie sind nicht mehr in der Lage zu heilen.

7. Erläutern Sie die Besonderheiten bei Strom- und Blitzunfällen.

8. Erläutern Sie die Abbildung

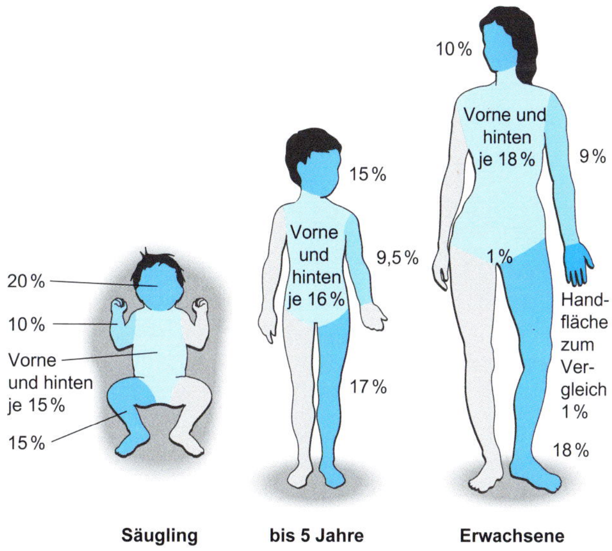

9. Sie lesen auf einem Einweisungsschein, dass Ihr Patient vor Jahren einmal eine Verbrennungskrankheit gehabt haben soll. Erläutern Sie diesen Begriff.

Kapitel 17 – Thermische Notfälle

10. Definieren Sie den Begriff „Hypothermie“.

11. Richtig oder falsch?

	Richtig	Falsch
Im Lähmungsstadium sind die Patienten hypoton und weisen weite Pupillen auf.	☐	☐
Im Erschöpfungsstadium sind die Patienten reflexlos und atmen extrem langsam oder weisen eine Apnoe auf.	☐	☐
Im Stadium des Scheintods ist kein Muskeltonus mehr fühlbar. Die Patienten haben lichtstarre Pupillen.	☐	☐
Im Abwehrstadium sind Unterkühlte oftmals wach, unruhig und tachykard.	☐	☐
Zudem sind die Patienten im Abwehrstadium durch den schnellen Herzschlag auffallend hypoton.	☐	☐

12. Finden Sie 8 versteckte Begriffe.

Tipp: Sie alle haben etwas mit Kälteschäden am Organismus oder deren Behandlung zu tun.

D	P	Y	S	O	P	K	O	Q	H	E	V	T	P	Y	P	D	W
V	B	E	R	G	U	N	G	S	T	O	D	X	O	K	F	J	S
L	F	R	O	S	T	B	E	U	L	E	N	C	Y	O	Q	J	C
S	S	I	B	E	Z	J	X	T	H	X	J	W	D	C	F	C	H
Q	N	Y	M	C	I	T	T	Z	I	V	W	S	P	A	H	P	W
H	Y	T	K	T	Y	E	H	M	M	Z	G	R	U	B	U	Q	E
A	Q	O	E	H	N	C	R	L	M	U	H	Z	N	R	A	S	L
U	L	E	E	K	B	T	O	S	O	O	X	V	R	A	P	C	L
T	L	H	D	R	J	D	M	T	B	J	Q	G	S	D	L	U	U
N	T	R	N	G	S	P	B	G	I	K	A	N	U	Y	Q	R	N
E	V	V	R	L	R	Y	O	Y	L	W	A	M	P	K	U	F	G
K	D	P	L	Z	V	D	S	S	I	L	K	S	F	A	A	L	B
R	S	B	H	G	J	G	E	F	S	X	S	P	V	R	W	B	Z
O	A	W	M	I	O	E	T	M	A	L	U	B	F	D	K	Q	F
S	E	R	M	K	C	M	J	U	T	S	M	D	N	I	L	V	L
E	P	Z	P	N	O	L	I	O	I	K	X	V	P	E	M	H	R
N	S	A	F	T	E	R	D	R	O	P	D	R	U	B	K	T	I
L	O	O	Q	G	C	C	F	Q	N	J	F	K	T	D	G	V	I

Kapitel 18 – Traumatologie

1. Erläutern Sie die jeweiligen Wundarten.

Wundarten

Name	Erläuterung
Schusswunden	
Schürfwunden	
Ablederungen	
Schnittwunden	
Platzwunden	
Bisswunden	

2. Nennen Sie die Wundart, um die es sich hier handeln könnte und begründen Sie Ihre Auswahl.

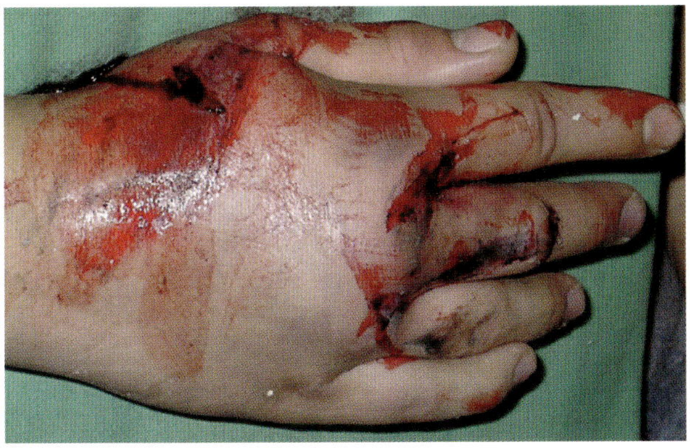

© Dr. Dr. Jürgen Luxem, Aschaffenburg

3. Begründen Sie, wieso es sich bei Stichwunden um eine besonders gefährliche Wundart handelt.

Kapitel 18 – Traumatologie

4. Nennen Sie jeweils mindestens 4 sichere und 4 unsichere Frakturzeichen.

Frakturzeichen

Sichere Frakturzeichen	Unsichere Frakturzeichen

5. Nennen Sie mindestens 4 mögliche Hilfsmittel zur Frakturversorgung.

6. Unterscheiden Sie „Distorsionen“ und „Luxationen“.

7. Erläutern Sie die hier dargestellte Maßnahme.

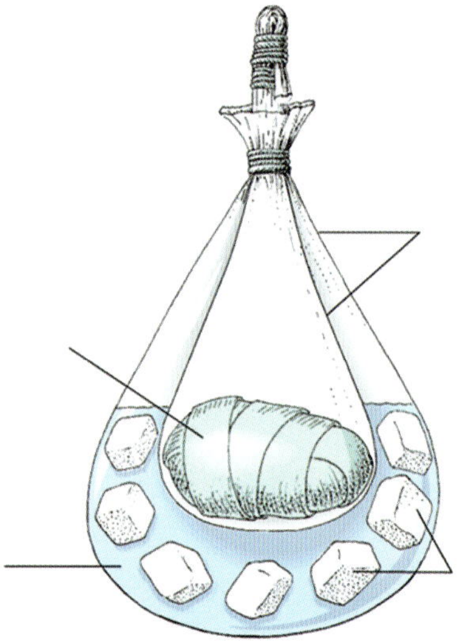

8. Was ist der Unterschied zwischen einem offenen und einem geschlossenen Schädel-Hirn-Trauma?

☐ Eröffnung der Kopfhaut
☐ Eröffnung der Schädelkalotte
☐ Eröffnung der Dura mater
☐ Eröffnung der Schädelbasis
☐ Eröffnung des Gesichtsschädels

9. Beschriften Sie die Abbildung.

Tipp: Die gesuchten Begriffe bezeichnen anatomische Strukturen bzw. Formen der Hirnblutung.

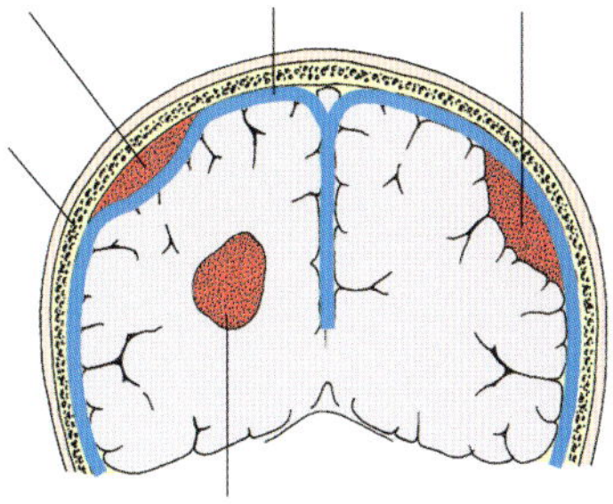

10. Ergänzen Sie die Tabelle.

Grad	GCS
Leichtes SHT	
Mittelschweres SHT	
Schweres SHT	

11. Planen Sie Ihr Vorgehen.

Auf einem Sanitätsdienst wird ein junger Patient von einer Sanitätsstreife aufgefunden. Er blutet deutlich am Kopf und ist bewusstlos. Versuche, ihn zu wecken schlagen fehl. Sie werden von den Kollegen der Fußstreife hinzugezogen.

Kapitel 18 – Traumatologie

12. Nennen Sie mindestens 5 anatomische Strukturen, die bei einer Verletzung des Brustkorbs mitverletzt werden können.

13. Definieren Sie die „Rippenserienfraktur" und grenzen Sie diese von der „Rippenstückfraktur" ab.

14. Erläutern Sie die dargestellte Abbildung.

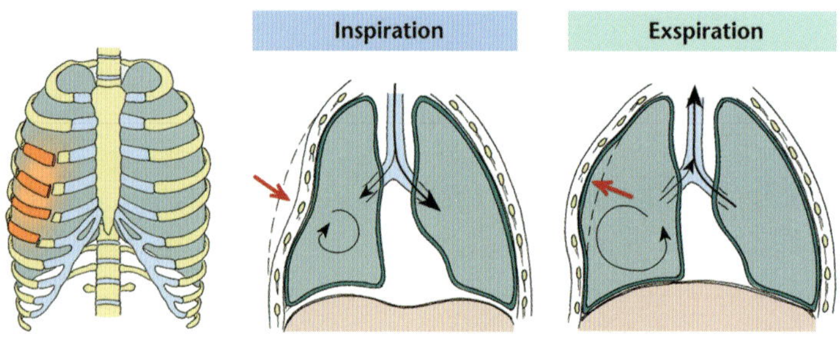

15. Planen Sie Ihr Vorgehen.

Sie treffen auf einen Patienten, der einen Pferdetritt gegen den Brustkorb bekommen hat. Ihr Team stellt bei der Untersuchung gestaute Halsvenen, einen fehlenden Radialispuls und ein aufgehobenes Atemgeräusch über dem rechten Lungenflügel fest. Der Patient wird zunehmend bewusstseinsgetrübt.

16. Nennen Sie mindestens 5 mögliche Anzeichen für eine Wirbelsäulenverletzung.

17. Benennen sie die 3 dargestellten Frakturtypen

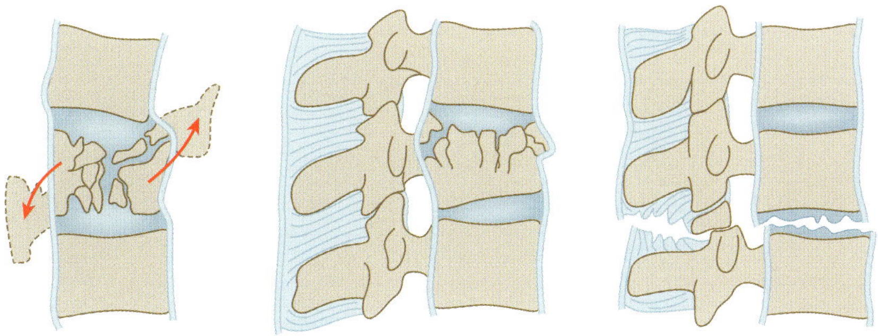

18. Erläutern Sie den Grundsatz: „If in doubt, immobilize!“

19. Richtig oder falsch?

	Richtig	Falsch
Ein hoher Querschnitt kann eine Atemlähmung zur Folge haben. Daher ist eine Wirbelsäulenimmobilisation bei vielen Unfallmechanismen unumgänglich.	☐	☐
Zunächst muss eine manuelle Fixierung der Halswirbelsäule erfolgen, alternativ kann die stabile Seitenlage eingesetzt werden.	☐	☐
Der HWS-Immobilisationskragen muss vor der Abnahme eines Motorradhelms angelegt werden, um die Halswirbelsäule bei der Abnahme zu schienen.	☐	☐
Eine gute Möglichkeit, einen Patienten ohne viele unnötige Bewegungen umzulagern und zu immobilisieren, ist der Einsatz von Schaufeltrage und Vakuummatratze.	☐	☐
Wenn der Patient bei Bewusstsein ist, sollte ihm jeder Arbeitsschritt zunächst erklärt werden.	☐	☐

Kapitel 18 – Traumatologie

20. Nennen Sie je 3 mögliche Mechanismen zur Entstehung eines „stumpfen“ bzw. eines „penetrierenden Bauchtraumas“.

Bauchverletzungen

Mögliche Ursachen für stumpfe Bauchverletzungen	Mögliche Ursachen für penetrierende Bauchverletzungen

21. Erläutern Sie den Begriff „zweizeitige Milzruptur“.

22. Erläutern Sie die dargestellte Lagerungsform.

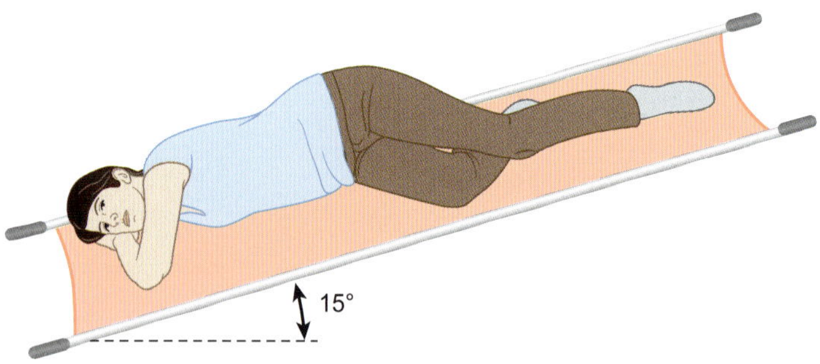

23. Ergänzen Sie den Text.

ABCDE-Schema – Schocklage – hochdosierten – Puls – Sicherheit – Schockzustand – i.v.-Zugang

Sie werden zu einem Unfallort gerufen. Ein Bauarbeiter hat einen Metallträger in den Bauch gestoßen bekommen. Nachdem Sie die ______ der Einsatzstelle überprüft haben, beginnen Sie mit der Untersuchung nach dem ______. Sie stellen dabei einen schnellen ______ und eine deutliche Prellmarke am Abdomen fest. Hieraus schließen Sie, dass sich Ihr Patient im drohenden ______ befindet. Sie fordern umgehend einen Notarzt nach und verabreichen ______ Sauerstoff. Zudem sollte die Anwendung einer ______ erfolgen und ein ______ vorbereitet werden.

24. Nennen Sie die Definition des Polytraumas nach Tscherne.

25. Richtig oder falsch?

	Richtig	Falsch
Die Versorgung eines Polytraumas erfolgt zumeist noch am Unfallort. Für diesen Zweck halten die Notarzteinsatzfahrzeuge extra Blutkonserven vor.	☐	☐
Die „golden hour of trauma" besagt, dass ein eingeklemmter Patient innerhalb einer Stunde aus dem Fahrzeug befreit sein muss.	☐	☐
Liegt keine Einklemmung vor, sollte die Versorgungszeit vor Ort unter 15 Minuten liegen.	☐	☐
Aufgrund des Stresses im Rahmen einer Einklemmung ist ein zusätzlicher Wärmeerhalt nicht notwendig.	☐	☐
Beim Arbeiten am einklemmten Unfallpatienten sollte der Aktionsbereich des Airbags freigehalten werden.	☐	☐

26. Erläutern Sie die dargestellte Technik.

27. Unterscheiden Sie „schonende Rettung" und „Crashrettung".

Kapitel 19 – Akutes Abdomen und metabolische Notfälle

1. Definieren Sie den Begriff „akutes Abdomen".

2. Tragen Sie die häufigsten Ursachen für ein akutes Abdomen in die Abbildung ein.

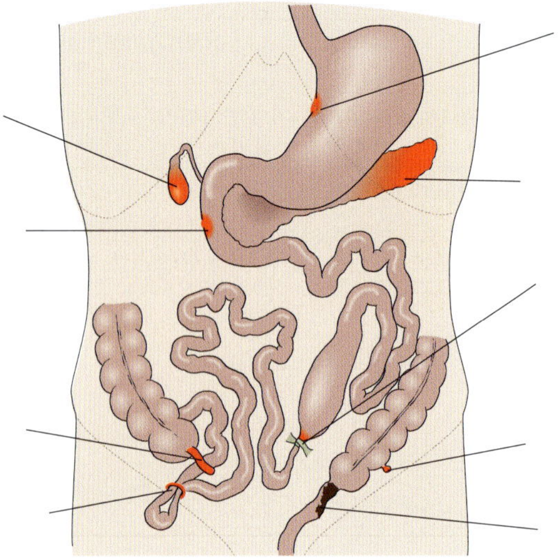

3. Richtig oder falsch?

	Richtig	Falsch
Kolikartige Schmerzen sind Schmerzen, die in einer sehr schnellen Frequenz (> 100/Min.) wellenförmig auftreten.	☐	☐
Häufig werden Koliken von vegetativen Symptomen, wie etwa Schweißausbrüchen oder Übelkeit, begleitet.	☐	☐
Entzündungsschmerzen steigen in ihrer Intensität zunehmend und sind gut lokalisierbar.	☐	☐
Typisch ist diese Schmerzform zum Beispiel bei einem festsitzenden Gallenstein.	☐	☐
Perforationsschmerzen zeichnen sich durch ein heftiges Schmerzereignis zu Beginn und einen dann zunächst nachlassenden Schmerz aus.	☐	☐

4. Unterscheiden Sie viszerale und somatische Schmerzen.

Schmerzcharakter

Viszeraler Schmerz	Somatischer Schmerz

5. Ordnen Sie die passenden Begriffe einander zu.

Hyperperistaltik – Paralytischer Ileus – Magen-Darm-Infektionen – Mechanischer Darmverschluss – Metallisch klingende Darmgeräusche – Fehlende Darmgeräusche

6. Benennen Sie das pathologische Zeichen, das in dieser Abbildung zu erkennen ist.

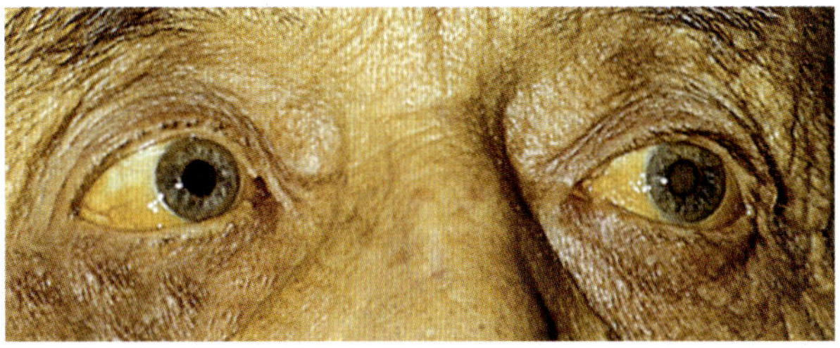

© Prof. Dr. med. G. Gruber, Taucha

7. Richtig oder falsch?

	Richtig	Falsch
Ein heller lehmfarbener Stuhl spricht für eine obere gastrointestinale Blutung.	☐	☐
Durchfall (Diarrhoe) ist zumeist stressbedingter Ursache. Erst wenn er an 3 aufeinanderfolgenden Tagen aufgetreten ist, sollte das Personal Infektionsschutzmaßnahmen treffen.	☐	☐
Blutstuhl tritt bei unteren gastrointestinalen Blutungen auf und ist stets als Warnsignal anzusehen.	☐	☐
Kaffeesatzartiges Erbrechen ist ein Zeichen für einen mechanischen Darmverschluss.	☐	☐
Erbrechen von hellem Blut spricht für eine aktive Blutung in Speiseröhre oder dem Magen.	☐	☐

8. Nennen Sie mindestens 5 mögliche Komplikationen eines akuten Abdomens.

Kapitel 19 – Akutes Abdomen und metabolische Notfälle

9. Zeichnen Sie die gesuchten Punkte in die Abbildung ein.

McBurney – Lanz – Blumberg

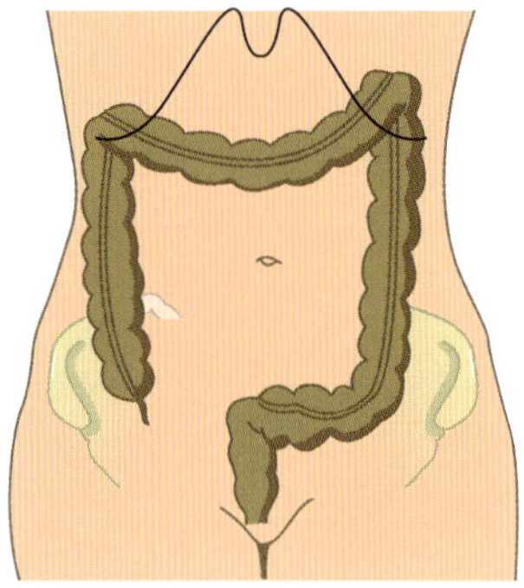

© Martha Kosthorst, Borken

10. Welches ist die schwerste Komplikation einer Appendizitis?

☐ Infektion
☐ Immunsuppression
☐ Perforation
☐ Ischämie
☐ Nicht beherrschbare Schmerzzustände

11. Ergänzen Sie den Text.

Leber – Überdruckvarizen – Leberzirrhose – Pfortader – Speiseröhrenvenen – Alkoholerkrankung – Blutstau – Ösophagusvarizen – Transport

Eine der gefürchtetsten gastrointestinalen Blutungen ist die Ösophagusvarizenblutung. Sie tritt selten auf, ist aber in ca. 50 % der Fälle tödlich. ____________ sind ____________, die entstehen, wenn es zu einem ____________ vor der ____________ kommt. Dieser ist im Regelfall auf eine ____________ im Rahmen einer ____________ zurückzuführen. Das Blut der ____________ staut sich vor der kaum noch durchfließbaren Leber und wählt einen Umgehungskreislauf über die ____________. Im Rahmen dieser Blutungsereignisse muss schnell reagiert werden. Vorgegangen wird nach dem ABCDE-Schema. Der Patient benötigt dringend Sauerstoff und intravenöse Flüssigkeit. Ein eiliger ____________ in die nächstgelegene Gastroenterologie ist obligat.

12. Unterscheiden Sie den „paralytischen" und den „mechanischen Ileus".

____

____

____

____

____

____

____

13. Unterscheiden Sie Typ-I- und Typ-II-Diabetes.

14. Geben Sie mögliche Folgeerkrankungen des Diabetes mellitus an.

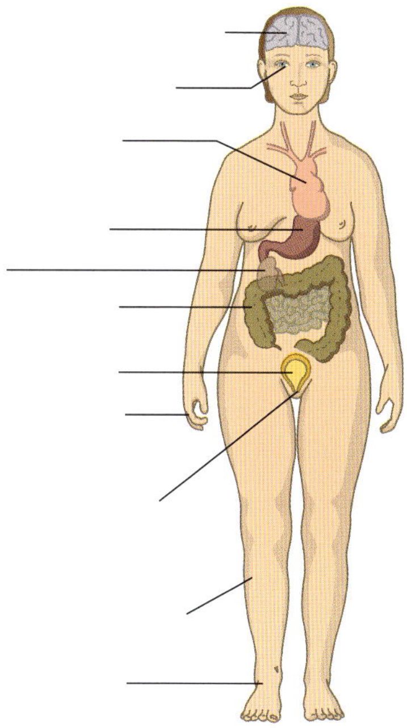

© Gerda Raichle, Ulm

15. Ergänzen Sie die Tabelle.

Formen des diabetischen Komas

	Ketoazidotisches Koma	Hyperosmolares Koma
Blutzucker (mg/dl bzw. mmol)		
Letalität (%)		
Insulinmangel		
Weitere Zeichen		

16. Nennen Sie mindestens 8 mögliche Symptome einer Hypoglykämie.

Kapitel 20 – Urologische und nephrologische Notfälle

1. Nennen Sie mindestens 5 mögliche urologische oder nephrologische Notfallbilder.

2. Nennen Sie das Erkrankungsbild und planen Sie Ihr Vorgehen.

Auf einem Sanitätsdienst zu einem Sommerfest kommt eine junge Mutter auf Sie zu. Ihr Kind habe nach einem Mittagschlaf plötzlich nicht mehr aufgehört zu schreien. Sie habe zunächst gedacht, dass es eine neue Windel benötigen würde. Beim Wickeln sei ihr dann der Hoden ihres Sohnes aufgefallen.

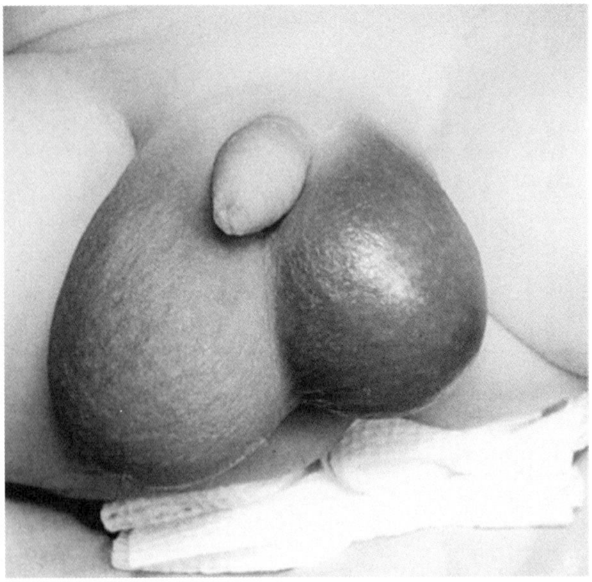

© Behrman, Kliegman, Jenson: Nelson Textbook of Pediatrics, 17th ed., 2004, Mosby

3. Nennen Sie mindestens 4 mögliche Ursachen für einen Harnverhalt.

4. Planen Sie Ihr Vorgehen.

Sie haben den Auftrag, eine ältere Dame mit der Einweisungsdiagnose Harnverhalt ins Krankenhaus zu fahren. Bei der Übernahme stellen Sie fest, dass Ihre Patientin stark schwitzt und sichtliche Schmerzen zu haben scheint.

5. Unterscheiden Sie „akutes Nierenversagen" von der „chronischen Niereninsuffizienz".

6. Finden Sie 10 versteckte Begriffe.

Tipp: Sie alle stehen im Zusammenhang mit akuten oder chronischen Funktionsstörungen der Nieren.

O	A	N	L	B	Z	O	R	R	X	C	O	Z	R	S	I	J	M
U	J	H	Y	F	S	X	Q	E	M	J	F	R	E	U	W	W	S
C	A	Y	C	A	N	U	R	I	E	J	Y	A	O	R	M	R	X
W	M	P	C	J	J	S	J	G	V	K	D	S	B	I	O	B	E
D	G	E	F	E	D	L	O	F	U	K	I	K	A	N	H	W	Q
I	X	R	N	L	W	S	P	W	R	G	U	O	M	G	B	X	R
A	Q	T	Y	U	Z	R	X	I	Ä	D	R	O	T	E	G	F	H
L	T	O	K	P	H	W	H	Q	M	F	E	U	Q	R	E	K	F
Y	M	N	H	U	X	O	H	O	I	M	S	M	P	U	K	H	O
S	E	I	I	C	E	M	T	C	E	J	E	G	I	C	L	J	K
E	K	E	A	M	L	X	E	M	V	W	H	N	F	H	Q	D	P
K	I	H	Y	P	O	G	L	Y	K	Ä	M	I	E	M	S	U	U
O	Y	M	P	J	O	V	I	J	T	C	D	T	L	D	R	Y	K
F	V	N	Q	J	U	C	K	R	E	I	Z	G	R	B	W	F	U
F	Q	V	O	V	F	M	F	F	V	R	S	Y	Y	D	W	M	N
K	F	D	P	M	R	Z	Ö	D	E	M	E	N	J	X	B	P	N
W	K	E	C	S	W	W	A	D	E	N	K	R	Ä	M	P	F	E
G	R	F	H	O	Q	A	I	O	G	W	H	Y	G	X	E	M	J

7. Planen Sie Ihr Vorgehen.

Sie werden zu einem Notfallort gerufen. Ein Patient klagt über immer wiederkehrende dumpfe Schmerzen im Bereich der Nierenlager.

8. Nennen Sie mindestens 2 weitere mögliche Symptome der dargestellten Störung.

Kapitel 21 – Gynäkologische Notfälle und Geburtshilfe

1. Nennen Sie mindestens 8 mögliche gynäkologische Notfallbilder.

2. Geben Sie an, um welches Notfallbild es sich in der Abbildung handelt und nennen Sie die wichtigste mögliche Spätkomplikation.

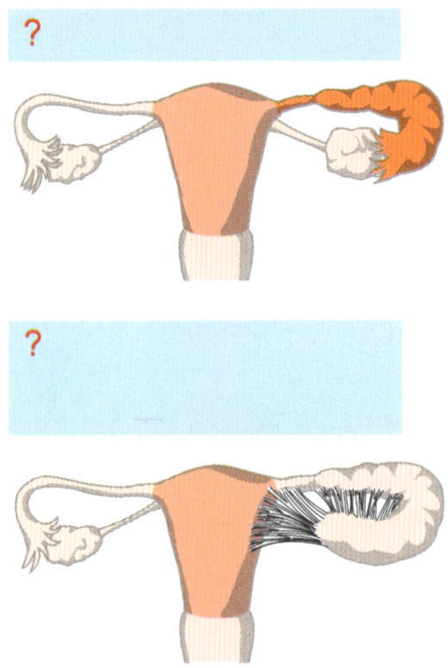

© Martha Kosthorst, Borken

3. Erläutern Sie mögliche Entstehungswege von vaginalen Blutungen.

4. Beschreiben Sie die Lagerung, die im Rahmen von vaginalen Blutungen eingesetzt werden sollte.

5. Ergänzen Sie den Text.

Eileiterschwangerschaft – Blutungen – Bauchfellentzündung – Dehnungsschmerzen – Ultraschalls – Gynäkologie – Erkrankungen – Blutentnahme – vital – Schockgeschehen

Im ersten Drittel einer Schwangerschaft sind Unterbauchschmerzen relativ häufig. Zu achten ist allerdings darauf, ob zusätzliche ______________ vorliegen. Zumeist handelt es sich hier um ______________. Dennoch müssen insbesondere die ______________ und die Appendizitis ausgeschlossen werden. Beide ______________ können, wenn sie entsprechend fortschreiten, bis hin zu einer ______________ gehen. Bei dieser ist ein ______________ nicht ungewöhnlich. Die betroffenen Patientinnen sind dann ______________ bedroht. Dementsprechend sollten die Patientinnen in eine Klinik mit ______________ und chirurgischer Abteilung verbracht werden. Dort erfolgt die Anfertigung eines ______________ und ggf. eine ______________.

6. Richtig oder falsch?

	Richtig	Falsch
Fehlgeburten sind oftmals die Folge von Fehlbildungen der Gebärmutter oder Fehlentwicklungen des Fetus.	☐	☐
Die Schwangerschaft wird in 2 Hälften unterteilt (1. und 2. Duomenon).	☐	☐
Im ersten Abschnitt der Schwangerschaft sind die Erkrankungen oftmals andere als im späteren Verlauf.	☐	☐
Bei einer Plazentainsuffizienz kommt es zu einer Unterversorgung des ungeborenen Kindes.	☐	☐
Die Placenta praevia kann eine Kaiserschnittindikation sein, da es zu einer Blockade des inneren Muttermunds kommen kann.	☐	☐

7. Nennen Sie 4 Symptome einer Eklampsie.

____

____

____

____

8. Erläutern Sie die dargestellte Lagerungstechnik.

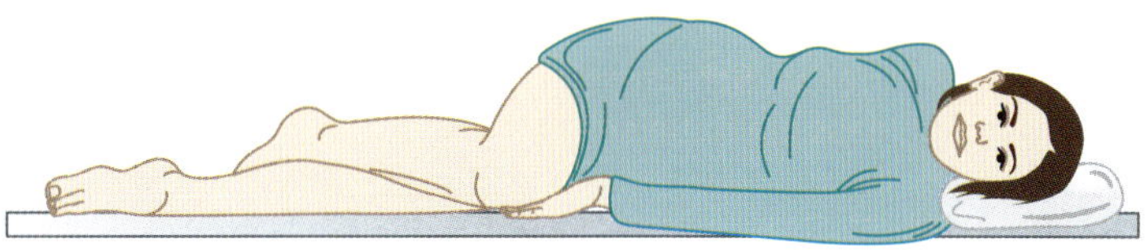

____

____

____

____

Kapitel 21 – Gynäkologische Notfälle und Geburtshilfe

9. Nennen Sie 2 mögliche Ursachen für einen vorzeitigen Blasensprung.

10. Erläutern Sie eine Untersuchungsmöglichkeit im Rettungsdienst, um Wehen festzustellen.

11. Erläutern Sie die Entstehung eines Nabelschnurvorfalls.

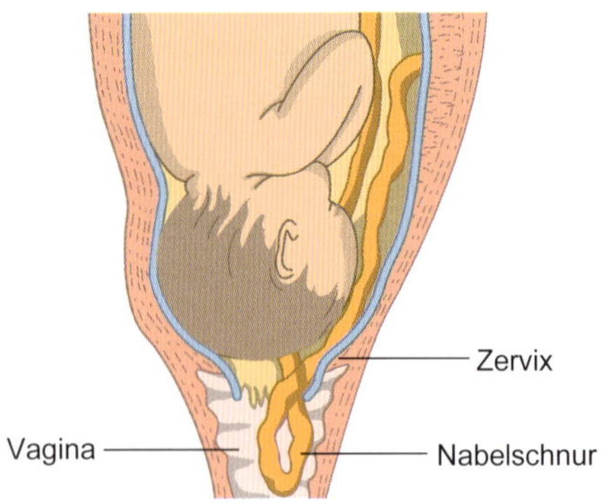

12. Planen Sie Ihr Vorgehen.

Sie sollen eine Schwangere mit Wehen in der 34. Schwangerschaftswoche ins Krankenhaus transportieren. Sie werden als KTW alarmiert. Vor Ort fällt Ihnen auf, dass ein Nabelschnurvorfall vorliegt.

13. Definieren Sie den Begriff „Notgeburt“.

14. Nennen und beschreiben Sie die 3 Phasen einer Geburt.

15. Beschreiben Sie grob Ihr Vorgehen im Rahmen einer Notgeburt auf einem Krankentransport.

16. Ergänzen Sie die Tabelle.

APGAR-Schema

Beurteilungskriterium	Bewertung		
	0 Punkte	1 Punkt	2 Punkte
Atembewegungen			
	nicht wahrnehmbar		
		geringer Tonus, wenig Bewegungen	
			vollständig rosa
Reflexerregbarkeit (Reaktion auf Hautreiz oder Absaugen)			

Kapitel 22 – Pädiatrische Notfälle

1. Nennen Sie 4 generelle Besonderheiten bei Kindernotfällen.

2. Sortieren Sie die Entwicklungsabschnitte zu den jeweiligen Altersangaben.

Zahnwechsel – Freies Laufen – Sitzen – Lächeln bei Sichtkontakt – Erster Milchzahn – Kennt Vor- und Nachnamen – Kennt Tag, Monat, Jahr und Uhr – Greifen

≥ 6 Wochen	
≥ 5 Monate	
6–8 Monate	
6–9 Monate	
≥ 18 Monate	
≥ 3 Jahre	
› 6 Jahre	
8–10 Jahre	

3. Höher (›), niedriger (‹) oder gleich (=)?

Vergleich der Messwerte zwischen Kindern und Erwachsenen

Parameter	
Atemfrequenz	
Atemzugvolumen pro Kilogramm Körpergewicht	
Totraumvolumen pro Kilogramm Körpergewicht	
Herzfrequenz	
Blutdruck	
Blutvolumen pro Kilogramm Körpergewicht	
Schlagvolumen (Herz)	
Körpertemperatur	
Blutzuckerspiegel	

4. Zeichnen Sie die Atemwege bei Kindern und bei Erwachsenen schematisch ein.

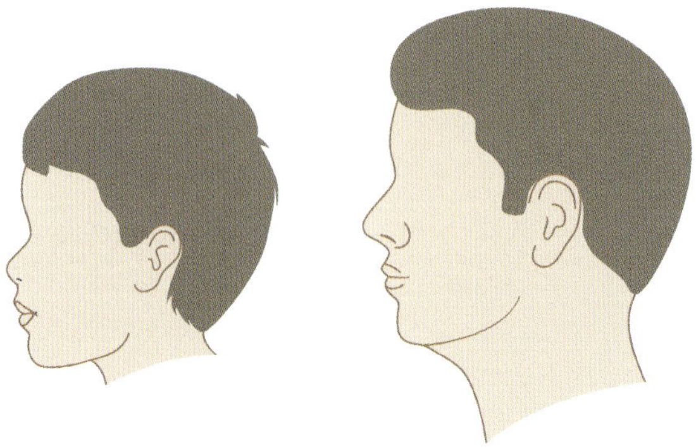

Kapitel 22 – Pädiatrische Notfälle

5. Nennen Sie mindestens 5 mögliche Anzeichen für respiratorische Störungen bei Kindern.

6. Ergänzen Sie den Text.

Giemen – Atemwege – Erdnussschalen – selten – Mund – Fremdkörper – Stimmbandebene – Lungenabschnitt – Bronchialbaum – Fremdkörperaspiration

Besonders kleine Kinder neigen dazu, ihre Umgebung mit den Händen und dem ______ zu erfassen. Dabei kann es dazu kommen, dass kleine Gegenstände oder Lebensmittel, wie etwa ______, in ihre ______ gelangen. Der Großteil dieser ______ ist so klein, dass er durch den Kehlkopf in den ______ gelangt. Ein geringerer Teil blockiert die Atemwege oberhalb der ______. Eine vollständige Verlegung der Atemwege ist vergleichsweise ______. Dennoch muss in solchen Einsatzszenarien immer damit gerechnet werden. Symptome einer ______ sind beispielsweise Stridor bzw. ______ bei der Atmung oder ein abgeschwächtes bzw. aufgehobenes Atemgeräusch über einem ______.

7. Ergänzen Sie die Tabelle.

Differentialdiagnose zwischen Pseudokrupp und Epiglottitis

Symptome	Pseudokrupp	Epiglottitis
Beginn		
		schwer krank, still
	Mund geschlossen, Nasenflügeln	
Atemnot		
	bellend	
Schlucken		
Speichelfluss		
		hohes Fieber, › 38 °C

8. Erläutern Sie die Basismaßnahmen, die im Rahmen eines Pseudokruppanfalls getroffen werden müssen.

Kapitel 22 – Pädiatrische Notfälle

9. Nennen Sie mindestens 6 mögliche Ursachen für eine Exsikkose bei Kindern.

10. Finden Sie 9 versteckte Begriffe.

Tipp: Sie alle stehen im Zusammenhang mit Untersuchungen bei exsikkierten Kindern.

R	F	L	Y	B	L	S	Y	H	H	A	U	T	F	A	R	B	E	R
L	W	J	G	I	X	Q	U	W	U	E	G	X	S	L	G	R	G	K
W	E	M	B	S	C	H	L	E	I	M	H	Ä	U	T	E	T	G	T
C	D	D	T	O	Q	T	I	P	K	F	S	Q	T	N	N	T	W	S
L	I	D	S	C	H	L	A	G	A	O	U	H	R	T	T	V	G	K
S	K	K	E	T	V	Z	C	T	J	T	Z	X	D	B	W	E	O	Q
S	U	R	W	R	L	K	O	L	I	G	U	R	I	E	O	C	C	P
A	X	G	R	E	I	S	E	N	H	A	F	T	I	G	K	E	I	T
U	V	D	P	B	I	B	T	V	C	C	M	G	L	G	S	B	Y	U
G	F	S	N	U	L	D	P	P	A	I	Y	D	F	X	F	U	A	S
R	M	S	W	E	S	R	G	Q	D	T	V	S	I	B	Z	I	P	O
E	W	Z	F	M	U	S	K	E	L	S	C	H	M	E	R	Z	E	N
F	G	F	S	C	H	W	Ä	C	H	E	J	C	M	U	M	U	K	T
L	N	J	Z	K	Y	V	P	L	O	N	N	X	T	H	O	B	R	G
E	L	L	X	K	L	Y	L	X	B	M	S	E	M	Q	H	V	T	Q
X	J	U	N	J	P	F	J	X	H	O	W	X	B	E	F	Y	T	Y
O	F	F	O	N	T	A	N	E	L	L	E	J	H	H	L	G	M	D
G	T	T	R	X	I	V	B	R	R	P	Z	S	J	I	C	V	O	K
J	T	R	V	D	K	Y	S	R	R	W	J	N	V	V	Y	C	C	B

11. Richtig oder falsch?

	Richtig	Falsch
Fieberkrämpfe sind zerebrale Krampfanfälle, die zur Gruppe der sogenannten Gelegenheitsanfälle gehören.	☐	☐
Oftmals treten sie aus völliger Gesundheit heraus auf, da der erste hohe Fieberanstieg im Rahmen eines Infekts für sie verantwortlich ist.	☐	☐
Fieberkrämpfe sind meist fokale Krampfanfälle, die sekundär zu generalisieren neigen.	☐	☐
Das Bewusstsein ist bei ihnen meistens erhalten, die Kinder haben hinterher jedoch oftmals eine Amnesie.	☐	☐
Im Großteil der Fälle ist der Krampfanfall bei Eintreffen des Rettungsdiensts bereits beendet.	☐	☐

12. Nennen Sie die drei wichtigsten Basismaßnahmen im Rahmen eines kindlichen Fieberkrampfs.

13. Unterscheiden Sie die Begriffe „SIDS“ und „ALTE“.

14. Richtig oder falsch?

	Richtig	Falsch
Oftmals werden Kinder, die an einem SIDS verstorben sind, an Nachmittagen aufgefunden.	☐	☐
Der Großteil von ihnen wird in Rückenlage aufgefunden.	☐	☐
Im Großteil der Fälle sind keine Reanimationsmaßnahmen mehr möglich, bzw. führen nicht mehr zu einem Erfolg.	☐	☐
Liegen keine sicheren Todeszeichen vor, muss unbedingt mit Wiederbelebungsmaßnahmen begonnen werden.	☐	☐
Der plötzliche Kindstod gilt als natürliche Ursache. Das Hinzuziehen der Polizei ist insofern nicht notwendig.	☐	☐

15. Nennen Sie die 3 generellen Formen der Kindesmisshandlung und definieren Sie diese.

Formen der Kindesmisshandlung

Form	Definitionen

16. Nennen Sie die wesentlichen Grundsätze zur Vorgehensweise beim Verdacht auf eine Kindesmisshandlung.

Kapitel 23 – Augen- und HNO-Notfälle

1. Nennen Sie mindestens 4 mögliche Notfallbilder, die die Augen betreffen.

2. Richtig oder falsch?

	Richtig	Falsch
Verätzungen des Auges werden unterschieden je nachdem, welche Substanzart für die Verätzung verantwortlich ist.	☐	☐
Laugenverätzungen führen zu Koagulationsnekrosen, Säureverätzungen zu Kolliquationsnekrosen.	☐	☐
Stumpfe Verletzungen des Auges sind deutlich häufiger anzutreffen als penetrierende Verletzungen.	☐	☐
Bei stumpfer Gewalteinwirkung auf das Auge ist der Orbitaboden besonders frakturgefährdet.	☐	☐
Kleinere Fremdkörper werden oftmals durch den Tränenfluss entfernt und stellen nicht immer einen Notfall dar.	☐	☐

3. Beschreiben und erläutern Sie die dargestellte Abbildung.

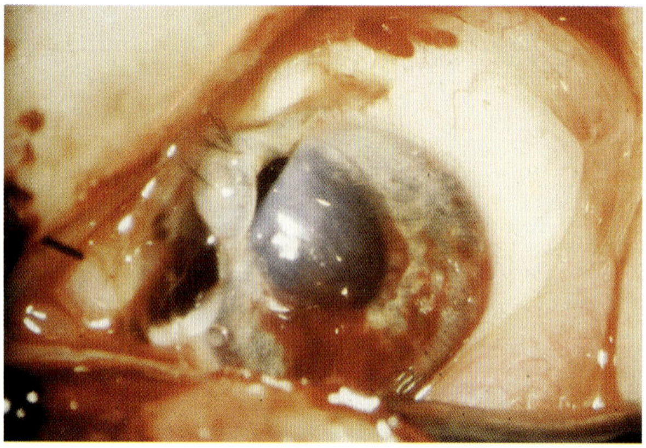

© Dr. U. Meyer-Bothling, Ashford

4. Erläutern Sie Ihre Vorgehensweise im Rahmen einer Augenverletzung.

5. Korrigieren Sie die Fehler im Text.

Beim Katarakt handelt es sich um einen Sammelbegriff für Erkrankungen, denen eine zunehmende Schädigung des Sehnervs durch eine Verminderung des Augeninnendrucks gemeinsam ist. Diese Verminderung erfolgt durch ein Missverhältnis zwischen Kammerwasserproduktion und Kammerwasserabfluss. Ein Glaukomanfall entsteht durch einen kurzfristigen hohen Anstieg des Hirndrucks aufgrund eines Öffnens des Kammerwasserabflusses. Symptomatisch fallen häufig ein blasses Auge sowie eine stumpfe Hornhaut auf. Die Pupille des betroffenen Auges ist eng und lichtstarr. Der betroffene Augapfel ist im Tastbefund weicher.

6. Nennen Sie mindestens 4 mögliche Begleitsymptome, die bei einem Glaukomanfall auftreten können.

7. Erläutern Sie Ihre Maßnahmen im Rahmen eines Glaukomanfalls.

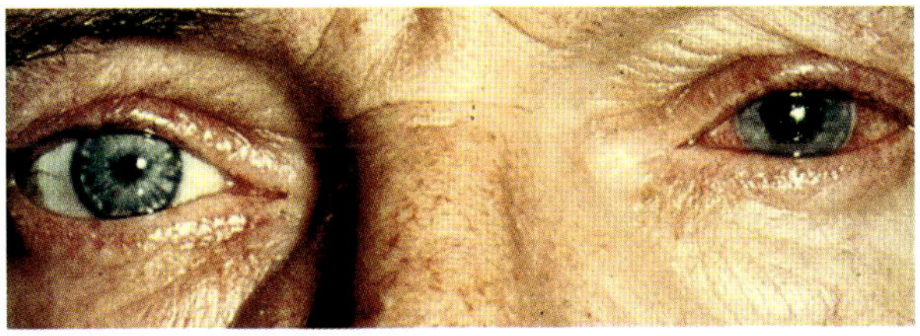

8. Nennen Sie mindestens 6 mögliche Ursachen für einen plötzlichen Sehverlust.

9. Erläutern Sie Ihr Vorgehen in Bezug auf die Kommunikation mit dem Patienten.

Sie werden zu einem Patienten mit plötzlichem, einseitigen Sehverlust gerufen. Der Patient ist sehr aufgeregt. Schmerzen bestehen keine.

Kapitel 23 – Augen- und HNO-Notfälle

10. Schildern Sie, was auf der Abbildung zu erkennen ist.

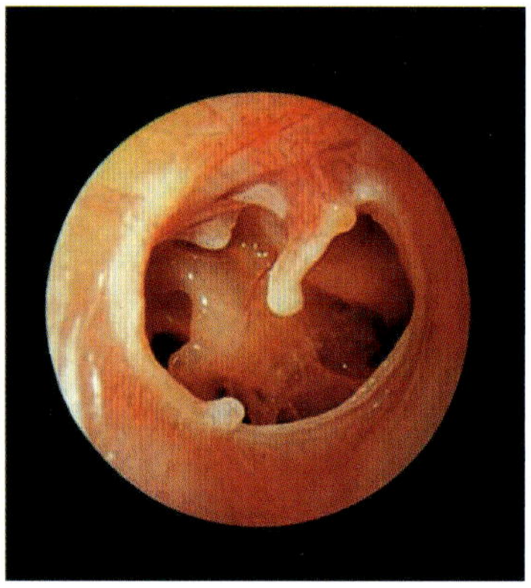

© Peggy Leonard: Building a medical vocabulary with Spanish translations, 6th ed. 2005, Elsevier/Saunders

11. Nennen Sie 3 mögliche Ursachen von Blutungen aus den Ohren.

12. Nennen Sie 3 schwerwiegende Komplikationen bei Blutungen aus dem Mund-Rachenraum.

13. Nennen Sie 3 begünstigende Faktoren für das Auftreten von Nasenbluten.

14. Beschreiben Sie Ihr Vorgehen im Rahmen eines unstillbaren Nasenblutens.

15. Ergänzen Sie den Text.

subjektiv – Umgebungsgeräuschen – Hörnervs – chronifiziert – psychosomatische – Innenohrschäden – Symptom – Belastung – Pfeifen – Ohrgeräusche – Tinnitus

Ein ______________ stellt ein Ohrgeräusch dar, das nur ______________ wahrgenommen werden kann und das zusätzlich zu den objektiv vorhandenen ______________ besteht. Die Qualität der ______________ ist breit. Patienten geben ein ______________, Rauschen, Brummen oder Zischen an. Der Tinnitus selbst ist dabei ein ______________ einer zu Grunde liegenden Erkrankung. Oftmals liegen ______________ vor. Aber auch Erkrankungen des ______________ oder ein Ohrenschmalzpfropf können einen Tinnitus verursachen. Ein Tinnitus kann ______________ auftreten. Häufig liegt dann eine ______________ Ursache zu Grunde. Er stellt eine große ______________ für die betroffenen Patienten dar und sollte von den Rettungskräften dementsprechend ernst genommen werden.

16. Finden Sie 8 versteckte Begriffe.

Tipp: Sie alle haben etwas mit dem sogenannten „Vertigo" zu tun.

N	L	A	W	F	G	F	X	M	Y	R	H	W	U	A	L	I	Q	J
E	C	P	U	U	V	D	R	E	H	S	C	H	W	I	N	D	E	L
Q	U	W	E	H	R	Y	C	D	L	D	R	Q	I	Y	M	K	M	V
C	O	E	E	K	O	W	X	N	J	P	O	F	S	U	Z	C	K	U
L	V	X	Y	J	W	Y	H	L	T	S	K	Z	N	C	F	E	C	Q
J	B	E	W	E	G	U	N	G	S	S	C	H	W	I	N	D	E	L
Y	G	A	N	G	U	N	S	I	C	H	E	R	H	E	I	T	T	U
W	N	T	A	C	H	Y	K	A	R	D	I	E	V	E	Y	O	X	B
V	O	G	R	B	M	W	V	R	L	R	S	E	H	G	E	P	V	E
I	X	J	X	D	W	M	X	B	H	O	N	R	D	E	P	O	T	R
U	T	Z	M	S	P	L	J	L	C	S	R	M	S	H	J	U	L	B
A	A	C	E	X	U	O	E	G	R	P	F	Q	Q	L	S	P	W	R
J	Y	Z	P	V	F	P	O	C	G	I	O	G	C	V	O	Q	L	E
T	M	E	D	V	J	J	G	Q	M	X	C	A	N	G	S	T	S	C
M	D	U	Q	O	O	Y	I	J	Q	X	W	O	Y	K	W	Y	O	H
B	S	C	H	W	A	N	K	S	C	H	W	I	N	D	E	L	D	E
X	O	G	P	P	E	V	D	B	G	T	D	H	S	U	D	F	E	N
D	P	D	Ü	B	E	L	K	E	I	T	V	Y	P	R	S	L	Z	P
X	O	U	Q	Z	S	Q	Y	O	J	Z	N	A	H	Y	U	C	R	W

17. Erläutern Sie mögliche Ursachen eines Hörsturzes.

Kapitel 24 – Wassernotfälle

1. Nennen Sie mindestens 5 mögliche Unfallursachen des Ertrinkens.

2. Richtig oder falsch?

	Richtig	Falsch
Es können trockenes, feuchtes und nasses Ertrinken unterschieden werden.	☐	☐
Beim trockenen Ertrinken kommt es zu einem persistierenden Krampf des Ösophagussphinkters, was das Eindringen von Wasser in die Lunge verhindert.	☐	☐
Beim nassen Ertrinken löst sich der initiale Spasmus der betroffenen Struktur, was es dem Wasser ermöglicht, in die Lunge einzudringen.	☐	☐
Die Folge hieraus ist eine Vermischung des eingedrungenen Wassers und der Atemwegssekrete zur typischen Schaumbildung.	☐	☐
Die Unterscheidung von Süß- und Salzwasserertrinken ist für das präklinische Umfeld nicht relevant.	☐	☐

3. Finden Sie 6 versteckte Begriffe.

Tipp: Bei allen handelt es sich um Symptome oder Folgen des Ertrinkens.

I	P	U	S	G	Y	X	K	M	V	O	I	S	V	K	L	P	D	X
T	K	M	B	D	X	N	E	Y	N	J	T	I	O	A	X	H	X	D
N	P	W	K	T	O	F	X	J	C	J	S	P	R	Z	U	Ä	Y	N
N	S	D	F	S	Z	Y	A	N	O	S	E	L	A	A	T	M	Z	O
K	E	Z	B	S	N	Y	M	Y	R	R	A	O	T	R	L	O	P	H
L	U	N	G	E	N	Ö	D	E	M	V	J	F	E	J	Q	L	M	O
S	I	X	D	E	M	X	R	L	O	A	T	M	M	G	O	Y	I	G
B	H	T	B	U	S	P	L	A	G	T	H	C	S	W	H	S	K	F
L	X	Q	Q	B	L	T	S	R	G	R	V	G	T	Q	M	E	P	I
A	Q	C	Q	B	X	T	A	N	L	L	J	I	I	M	B	S	J	B
K	R	E	I	S	L	A	U	F	S	T	I	L	L	S	T	A	N	D
I	Q	E	Y	Y	I	Y	B	N	G	H	I	P	L	M	B	U	D	R
D	F	A	Z	I	D	O	S	E	O	G	I	M	S	N	W	S	Y	O
W	H	K	R	J	M	K	K	A	P	O	N	Y	T	G	H	D	Q	I
K	D	X	V	J	A	B	G	J	G	B	W	G	A	B	S	G	O	A
F	V	I	T	F	T	O	Q	W	D	X	R	V	N	T	R	X	T	J
S	H	P	V	D	U	Y	U	S	G	U	U	C	D	K	J	X	Y	G
S	C	H	A	U	M	B	I	L	D	U	N	G	U	K	A	T	N	V
Z	G	L	V	R	E	X	S	A	M	X	G	K	K	U	Q	T	T	P

4. Nennen Sie die 3 möglichen Arten des Sporttauchens und deren jeweiligen notfallmedizinisch relevanten Gefahren.

5. Erläutern Sie die Begriffe.

Kompressionsphase	
Isopressionsphase	
Dekompressionsphase	

6. Erläutern Sie den Zusammenhang zwischen Barotraumen und dem Tauchsport.

7. Nennen Sie mindestens 8 mögliche Symptome der Dekompressionskrankheit.

Kapitel 25 – Intoxikationen

1. Unterscheiden Sie „endogene“ und „exogene Vergiftungen“.

2. Nennen Sie die 3 möglichen Wege der Giftaufnahme.

3. Richtig oder falsch?

	Richtig	Falsch
Bei Vergiftungen können die sogenannten Primärschäden von den Sekundärschäden unterschieden werden.	☐	☐
Bei den Primärschäden handelt es sich immer um chronifizierende Prozesse, wie etwa die Leberzirrhose bei Alkoholintoxikationen.	☐	☐
Dabei konzentriert sich die mittelbare Giftwirkung auf akute Prozesse im Organismus.	☐	☐
Sekundärschäden durch Vergiftungen sind Folgen der Vergiftungswirkung, die nicht durch die Giftwirkung an sich bedingt sind.	☐	☐
Ein Beispiel hierfür wäre etwa die Atemwegsverlegung in Folge einer giftbedingten Bewusstseinsstörung.	☐	☐
Oftmals werden auch noch Tertiärschäden aufgelistet. Sie beziehen sich auf vergiftungsbedingte Unfälle und Verletzungen.	☐	☐
Klassische Tertiärschäden sind z. B. Verletzungen unter Alkohol- oder Drogeneinfluss.	☐	☐

4. Nennen und erläutern Sie 4 mögliche Wege der „Entgiftung“.

5. Zählen Sie die 6 „W-Fragen", die stets bei dem Verdacht auf eine Vergiftung gestellt werden sollten, auf.

6. Erläutern Sie die generellen Basismaßnahmen bei Vergiftungen.

7. Lösen Sie das Rätsel.

Tipp: Gesucht werden Drogen und Suchtstoffe.

Waagerecht:

4. Ist in Zigaretten enthalten ...
5. Macht betrunken ...
8. Erhöht den Herzschlag ...
9. Wird in bedruckten Pillen gehandelt ...

Senkrecht:

1. Ist in den Niederlanden legal zu erwerben ...
2. Wachsen auch in heimischen Wäldern ...
3. Machen müde ...
4. Wird geschnupft ...
6. Löst Halluzinationen aus ...

8. Planen Sie Ihr Vorgehen.

Sie werden zu einem Rettungseinsatz gerufen. Frau Aslan sei in den letzten Tagen nicht mehr richtig wach geworden. Bei der Untersuchung stellt Ihr Team fest, dass auf ihrem Rücken mehrere Schmerzpflaster kleben.

Kapitel 25 – Intoxikationen

9. Nennen Sie die 4 Stadien der Alkoholvergiftung und erläutern Sie diese kurz.

Alkoholvergiftung

Stadium	Erläuterung

10. Richtig oder falsch?

	Richtig	Falsch
Eine mögliche Nebenwirkung von Antiarrhythmika, insbesondere bei Überdosierungen, sind Rhythmusstörungen.	☐	☐
Bei der Überdosierung bestimmter Neuroleptika kommt es zu motorischen Störungen.	☐	☐
Opioide wirken bei Überdosierung beschleunigend auf Atmung und Herzfrequenz.	☐	☐
Eine Intoxikation mit Barbituraten ist mit einer geringen Letalität verbunden.	☐	☐
Bei der Überdosierung von Antidepressiva kommt es zu Tachykardien und Überhitzungen des Organismus.	☐	☐

11. Nennen Sie mindestens 4 Symptome einer Kohlendioxidvergiftung.

12. Planen Sie Ihr Vorgehen.

Sie werden zu einem Notfall gerufen und finden die abgebildete Situation vor.

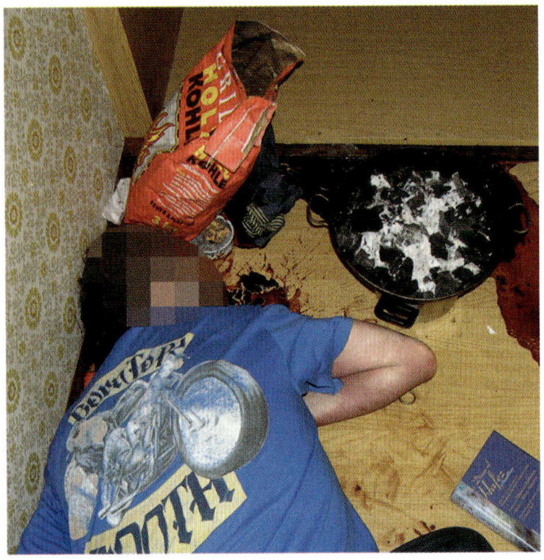

© Dr. Dr. Jürgen Luxem, Aschaffenburg

Kapitel 26 – Organisation des Rettungsdiensts

1. Ordnen Sie die Daten den jeweiligen Ereignissen zu.

1938 – 1945 – 1958 – 1965 – 1975 – 1977 – 1989 – 2014

Geschichte des Rettungsdiensts ab 1900

Jahr	Errungenschaft
	Gesetz über den Beruf des Rettungsassistenten (RettAssG)
	Reorganisation des Krankentransportwesens durch die Besatzungsmächte
	Gesetz über den Beruf der Notfallsanitäterin und des Notfallsanitäters
	Prof. Kirschner, Tagung der Deutschen Gesellschaft für Chirurgie: „Der Arzt muss zum Patienten kommen!“
	Erstmalige Beschreibung der eigentlichen Herz-Lungen-Wiederbelebung (Beatmung, externe Thoraxkompression und Defibrillation)
	Unverbindliche Vereinbarung über eine bundeseinheitliche Ausbildung zum Rettungssanitäter („520-Stunden-Programm“)
	Erster Prototyp eines klassischen Rettungswagens ohne Arzt in Heidelberg
	Erlass von Rettungsdienstgesetzen durch die meisten Bundesländer

2. Definieren Sie die Begriffe „Notfallrettung“ und „qualifizierter Krankentransport“.

Notfallrettung

Qualifizierter Krankentransport

3. Tragen Sie die jeweiligen prozentualen Anteile in die Abbildung ein.

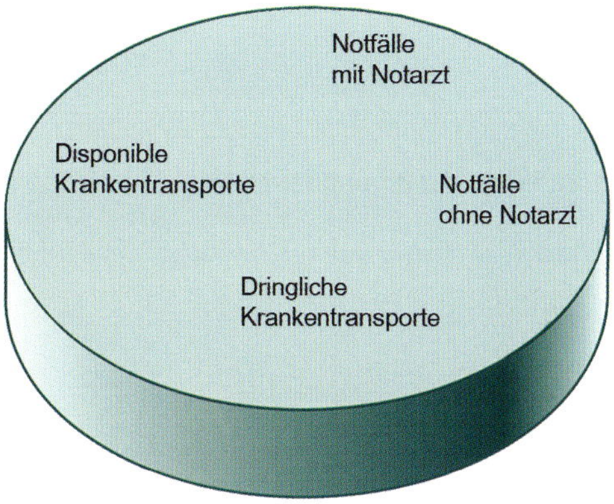

4. Erläutern Sie, wer im Regelfall Träger des Rettungsdiensts in den deutschen Bundesländern ist.

Kapitel 26 – Organisation des Rettungsdiensts

5. Benennen Sie die einzelnen Glieder der Rettungskette.

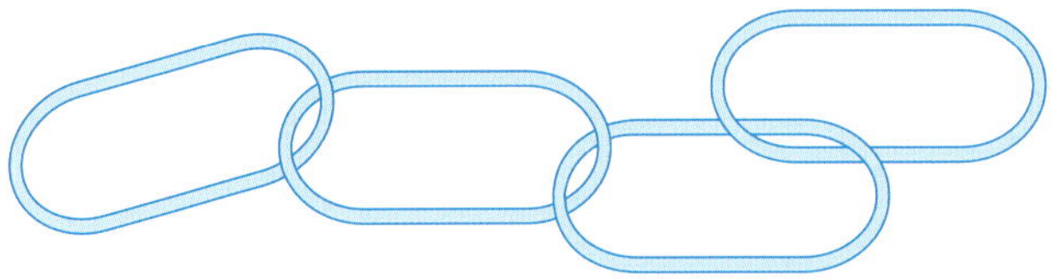

6. Ergänzen Sie die Tabelle.

Krankenkraftwagen

Typ	Benennung	Beschreibung
	Krankentransportwagen (KTW)	
		Konstruiert zur Erstversorgung, zum Transport und zur Überwachung eines Patienten.
Typ C		

7. Nennen Sie mindestens 5 mögliche Einsatzzwecke von Luftrettungsmitteln.

8. Erläutern Sie Situationen, in denen ein Primärtransport eines Notfallpatienten auch mit einem KTW erfolgen könnte.

9. Unterscheiden Sie „Rettungsfachpersonal“ und „Sanitätspersonal“.

10. Richtig oder falsch?

	Richtig	Falsch
Die Rettungssanitäterausbildung ist bundesweit anerkannt und umfasst das sogenannte „520-Stunden-Programm“.	☐	☐
Sie ist allerdings nur in 9 von 16 Bundesländern landesrechtlich geregelt.	☐	☐
Die Rettungssanitäterausbildung stellt die rettungsdienstliche Basisqualifikation dar. Nach ihrem Abschluss kann die Notfallsanitäterausbildung um 1 Jahr verkürzt werden.	☐	☐
Die Rettungsassistentenausbildung wird weiterhin in einigen Bundesländern angeboten. Damit besteht die Möglichkeit zur Verkürzung der Notfallsanitäterausbildung.	☐	☐
Notfallsanitäter werden aller Wahrscheinlichkeit nach zukünftig die Teamführung auf allen Rettungswagen übernehmen.	☐	☐

11. Beschreiben Sie den Aufbau der Rettungssanitäterausbildung.

12. Bewerten Sie die Situation.

Sie haben Ihre Rettungssanitäterausbildung erfolgreich abgeschlossen und werden von einem guten Bekannten gefragt, ob Sie nicht in seinem Unternehmen als Betriebssanitäter anfangen möchten. Ist Ihnen dies nun möglich?

Kapitel 27 – Krankentransport

1. Unterscheiden Sie „qualifizierten" und „unqualifizierten Krankentransport".

2. Erläutern Sie die jeweiligen Transportarten.

Formen des Krankentransports	
Einweisungstransport	
Konsilartransport	
Verlegungstransport	
Entlassungstransport	

3. Nennen Sie mindestens 5 mögliche Transportanlässe für einen qualifizierten Krankentransport.

4. Planen Sie Ihr Vorgehen.

Sie werden zu einem Krankentransport gerufen. Der Ehemann der Patientin erläutert Ihnen, dass seine Ehefrau stark dement und nicht mehr gehfähig sei. Sie habe in den letzten Tagen einen fieberhaften Infekt entwickelt. Der Hausarzt habe die Patientin telefonisch eingewiesen.

5. Ergänzen Sie den Text.

Umstand – Faktor – Haltung – Gesprächstechnik – Prinzipien – Interaktionsprozesses – Kommunikation – Interesse – Störungen

Für eine angemessene Kommunikation im Krankentransport stellt der wichtigste ______ die innere Haltung des Rettungsfachpersonals dar. Besteht ein ernsthaftes ______ am Patienten und dessen Empfinden, wirkt sich dieser ______ in der Regel sehr günstig auf das Verhältnis zwischen dem Patienten und dem Betreuenden sowie die hieraus resultierende ______ aus. Allerdings muss bedacht werden, dass es selbst bei einer sehr zugewandten und empathischen ______ zu ______ des Kommunikationsvorgangs kommen kann. Hier ist die richtige ______ von großer Bedeutung für das Gelingen eines ______. Die richtige Gesprächstechnik kann durch das Einüben bestimmter kommunikativer ______ entwickelt werden.

6. Nennen und erläutern Sie die „4 Es der therapeutischen Kommunikation“.

Die vier Es der therapeutischen Kommunikation

E		
E		
E		
E		

7. Unterscheiden Sie „offene“ und „geschlossene Fragen“.

© Tobias Sambale, Hamburg

8. Planen Sie Ihr Vorgehen.

Sie befördern Herrn Müller ins Krankenhaus. Sie wissen von seiner Ehefrau, dass die Prognose seiner Krebserkrankung ungünstig ist. Während der Fahrt spüren Sie, dass Herr Müller sehr schweigsam ist. Eine unangenehm bedrückende Atmosphäre breitet sich im Patientenraum aus.

9. Beschreiben Sie mögliche Unterstützungsmöglichkeiten von eingeschränkt gehfähigen Patienten.

10. Nennen und definieren Sie 4 verschiedene Formen des Krankentransportes.

Kapitel 27 – Krankentransport

11. Nennen und erläutern Sie die 5 Phasen des Krankentransports.

Phasen des Krankentransports		
Phase 1		
Phase 2		
Phase 3		
Phase 4		
Phase 5		

12. Richtig oder falsch?

	Richtig	Falsch
Der Patiententransport stellt den Abschnitt des Beförderungsvorgangs dar, bei dem sogenannte Transportmittel (z.B. Trage, KTW) eingesetzt werden.	☐	☐
Der Patiententransfer hingegen meint den Abschnitt des Beförderungsvorgangs, bei dem der Patient kurze Strecken, etwa vom Bett auf die Trage, zurücklegt. Hierbei können Transferhilfsmittel genutzt werden.	☐	☐
Beim Heben eines Gegenstands oder eines Patienten sollten die eigenen Arme so körperfern wie möglich gehalten werden, um den Hebeleffekt voll ausnutzen zu können.	☐	☐
Zudem sollte der Rücken abgerundet werden, um eine gute Federung durch die Bandscheiben zu ermöglichen.	☐	☐
Ruckartige Bewegungen sollten dringend vermieden werden, da diese sich negativ auf den Bewegungsapparat auswirken können.	☐	☐

Kapitel 27 – Krankentransport

13. Zählen Sie die 13 „Aktivitäten, Beziehungen und existentiellen Erfahrungen des Lebens (ABEDL)“ nach Krohwinkel auf.

14. Erläutern Sie den Entstehungsprozess eines Dekubitus.

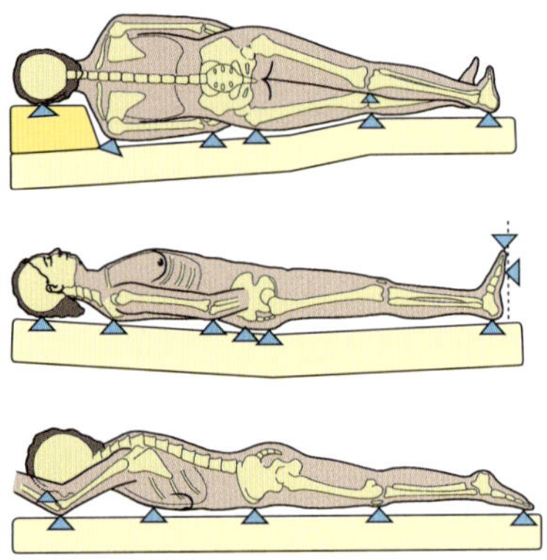

© Susanne Adler, Lübeck

15. Ergänzen Sie den Text.

Rumpfwand – Keimeintrittspforte – Blutfluss – Ersatzakkus – Batterieeinheit – Puls – Herzunterstützungssystemen – Herzinsuffizienzen – Pumpe

Einige Patienten im Krankentransport sind als Folge schwerster ______ mit sogenannten ______ versorgt. Diese bestehen aus einer implantieren ______ und einer externen ______. Verbunden sind beide Teile mit einem Kabel, welches die ______ durchtritt. Dies stellt dementsprechend eine mögliche ______ dar. Zu beachten ist, dass der ______ sich durch die Pumpe verändert, was damit einhergeht, dass möglicherweise kein ______ gefühlt werden kann, obwohl ein ausreichender Blutfluss vorhanden ist. Daneben muss dringend an die notwendigen ______ für die Pumpe gedacht werden.

16. Planen Sie Ihr Vorgehen.

Sie sollen einen Patienten von einer Lungenfachklinik in ein anderes Krankenhaus transportieren. Sie und Ihre Kollegen überlegen vor dem Einsatz gemeinsam, was Sie alles bedenken müssen.

Kapitel 28 – Einsatztaktik und Einsatzorganisation

1. Ergänzen Sie die Tabelle.

MANV Stufen (können regional unterschiedlich sein)

MANV Stufe	Anzahl verletzter Patienten
MANV I	
MANV II	
MANV III	
MANV IV/ÜMANV	

2. Ergänzen Sie die Abbildung.

Tipp: Es handelt sich bei der Abbildung um den sogenannten Führungskreis.

© Stefan Dangl, München

3. Nennen Sie die wichtigsten Informationen, die bei der Erkundung im Rahmen einer größeren Lage ermittelt werden sollten.

4. Richtig oder falsch?

	Richtig	Falsch
Bestandteil einer Rückmeldung ist immer auch eine Analyse der Gefährdungslage am Einsatzort.	☐	☐
Einen möglichen Bereitstellungsraum im Rahmen einer Großschadenslage darf nur der organisatorische Leiter Rettungsdienst festlegen.	☐	☐
Eine Nachforderung weiterer Einsatzkräfte sollte schon frühzeitig erfolgen, damit Zeitverluste geringgehalten werden können.	☐	☐
Die Anzahl der Patienten darf niemals geschätzt werden. Auch wenn nicht alle Patienten bei der Vorsichtung zugänglich sind.	☐	☐
Das ersteintreffende Rettungsmittel (z.B. RTW) übernimmt die Führung über die Einsatzstelle, bis höhergestellte Kräfte (z.B. NEF oder OrgL) eingetroffen sind.	☐	☐

Kapitel 28 – Einsatztaktik und Einsatzorganisation

5. Erläutern Sie den Begriff „Sichtung".

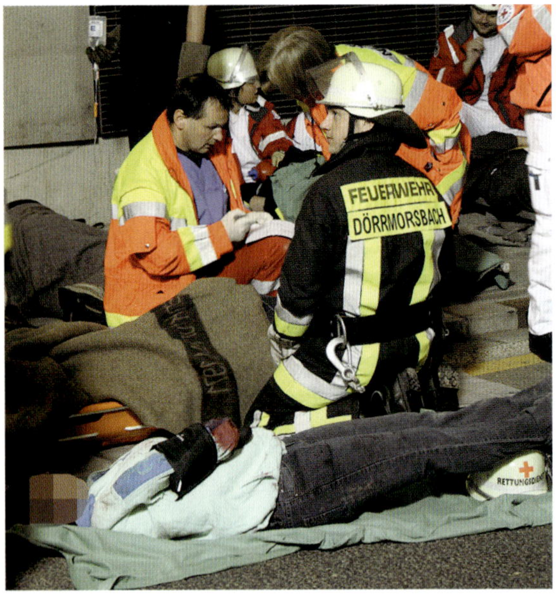

© Ralf Hettler, Aschaffenburg

6. Ergänzen Sie die Tabelle.

SEG-Einheit	Aufgabenschwerpunkt
	Behandlung von Patienten, Einrichtung einer Patientenablage. Errichtung von Behandlungsplätzen
Transport	
	Betreuung von unverletzten Patienten und Versorgung mit Verpflegung
Führungsunterstützung	

7. Nennen Sie die verschiedenen Leitstellentypen und die generellen Aufgaben einer Leitstelle.

Leitstellentypen	Leistellenaufgaben

8. Beschreiben Sie im Groben die Ausstattung einer Musterleitstelle.

Kapitel 29 – Gefahrenlehre, Brandbekämpfung, Gefahrgutunfälle

1. Erläutern Sie die „5A-1B-1C-5E-Regel“.

2. Nennen Sie mindestens 5 taktischen Grundregeln bei der Brandbekämpfung.

© Ralf Hettler, Aschaffenburg

3. Ergänzen Sie die Tabelle.

Brandklasse	Beschreibung
Brandklasse A	
Brandklasse B	
Brandklasse C	
Brandklasse D	

4. Planen Sie Ihr Vorgehen.

Sie werden zu einem Verkehrsunfall mit einer eingeklemmten Person gerufen. Die Feuerwehr ist bereits vor Ort. Wie sollten Sie sich taktisch verhalten?

Kapitel 29 – Gefahrenlehre, Brandbekämpfung, Gefahrgutunfälle

5. Nennen Sie mindestens 5 mögliche Hinweise auf einen Gefahrgutunfall.

6. Beschriften Sie die Abbildung

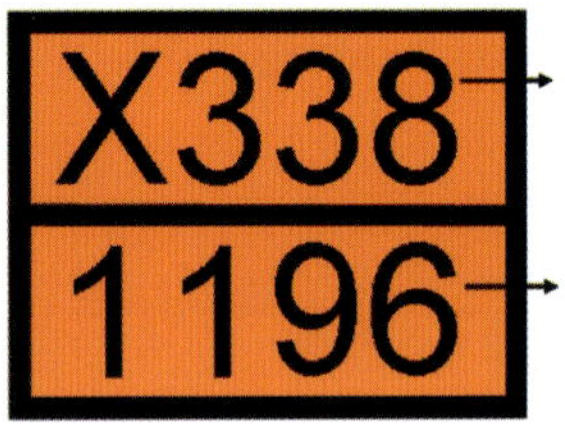

7. Erläutern Sie die „GAMS-Regel".

8. Beschreiben Sie die Abläufe bei einer Verletztendekontamination.

Kapitel 30 – Funk im Rettungsdienst

1. Nennen Sie mindestens 5 mögliche Beispiele für Funkwellen im Alltag.

2. Finden Sie 9 versteckte Begriffe.

Tipp: Alle haben etwas mit analogem oder digitalem Funk zu tun.

U	V	E	U	Y	J	J	Z	W	X	G	C	C	B	B	Q
K	D	D	J	M	Q	L	M	V	H	G	R	Y	U	T	G
X	U	M	A	J	E	L	R	Q	A	A	L	Q	D	C	K
S	T	V	B	Q	V	G	Y	I	N	M	L	S	R	T	T
D	N	V	Z	B	O	S	S	E	D	M	J	K	L	M	B
K	D	T	E	T	R	A	A	N	F	K	E	B	A	N	D
F	E	S	A	T	Y	E	M	F	U	E	M	S	J	S	L
M	R	U	F	N	A	M	E	R	N	H	P	P	U	G	C
K	H	S	G	L	I	O	S	E	K	W	F	Y	L	S	J
P	Q	I	Z	V	B	R	P	Q	G	V	A	I	L	L	J
T	C	P	D	B	U	R	X	U	E	Y	N	Z	V	H	K
O	T	T	W	T	T	C	C	E	R	G	G	Z	K	B	D
L	G	H	E	W	W	R	R	N	Ä	E	E	V	C	X	W
U	O	D	H	D	M	E	V	Z	T	C	N	F	K	D	I
G	S	E	N	D	E	N	K	E	Z	W	N	E	T	Z	B
Y	V	O	O	X	N	H	Y	N	T	H	Z	X	H	I	V

3. Erläutern Sie den Begriff „OPTA“.

4. Planen Sie Ihr Vorgehen.

Sie transportieren einen Notfallpatienten unter Inanspruchnahme von Sonder- und Wegerechten in ein Krankenhaus. Sie führen das Fahrzeug und Ihr Teampartner betreut den Patienten. Er bittet Sie im Verlauf des Transports ein NEF nachzufordern. Wie sollten Sie nun verfahren?

Kapitel 30 – Funk im Rettungsdienst

5. Ergänzen Sie die Tabelle.

Vor-/Nachteile im Überblick	Analoger Funk	Digitaler Funk
Notruftaste		
Datenübertragung		
Einzelkommunikation		
Sprachqualität		
Telefonie		

6. Richtig oder falsch?

	Richtig	Falsch
Die Alarmierung des Rettungsdienstes erfolgt inzwischen fast ausschließlich digital.	☐	☐
Dies bietet einige Vorteile, so können zum Beispiel auch Textnachrichten zur Alarmierung gesendet werden.	☐	☐
Das Telenotarztsystem steht bundesweit flächendeckend zur Verfügung. Auf diesem Wege können zum Beispiel Medikamente verordnet werden.	☐	☐
Ein Telenotarzt kann sowohl von Rettungsdienstmitarbeitern als auch von Pflegediensten und Patienten angerufen werden.	☐	☐

7. Ergänzen Sie den Text.

gebündelt – Antwort – relevante – Abschluss – Höflichkeitsfloskeln – Buchstabieren – Funkgespräch – Gesprächspartners

Ein ________________ ist ein definierter kurzer Informationsaustausch. Der Rufname des ________________ wird zuerst genannt, darauf folgend der eigene. Zudem muss jeder Funkspruch mit der Aufforderung zur ________________ („Kommen“), beendet werden. Bei ________________ des Gesprächs wird dies mit dem Wort „Ende“ mitgeteilt. Es ist immer darauf zu achten, dass die Informationen so ________________ wie möglich übermittelt werden. Dabei sollte man nicht ________________ Details auslassen. ________________ sollten unterlassen werden. Bei komplizierten Begriffen, etwa Eigennamen, kann das ________________ mittels der deutschen Buchstabiertafel versucht werden.

8. Buchstabieren Sie den Nachnamen Kosalcyicz unter Zuhilfenahme der „deutschen Buchstabiertafel“.

____

____

____

____

____

Kapitel 31 – Rechtliche Grundlagen im Rettungsdienst

1. Nennen Sie mindestens 5 mögliche Arten im Rettungsdienst beschäftigt zu sein.

2. Nennen Sie mindestens 4 Beispiele für Vorschriften, aus denen sich die Rechte und Pflichten von hauptamtlichen Rettungsdienstmitarbeitern ergeben.

3. Richtig oder falsch?

	Richtig	Falsch
Die Anordnungsverantwortung trägt derjenige, der eine medizinische Maßnahme anordnet.	☐	☐
Die Durchführungsverantwortung trägt der Durchführende des Rettungsdienstes.	☐	☐
Ein Übernahmeverschulden liegt dann vor, wenn eine Maßnahme angeordnet und durchgeführt worden ist, die fachlich nicht korrekt war.	☐	☐
Auch rechtswidrige Dienstanweisungen müssen zunächst durchgeführt werden, sie können aber im Nachhinein gerichtlich bewertet und für die Zukunft ausgeschlossen werden.	☐	☐
Die Pflicht zur Dokumentation stellt eine sogenannte Nebenpflicht dar, die durch das Rechtsverhältnis zum Patienten begründet ist.	☐	☐

4. Bewerten Sie die Situation.

Ein Notarzt ordnet die Verabreichung von 3 Hüben Nitroglyzerin-Spray im Rahmen einer Herzinfarktbehandlung an. Der Patient hat jedoch einen Blutdruck von 70/40 mmHg. Müssen Sie die Gabe durchführen?

5. Erläutern Sie die sogenannte „Notkompetenz“.

6. Nennen Sie die Bedingungen, die zum Handeln im Rahmen der Notkompetenz erfüllt sein müssen.

7. Richtig oder falsch?

	Richtig	Falsch
Notfallsanitäter sind unter Umständen im Rahmen ihrer Garantenstellung zum Ergreifen invasiver Maßnahmen verpflichtet.	☐	☐
Rettungssanitäter sind unter Umständen im Rahmen ihrer Garantenstellung zum Ergreifen invasiver Maßnahmen verpflichtet.	☐	☐
Rettungssanitäter dürfen im Rahmen der Notkompetenz die gleichen Maßnahmen durchführen wie Rettungsassistenten oder Notfallsanitäter.	☐	☐
Dies gilt insbesondere für die intravenöse Verabreichung von Medikamenten.	☐	☐
Rettungshelfern sind keine invasiven Maßnahmen mit Ausnahme einer Defibrillation mit einem AED und ggf. der Implementierung eines Larynxtubus zuzumuten.	☐	☐

8. Wer trägt die straf- und haftungsrechtliche Verantwortung für durchgeführte Notkompetenzmaßnahmen?

☐ Der nachgeforderte Notarzt
☐ Das durchführende Rettungsfachpersonal
☐ Der Träger des Rettungsdiensts
☐ Der Wachleiter des Rettungswagenstandorts
☐ Der Geschäftsführer des Betriebs, dem das Rettungsfachpersonal angehört

9. Unterscheiden Sie die Begriffe „Fahrlässigkeit“ und „Vorsatz“.

10. Nennen Sie mindestens 5 Quellen für allgemeine und spezielle Strafvorschriften, die im Bereich des Rettungsdiensts Anwendung finden.

11. Finden Sie 8 versteckte Begriffe.

Tipp: Sie alle beziehen sich auf rettungsdienstrelevante Rechtsvorschriften.

G	N	R	G	A	R	A	N	T	E	N	S	T	E	L	L	U	N	G	C
Y	O	V	N	X	Y	O	O	E	I	N	W	I	L	L	I	G	U	N	G
B	N	U	S	C	V	K	I	D	V	M	N	P	T	S	L	X	X	R	P
L	O	P	X	L	P	Ö	C	T	N	O	T	S	T	A	N	D	M	H	C
S	I	S	A	H	J	R	Y	I	M	K	D	N	W	G	T	V	R	W	D
S	M	V	W	P	O	P	M	C	K	W	K	T	L	A	Q	M	R	U	Q
C	I	Z	L	G	R	E	K	P	S	E	H	Ö	S	H	G	J	S	M	T
C	N	U	X	B	B	R	U	G	Q	J	U	T	H	N	Y	N	Q	J	N
V	A	G	R	O	O	V	U	B	B	V	H	U	M	G	Q	C	Q	Z	J
R	E	C	H	T	F	E	R	T	I	G	U	N	G	S	G	R	U	N	D
V	Y	W	O	P	T	R	N	H	J	G	G	G	D	F	O	S	Q	I	O
S	N	B	J	E	H	L	K	A	C	X	D	R	Y	S	H	A	X	Q	M
L	J	Y	P	D	A	E	O	S	N	D	O	H	V	V	Z	L	V	H	Y
X	P	Q	C	U	B	T	W	F	C	L	F	R	G	N	X	S	D	H	V
R	H	Q	S	J	P	Z	A	X	U	N	T	E	R	L	A	S	S	E	N
B	D	U	J	W	I	U	Z	I	C	W	C	U	Q	F	V	R	G	M	Z
Y	Z	Y	L	P	M	N	P	N	J	N	G	S	R	I	B	P	H	Q	F
T	O	I	S	T	W	G	N	W	V	Y	R	A	O	U	U	H	Y	Y	V
S	C	H	W	E	I	G	E	P	F	L	I	C	H	T	P	S	W	W	M
X	F	V	Y	O	K	W	P	Q	O	J	H	P	P	K	X	H	W	G	H

12. Bewerten Sie die Situation.

Sie betreten morgens die Rettungswache, als Sie Ihre Kollegen über eine Patientin reden hören, bei der einer der Anwesenden in der letzten Schicht zuhause war. Er erzählt von der Unordnung und der Verschmutzung der Wohnung und nennt in diesem Zusammenhang auch den Namen der Patientin und ihren genauen Wohnort. Ist dieses Verhalten juristisch zu beanstanden?

Kapitel 31 – Rechtliche Grundlagen im Rettungsdienst

13. Nennen und erläutern Sie die Paragrafen der Straßenverkehrsordnung, die die Fahrt mit Sonder- und Wegerechten regeln.

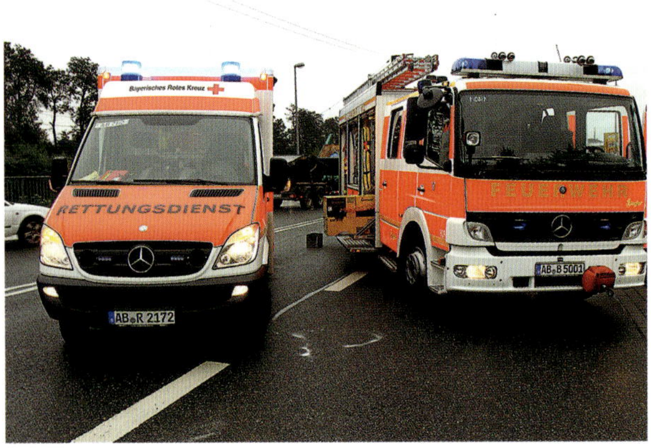

© Ralf Hettler, Aschaffenburg

14. Richtig oder falsch?

	Richtig	Falsch
Rettungsfachpersonal wird durch einen speziellen Rechtsparagrafen vor Übergriffen geschützt.	☐	☐
Dabei wird explizit von „Widerstand gegen Personen, die Vollstreckungsbeamten gleichstehen" gesprochen.	☐	☐
Als Folge hieraus lassen sich auch polizeiliche Befugnisse des Rettungsfachpersonals ableiten.	☐	☐
Gewalttätige Personen können zum Schutze der Rettungskräfte von der Polizei in Gewahrsam genommen werden.	☐	☐

15. Nennen Sie die wichtigste Bedingung für eine wirksame Transportverweigerung durch einen Notfallpatienten.

16. Bewerten Sie die Situation.

Sie werden zu einer leblosen Person gerufen. Sie treffen vor dem NEF ein. Bereits an der Tür hält Ihnen die Ehefrau des Patienten eine handgeschriebene Patientenverfügung entgegen, die lebensverlängernde Maßnahmen ausschließt. Ihr Team untersucht den Patienten und stellt weder Puls noch Atmung fest. Dürfen Sie die Reanimation trotz Patientenverfügung einleiten?

Kapitel 32 – Psychologische Aspekte

1. Definieren Sie den Begriff „Stress".

2. Ergänzen Sie die Tabelle mit jeweils mindestens 6 Aspekten.

Reaktionen auf Disstress

Mögliche psychosoziale Reaktionen auf Stress	Mögliche körperliche Reaktionen auf Stress

3. Nennen Sie jeweils mindestens 3 mögliche Stressoren im Rettungsdienst.

Einsatzbedingte Stressoren	Berufs- und Standespolitische Stressoren	Innerbetriebliche Organisationsabläufe als Stressoren

4. Bewerten Sie die Situation und planen Sie Ihr Vorgehen.

Ein Kollege von Ihnen, der sich immer sehr um die Wachgemeinschaft bemüht hat, ist in den letzten Monaten zusehends abweisend und zynisch geworden. Im Umgang mit den Patienten ist er ruppig und unfreundlich.

Kapitel 32 – Psychologische Aspekte

5. Nennen Sie mindestens 4 mögliche primäre und 4 mögliche sekundäre Symptome einer akuten Belastungsreaktion.

Akute Belastungsreaktion

Primäre Symptome	Sekundäre Symptome

6. Beschriften Sie die Abbildung mit den entsprechenden Begriffen und Zeitangaben.

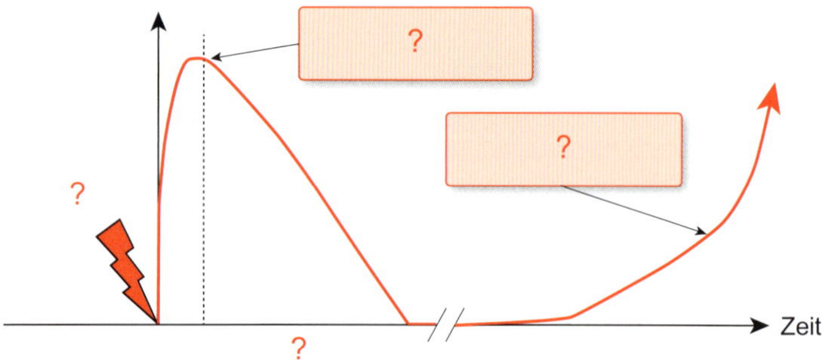

7. Ergänzen Sie den Text.

Mitarbeiter – Sprache – formuliert – verstorben – Floskeln – Betreuung – Prinzipien – Basiskrisenintervention – Mobilisieren – Abschiednehmen – Einsatzgeschehen

Eine ______ kann von jedem ______ der Hilfs- und Notdienste durchgeführt werden. Hierzu sollten einige grundsätzliche ______ berücksichtigt werden. Angehörige sollten, sofern möglich, niemals ausgegrenzt, sondern aktiv ins ______ miteinbezogen werden. Zudem sollte die eigene ______ überdacht und angepasst werden. ______ sind zu vermeiden und es sollte inhaltlich eindeutig ______ werden. Eine kontinuierliche ______ der Betroffenen schafft Vertrauen und baut Ängste ab. Insbesondere in Situationen, bei denen Menschen ______ sind, sollte der nötige Raum für ein angemessenes ______ zur Verfügung gestellt werden. In solchen und ähnlichen Situationen empfiehlt sich das ______ sozialer Ressourcen, wie etwa weiteren Familienangehörigen oder Freunden.

8. Unterscheiden Sie PSNV-B und PSNV-E.

9. Zeichnen Sie das Kommunikationsquadrat nach Schulz von Thun ein und beschriften Sie die einzelnen Seiten.

10. Richtig oder falsch?

	Richtig	Falsch
Menschen mit Sehbehinderung benötigen Orientierung über Sprache und ggf. über Körperkontakt.	☐	☐
Jedes „Anfassen" seitens des Rettungsfachpersonals sollte jedoch zuvor angekündigt werden.	☐	☐
Um gehörlosen Menschen das Lippenlesen zu vereinfachen, sollte man besonders überbetont sprechen.	☐	☐
Bei Kindern steht in Notfallsituationen die Angst im Vordergrund. Diese liegt oftmals auch bei den Eltern vor.	☐	☐
Beim Umgang mit älteren Menschen ist viel Geduld aber auch eine gewisse Gleichgültigkeit notwendig, um sich nicht aus der Ruhe bringen zu lassen.	☐	☐
Die Sprachbarriere bei fremdsprachigen Patienten stellt eine große Herausforderung dar. Zur Lösung dieses Problems können Hilfsmittel, wie etwa „Zeigebild-Bücher" verwendet werden.	☐	☐

11. Nennen Sie jeweils 4 Vor- und 4 Nachteile von Teamarbeit.

Vorteile	Nachteile

12. Beschreiben Sie mögliche Schwierigkeiten in Bezug auf die Teamarbeit in dieser Situation.

© J. Kümmel, Rechtenbach

Kapitel 33 – Qualitätsmanagement im Rettungsdienst

1. Nennen Sie die 4 Abschnitte eines Qualitätsmanagementsystems nach der DIN-EN-ISO-9000-Reihe.

2. Unterscheiden Sie die Begriffe „Tätigkeit", „Prozess" und „System".

3. Richtig oder falsch?

	Richtig	Falsch
Der Kundenbegriff im Qualitätsmanagement umfasst sowohl die klassischen „Kunden" als auch Mitarbeiter oder andere Vertragspartner.	☐	☐
Ein „Produkt" ist immer das Ergebnis von Prozessen bzw. Tätigkeiten. Im Rettungsdienst hat sich der Produktbegriff nicht durchsetzen können. Hier wird von „Dienstleistungen" gesprochen.	☐	☐
Sowohl Dienstleistungen als auch Produkte können nach ihrer Fertigstellung noch korrigiert werden.	☐	☐
Es existieren verschiedene Qualitätsdimensionen (Struktur-, Prozess- und Ergebnisqualität).	☐	☐
Qualitätsmanagement wird in der Regel von den sogenannten Betriebs- und Qualitätsräten geplant und organisiert	☐	☐

4. Tragen Sie die 3 Ebenen der Qualitätsaufzeichnungen in die Abbildung ein.

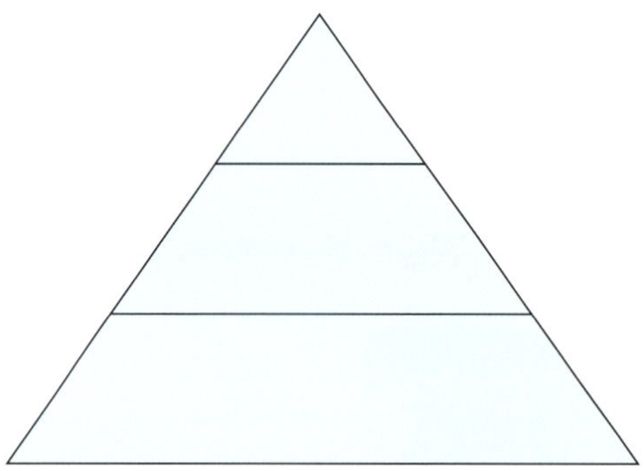

5. Geben Sie an, wie viele Jahre ein Qualitätszertifikat gültig ist, nachdem es erteilt wurde.

6. Definieren Sie den Begriff „Audit" und geben Sie den Unterschied zwischen „internen" und „externen Audits" an.

7. Nennen Sie mindestens 5 Qualitätsziele im Rettungsdienst.

8. Ergänzen Sie den Text.

Nachvollziehbarkeit – Aspekte – Maximum – Einsatzmitteln – Desinfektionsplans – Qualitätsvorgabe – Behandlungsqualität – Medizintechnik – Qualitätsrichtlinien – Qualitätsvorgaben

Klare ______ ermöglichen es, dem Mitarbeiter anhand einer ______, tätig zu werden. Dies vereinfacht die ______ von Prozessen und senkt das individuelle Haftungsrisiko. Sie ermöglichen zum Beispiel viele ______ der Patientenversorgung zu standardisieren und jedem Patienten auf diese Weise ein ______ an ______ zu ermöglichen. Aber auch Prozesse, die nicht direkt mit der Patientenversorgung zu tun haben, profitieren von ______. So ist das Einhalten des ______ eine Grundvoraussetzung für die Eindämmung multiresistenter Erreger. Standardisierte Prozesse im Bereich der ______ liefern Sicherheit im Umgang mit den ______.

9. Tragen Sie die gesuchten Begriffe in den Regelkreis ein.

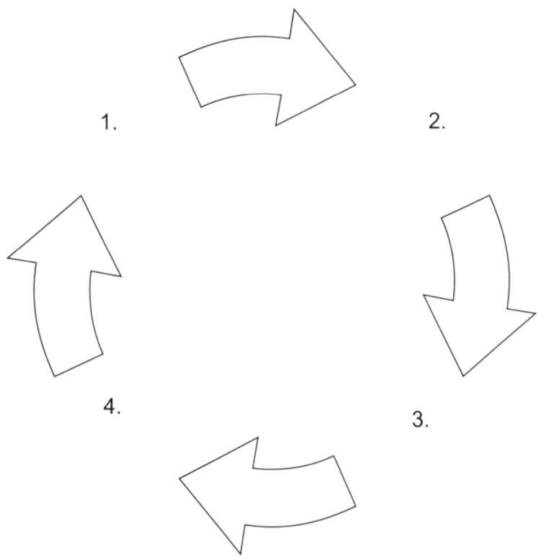

© Heike Hübner, Berlin

10. Nennen Sie mindestens 4 Schnittstellen des Rettungsdiensts, die durch ein gelungenes Qualitätsmanagement verbessert werden können.

Kapitel 34 – Standardisierte Kurskonzepte und Kurssysteme

1. Finden Sie 9 versteckten Begriffe.

Tipp: Gesucht werden die Abkürzungen für internationale Kurssysteme.

S	P	I	O	Q	R	T	E	R	K	O	B	D	L
W	E	L	I	Q	N	V	I	P	N	U	F	D	Q
S	P	N	M	U	X	O	M	W	N	W	A	W	B
F	C	N	O	T	A	C	L	S	Q	E	M	S	C
E	Q	F	D	A	S	V	P	O	B	X	L	B	I
P	B	C	Q	T	O	Z	G	G	D	N	S	Z	H
D	W	V	Y	C	L	Y	I	T	L	S	E	P	E
X	V	U	O	N	K	U	S	A	O	V	P	V	A
P	L	S	G	M	Y	I	V	T	W	N	L	B	L
L	P	X	S	B	I	Q	W	L	K	M	S	S	S
J	W	P	D	P	A	X	S	S	J	N	X	Q	D
I	Z	Y	A	S	W	D	X	N	E	F	M	W	F
S	L	I	X	G	M	Q	R	U	Z	P	A	L	S
E	T	P	H	T	L	S	M	E	G	J	S	L	B

2. Schildern Sie die generellen Vorgehensweisen im Versorgungsablauf bei den meisten Kurskonzepten.

3. Unterscheiden Sie „Provider-“ und „Instruktorenkurse“.

4. Nennen Sie je 2 Vor- und 2 Nachteile internationaler Kurssysteme.

Vorteile	Nachteile

Kapitel 35 – Fallbeispiel: Erster Tag mit RTW-Dienst

Sie treten Ihren ersten Dienst als Aushilfe an einer Rettungswache in einer ländlichen Gegend an. Da sie spontan eingesprungen sind, kennen Sie die Kollegen noch nicht und fühlen sich daher etwas unsicher. Eigentlich hätten Sie erst zum Monatswechsel dort beginnen sollen. Sie werden allerdings sehr herzlich empfangen. Man ist dankbar, dass Sie Zeit gefunden haben, um einzuspringen und lässt Sie das auch spüren. Da Sie sich auch in Bezug auf das genutzte Material unsicher sind, erklärt sich Ihr Teampartner bereit, die Bestückung des RTW mit Ihnen durchzugehen.

1. Nennen Sie 4 Probleme, die bei mangelnder Materialkenntnis auftreten können.

Noch während des Checkens werden Sie zu einem Notfalleinsatz alarmiert. Da sie spontan eingesprungen sind, haben Sie noch keine Geräteeinweisung für Defibrillator und Beatmungsgerät erhalten. Diese war für die kommende Woche angesetzt.

2. Entscheiden und begründen Sie, ob Sie den Einsatz annehmen dürfen.

Ihr Wachleiter entschuldigt sich telefonisch bei Ihnen für den Vorfall. Durch mehrere Krankheitsfälle, die unter anderem den MPG-Beauftragten und den stellvertretenden Wachleiter betreffen, sei Ihre Einweisung einfach untergegangen. Da er selbst auch einweisungsberechtigt ist, bietet er an, sofort zur Wache zu kommen, und Ihre Einweisung nachzuholen. Nach der Einweisung melden Sie Ihr Fahrzeug wieder als „einsatzbereit" und werden auch direkt zu einem Notfalleinsatz mit der Meldung „bewusstlose Person" alarmiert.
Als Sie vor Ort ankommen, liegt ein junger Mann auf der Straße vor einer Bushaltestelle. Ihr Teampartner führt die Erstuntersuchung durch. Dabei erhebt er auch die GCS.

3. Berechnen und bewerten Sie die GCS.

Kein Öffnen der Augen	
Keine verbale Reaktion	
Ungezielte Abwehrbewegungen	
Gesamt	

Kapitel 35 – Fallbeispiel: Erster Tag mit RTW-Dienst

Während das NEF eintrifft, stellen Sie und Ihr Teampartner fest, dass der Patient einen Blutglukosewert von 30 mg/dl aufweist. Bei der körperlichen Untersuchung finden Sie eine laufende Insulinpumpe vor.

4. Erklären Sie, welche Schritte nun erfolgen müssen.

Nach der Medikamentengabe klart der Patient zunehmend auf. Er erklärt Ihrem Team, dass er unter einem Typ-1-Diabetes leide und wohl versehentlich die falsche Dosierung eingestellt habe. Er sei dankbar für Ihre Hilfe, würde aber nur ungerne ins Krankenhaus mitkommen.

5. Erläutern Sie die Bedingungen, die erfüllt sein müssen, damit der Patient die Mitfahrt rechtswirksam verweigern kann.

Nach Beendigung des Einsatzes füllen Sie Ihren Rucksack wieder auf. Das NEF gibt derweil die notwendigen Informationen zu dem Einsatz an die Leistelle weiter.

6. Kreuzen Sie die richtige Lösung an.

Auf welchem Status befindet Sich Ihr Fahrzeug, wenn Sie den Notfallort einsatzbereit verlassen?

- ☐ 1
- ☐ 2
- ☐ 3
- ☐ 4
- ☐ 7
- ☐ 8

Lösungen

Kapitel 1 – Grundlagen des Lernens

1. Definieren Sie den Begriff „Lernen".

Es existiert eine Vielzahl von Definitionen und Beschreibungen des Lernbegriffs. Eine gängige Definition lautet: „Lernen ist eine Verhaltensänderung infolge zuvor gemachter Erfahrungen."

2. Nennen Sie die 3 Gedächtnisebenen.

- Sensorisches Gedächtnis
- Kurzzeitgedächtnis
- Langzeitgedächtnis

3. Beschreiben Sie die 3 Gedächtnisebenen.

Im sensorischen Gedächtnis werden Informationen nur für eine kurze Zeit gespeichert. In das sensorische Gedächtnis gelangen alle Informationen, die der Mensch bewusst wahrnimmt. Dabei kann zwischen ikonischer (visueller) und echoischer (auditiver) Wahrnehmung unterschieden werden. Nur ein Teil der Informationen wird in das Kurzzeitgedächtnis überführt. Im Kurzzeitgedächtnis werden die Informationen, wie in einem Arbeitsspeicher, für einen kurzen Zeitraum zwischengespeichert. Es kann allerdings nur eine gewisse Anzahl an Einzelinformationen (Bits) hier zwischengespeichert werden. Nach der Priorisierung durch das Kurzzeitgedächtnis können wichtige Informationen im Langzeitgedächtnis gespeichert werden. Die Informationen können so oftmals lebenslang vorliegen.

4. Erläutern Sie den Unterschied zwischen „aufnehmenden" und „ausdrückenden Lerntätigkeiten".

Aufnehmende Lerntätigkeiten umfassen Aspekte wie Lesen oder Zuhören. Der Lernende selbst ist hier primär passiv tätig. Ausdrückende Lerntätigkeiten umfassen Aspekte wie Anwenden oder Erklären. Der Lernende ist hierbei aktiv tätig. Gelungene Lernprozesse bestehen sowohl aus aufnehmenden als auch aus ausdrückenden Lerntätigkeiten.

5. Ergänzen Sie die Abbildung.

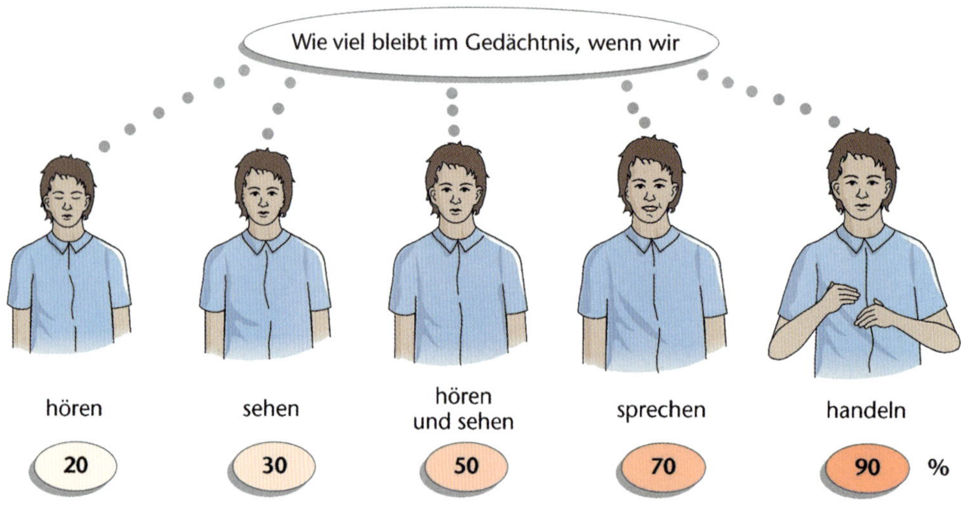

6. Nennen Sie ein Beispiel für die Bündelung von Einzelinformationen zu den sogenannten „Chunks".

Das Lernen von Telefonnummern in Blöcken ist ein Beispiel für die Bündelung von Einzelinformationen zu Chunks. (Also nicht 8 6 9 5 3 4 [6 Bit], sondern 86 95 34 [3 Chunks = 3 Bit] oder 869 534 [2 Chunks = 2 Bit]).

7. Erläutern Sie die Abbildung.

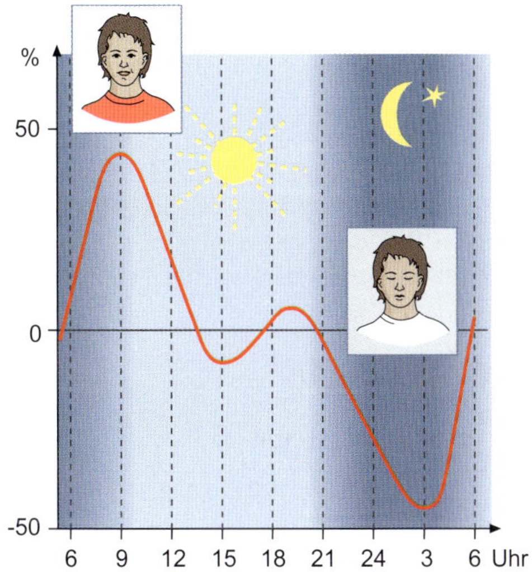

© Susanne Adler, Lübeck

Abgebildet wird die sogenannte Tagesleistungskurve. Sie drückt aus, zu welchen Zeiten Menschen generell leistungsfähig bzw. im Speziellen aufnahmefähig für Informationen sind. Zu erkennen ist, dass am Vormittag gegen 9 Uhr ein Leistungshoch erreicht wird, welches zur Mittagszeit wieder abfällt. Am Nachmittag steigt die Leistungsfähigkeit wieder gering an, während sie um etwa 3 Uhr nachts ihren Tiefpunkt erreicht.

8. Richtig oder falsch.

	Richtig	Falsch
Die meisten Menschen können sich länger als 20 Minuten voll konzentrieren.		✗
Nach spätestens 20 Minuten Lernen sollte eine individuelle Lernpause von einigen Sekunden erfolgen.	✓	
Nach ca. 45 Minuten empfiehlt es sich eine Auffrischungspause von 15–20 Minuten zu machen.		✗
In den kurzen Minipausen ist es ratsam kurz das Gebäude zu verlassen, um etwas frische Luft aufzunehmen.	✓	
Nach etwa 3 Stunden Lerntätigkeit braucht der Körper eine längere Erholungspause von etwa 1,5 Stunden.	✓	

9. Planen Sie Ihr Vorgehen.

Ihre Kurskollegin Julia hat Befürchtungen, die anstehende Rettungssanitäterprüfung nicht zu bestehen. Sie leide seit ihrer Kindheit unter Prüfungsangst. Sie fragt Sie nach Tipps im Umgang mit ihrer Angst.

Zunächst sollte Ihre Kollegin sich einen Überblick über den gesamten Lernstoff verschaffen und diesen danach einteilen, ob sie den Stoff beherrscht oder ob noch etwas nachgelernt werden muss. Zudem sollte sie sich bei ihrer Kursleitung über den genauen Ablauf der Prüfung erkundigen. Es ist ideal, Ihrer Kollegin anzubieten, die erwartete Prüfung gemeinsam realistisch nachzustellen, um ihr ein Gefühl für die Anforderungen und die Abläufe zu vermitteln. Außerdem sollten Sie sie stetig motivieren und ihr Mut machen.

1. Ergänzen Sie den Text.

Mol – Volumen – Medikamenten – Gramm – Konzentration – Menge – Einheiten – Vorsilben – Fehldosierungen

Die Konzentration gibt an, welche Menge eines Stoffes auf ein bestimmtes Volumen entfällt. Dabei dürfen Masse und Stoffmenge nicht verwechselt werden. Während die Stoffmenge in Mol ausgedrückt wird, wird die Masse in Gramm angegeben. Auch ist darauf zu achten, dass die Bruchteile und die Vielfachen von diesen Einheiten mit bestimmten Vorsilben, etwa Mikro-, Milli- oder Kilo- angegeben werden. Dies ist bei der Verabreichung von Medikamenten oder ihrer Vorbereitung unbedingt zu bedenken, damit es nicht zu Fehldosierungen kommt.

2. Erläutern Sie den Begriff „Druck".

Druck ist als die Kraft, die auf eine Fläche einwirkt, definiert. Dabei wird die Kraft durch die Fläche geteilt. Dies bedeutet, dass der Druck umso größer ist, je kleiner die Fläche ist, auf die die Kraft einwirkt und umgekehrt. Dementsprechend kann man ableiten, dass Druck auch als „Volumenstrom pro Querschnitt" definiert werden kann. Daraus folgt, dass zum Beispiel der Blutdruck von der Kraft, die das Herz zum Pumpen des Blutvolumens benötigt, von der Größe des Blutvolumens und von der Weite der Blutgefäße abhängt. So senken bestimmte Medikamente den Blutdruck, indem Sie die Gefäße weiten und so ihren Querschnitt erhöhen.

3. Zeichnen Sie die Ergebnisse der angegebenen Transportprozesse in die jeweils rechte Abbildung ein.

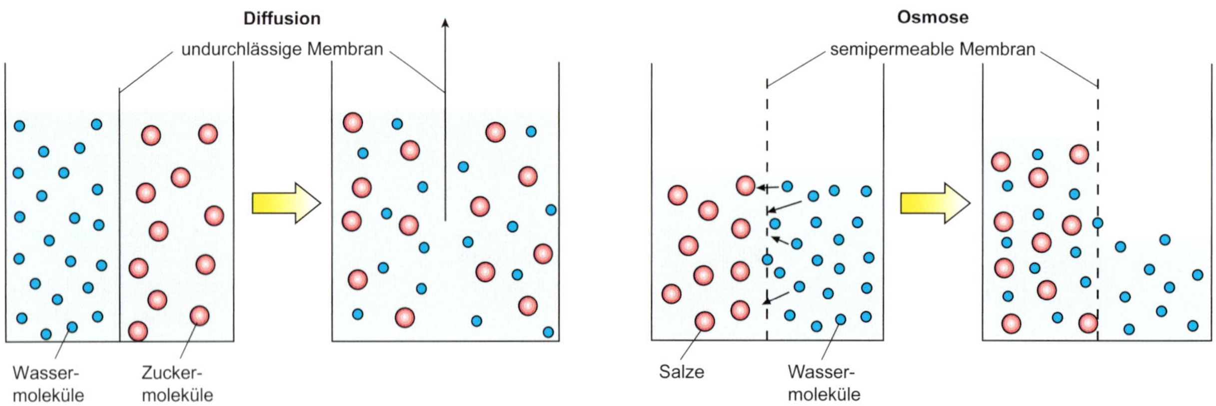

4. Erläutern Sie den Begriff „Ion".

Ionen sind geladene Atome. Sie können entweder positiv (Kationen) oder negativ geladen sein (Anionen). Ein Beispiel für ein Kation wäre Natrium (Na^+), ein Beispiel für ein Anion wäre Chlorid (Cl^-).

5. Nennen Sie mindestens 4 Merkmale des Lebens.

- Stoffwechsel
- Wachstum
- Vermehrung
- Zellulärer Aufbau

6. Bringen Sie die Begriffe in die richtige Reihenfolge. Beginnen Sie bei den kleinsten Strukturen.

Organisationsebenen des menschlichen Körpers	
Organe	1 Atome
Moleküle	2 Moleküle
Gewebe	3 Zellorganellen
Zellen	4 Zellen
Organismus	5 Gewebe
Atome	6 Organe
Zellorganellen	7 Organsysteme
Organsysteme	8 Organismus

7. Ergänzen Sie die Tabelle.

Gewebe des menschlichen Körpers

Gewebe	Aufgabe	Vorkommen (Beispiel)
Nervengewebe	Kommunikation im Organismus	Gehirn
Epithel- und Drüsengewebe	Auskleidung der inneren und äußeren Körperoberflächen, Absonderung von Sekreten	Haut
Muskelgewebe	Bewegung und Organfunktion	Herzmuskel
Binde- und Stützgewebe	Formgebung und Formerhaltung	Knochen

8. Beschriften Sie die Abbildung.

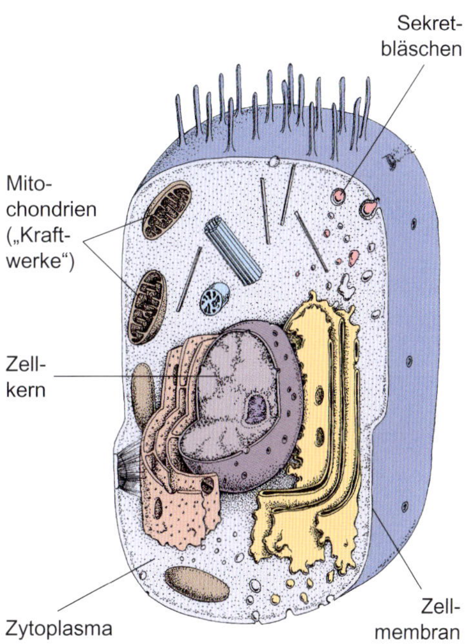

1. Nennen Sie mindestens 5 Strukturen, die im Mediastinum verlaufen.

- Luftröhre (Trachea)
- Speiseröhre (Ösophagus)
- Körperhauptschlagader (Aorta)
- Lungenblutgefäße (Pulmonalarterien und -venen)
- Verschiedene Nerven (z.B. N. vagus)

2. Zeichnen Sie den Weg des Blutes ein und verbinden Sie die Begriffe mit den jeweiligen Strukturen des Herzens.

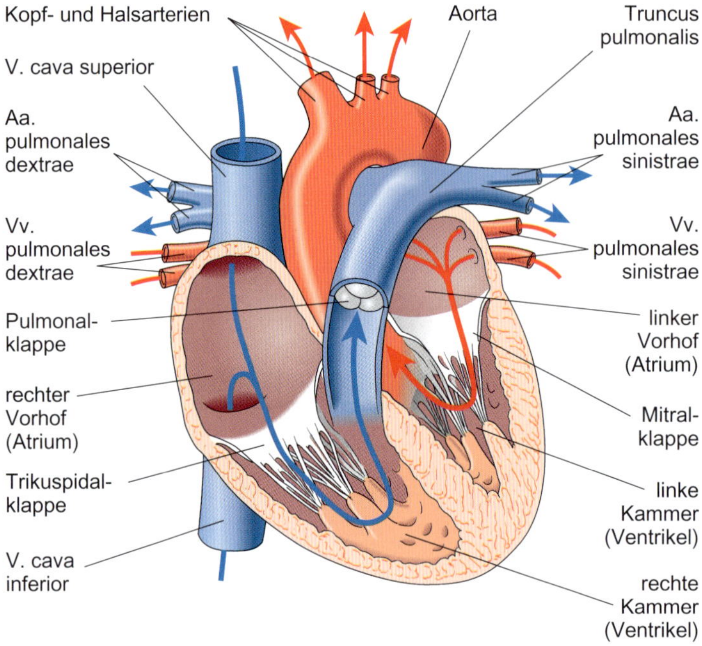

3. Richtig oder falsch.

	Richtig	Falsch
Die Herzinnenhaut heißt Epikard und kleidet das Herz von innen aus. Ihre Funktion ist dabei eine Reduzierung der Reibung beim Blutdurchfluss.		✗
Der Herzmuskel ist die dickste Schicht des Herzens. Sie ist in der linken Herzkammer am stärksten ausgeprägt.	✓	
Das Perikard umgibt das Herz wie ein Beutel. Durch Blutungen oder Entzündungen kann dies zu einem lebensbedrohlichen Zustand führen.	✓	
Das Reizleitungssystem des Herzens umfasst den Sinusknoten, den AV-Knoten, die Tawara-Schenkel und die Paulusfasern.		✗
Fällt der Sinusknoten aus, springen in der Regel tiefer gelegene Zentren, etwa der AV-Knoten, als Rhythmusgeber ein.	✓	

Lösungen

4. Planen Sie Ihr Vorgehen.

Sie kommen als RTW-Besatzung zu einem Patienten, der kaltschweißig und nur bedingt ansprechbar ist. Bei der Pulskontrolle fällt Ihrem Kollegen der niedrige Puls auf. Das angebrachte EKG zeigt einen AV-Block III° mit einer Herzfrequenz von 35/Min. und schmalen Kammerkomplexen.

Es handelt sich hierbei um eine lebensbedrohliche Situation. Der Patient benötigt dringend hochdosierten Sauerstoff. Zudem sollten Sie sich darauf einstellen, dass der Patient reanimationspflichtig werden könnte. Erkundigen Sie sich nach den Anweisungen Ihres Teamführers und bereiten Sie die gewünschten Medikamente und Maßnahmen vor. Ein venöser Zugang sollte angelegt werden. Die Therapie kann mittels Atropin, Adrenalin oder eines transkutanen Schrittmachers erfolgen.

5. Nennen Sie die normale Herzfrequenz von Säuglingen.

✓ ca. 120/min.

6. Erläutern Sie die Funktion der Herzklappen.

Die Herzklappen sind Ventilstrukturen am Herzen, die durch die jeweiligen Druckunterschiede in den verschiedenen Herzräumen vornehmlich passiv geöffnet oder geschlossen werden. Lediglich die Papillarmuskeln sorgen bei den Segelklappen dafür, dass diese nicht in die Vorhöfe umschlagen, wenn der Druck in den Herzkammern den Druck in den Vorhöfen übersteigt. Aufgabe der Herzklappen ist es, die Pumprichtung des Blutes zu beeinflussen.

7. Beschreiben Sie den Aufbau einer Arterie vom muskulären Typ.

Arterien sind aus drei Schichten aufgebaut. Die innere Schicht, auch Intima genannt, besteht aus einer dünnen Zellschicht und sorgt hauptsächlich für eine Reduzierung des Reibungswiderstands beim Blutdurchfluss. Die mittlere Schicht, auch Muskularis genannt, ermöglicht es dem Gefäß, sich durch Kontraktion oder Erschlaffung engzustellen oder aufzuweiten. Auf diesem Wege kann der Gefäßwiderstand reguliert werden. Bei Arterien vom muskulären Typ ist der Anteil der Muskelfasern größer, als bei Arterien vom elastischen Typ. Die dritte Schicht liegt außen und wird auch als Adventitia bezeichnet. Sie verankert das Blutgefäß in seiner Umgebung.

8. Erläutern Sie die in der Abbildung dargestellte Windkesselfunktion.

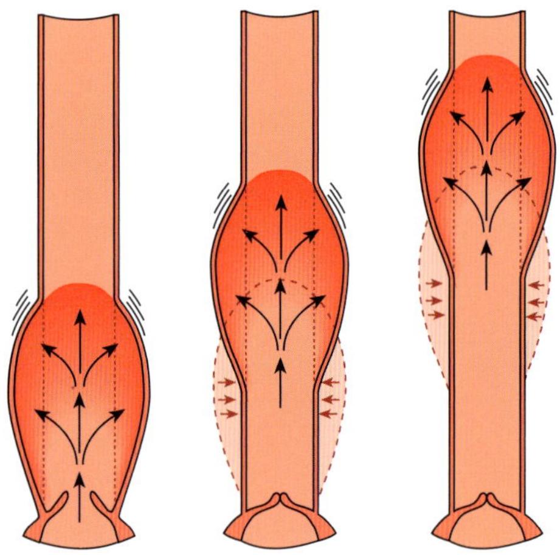

© Gerda Raichle, Ulm

Die Windkesselfunktion dient dem Erhalt eines Restblutdrucks in der Kammerdiastole. Wenn das Herz aktiv pumpt, baut sich der systolische Blutdruck auf. Während es erschlafft, würde der Blutdruck dementsprechend beinahe auf 0 mmHg fallen müssen. Dies wäre allerdings ein Problem für die kontinuierliche Organdurchblutung. Aus diesem Grunde macht sich der Organismus die Windkesselfunktion zunutze. Beim Blutauswurf aus der linken Herzkammer werden die Gefäßwände der Aorta aufgedehnt, was es ihnen ermöglicht, die an sie abgegebene Energie zu speichern. Sobald das Herz wieder erschlafft, fällt der Gegendruck und die Gefäßwände können sich wieder entspannen, was es ihnen ermöglicht, die gespeicherte Energie in Form des diastolischen Blutdrucks abzugeben.

9. Richtig oder falsch.

Erythrozyten – Thrombozyten – Blutgerinnung – Blutplasma – Leukozyten – Lebensdauer – Zellen – Immunabwehr – Herzinfarkten – Milz

Das menschliche Blut besteht aus den Blutzellen und dem sogenannten Blutplasma. Zu den Blutzellen gehören die Erythrozyten, welche den Sauerstoff im Organismus transportieren. Sie haben eine Lebensdauer von 120 Tagen und werden in der Milz abgebaut. Die Thrombozyten spielen eine Rolle bei der sogenannten Blutgerinnung. Sie sind oftmals auch an der Entstehung von Herzinfarkten und Schlaganfällen beteiligt. Die Leukozyten hingegen sind Bestandteil des Immunsystems. Sie sind keine einheitliche Zellart, sondern ein Sammelbegriff für eine Vielzahl von Zellen, die sowohl der spezifischen als auch der unspezifischen Immunabwehr angehören können.

10. Planen Sie Ihr Vorgehen.

Sie werden als KTW-Besatzung zu einem Patienten mit einer frisch diagnostizierten Beinvenenthrombose gerufen. Er habe eine Einweisung von seinem Hausarzt erhalten, da sein rechtes Bein seit einigen Tagen geschwollen sei.

Bei einer Thrombose handelt es sich nicht um einen akut lebensbedrohlichen Zustand. Dementsprechend kann der Transport mit einem KTW durchgeführt werden. Ein Risiko bei einer unbehandelten Thrombose ist, dass sich Thrombusanteile lösen und über das venöse System in die Lungenstrombahn gelangen können. Die daraus resultierende Lungenembolie stellt wiederum ein gefährliches Krankheitsbild für den Patienten dar. Aus diesem Grunde muss ein Gehtransfer unterbleiben. Der Patient sollte mit einem Tragestuhl oder einem Tragetuch zum RTW verbracht werden. Auf der Krankentrage sollte das betroffene Bein unterpolstert und hochgelagert werden, um Druckschäden zu vermeiden. Zudem muss der Patient auf Zeichen von Atembeschwerden hin überwacht werden.

11. Beschreiben Sie den Aufbau der Atemwege.

Die Atemwege beginnen, je nachdem womit eingeatmet wird, im Mundraum oder in der Nase. Von dort aus führt der Weg der Luft über den Rachenraum zum Kehlkopf (Larynx). Dort erfolgt die Trennung zwischen Luft und Speiseweg. Eine Struktur, die hier von großer Bedeutung ist, ist der Kehldeckel (Epiglottis). Die Luft gelangt nun über die Luftröhre (Trachea) in die beiden Hauptbronchien. Diese teilen sich zunächst in die Haupt- und dann im Verlauf in die Segmentbronchien auf. Diesen folgen die Bronchiolen, an deren Ende sich die Alveolen befinden, in denen der Gasaustausch stattfindet.

12. Beschriften Sie die Abbildung.

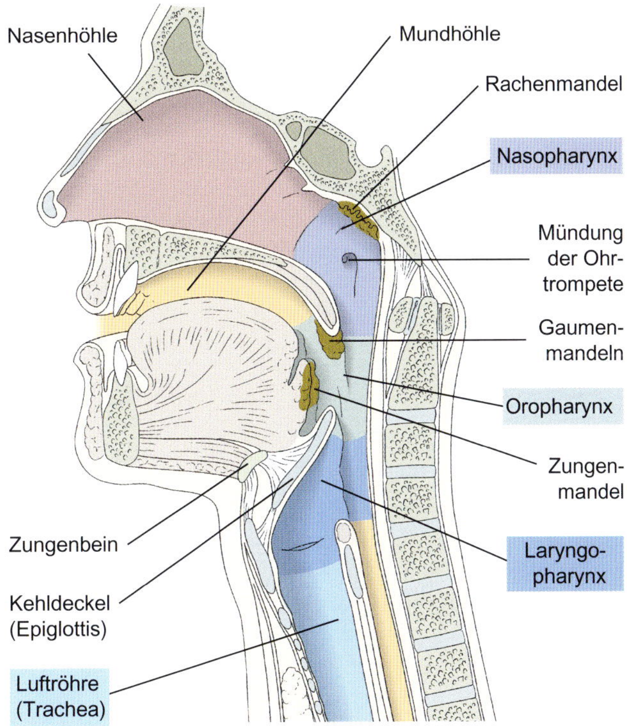

13. Richtig oder falsch?

	Richtig	Falsch
Die Vitalkapazität umfasst das exspiratorische Reservevolumen, das Atemzugvolumen und die Totalkapazität.		✗
Das Residualvolumen ist das Volumen, welches bei der Exspiration als letztes ausgeatmet wird.		✗
Das Atemzugvolumen beträgt je nach Größe, Alter und Geschlecht etwa 900 ml.		✗
Die funktionelle Residualkapazität umfasst das Residualvolumen und das exspiratorische Reservevolumen.	✓	
Das Totraumvolumen ist das Volumen, welches sich im luftleitenden, aber nicht im gasaustauschenden System befindet.	✓	

14. Bewerten Sie die Situation.

Sie transportieren einen COPD-Patienten, welcher mit 2 l Sauerstoff pro Minute versorgt wird, von einer ländlichen Klinik in ein Universitätsklinikum. Sie führen mit dem Einverständnis des Patienten eine Pulsoxymetrie durch und erhalten einen Wert von 91 %. Der Patient gibt an, sich gut zu fühlen und keinerlei Beschwerden zu haben, die er sonst nicht auch hat. Sie erleben den Patienten als leicht kurzatmig aber freundlich und voll orientiert.

In diesem Falle scheint die Sauerstoffsättigung des Patienten dauerhaft erniedrigt zu sein. Dies kommt beim Krankheitsbild der COPD regelmäßig vor. Zumeist sind die Patienten an diese tiefen Werte gewöhnt und benötigen keine Erhöhung des Sauerstoffflusses. Die Situation lässt sich am leichtesten anhand des Patientenzustandes bewerten. Da der Patient angibt, sich wohl zu fühlen und auf Sie nicht den Eindruck der Hilfsbedürftigkeit zu machen scheint, ist hier lediglich eine weitere Überwachung des Patienten, aber keine direkte Intervention vonnöten. Dennoch sollte bei Patienten mit Störungen der Atmung immer im Blick behalten werden, dass es sich bei ihnen um schwer erkrankte Menschen handelt, die eine besondere Form der Zuwendung und Beobachtung benötigen.

15. Erläutern Sie die Vorgänge bei der Atemregulation.

Die Atemtätigkeit wird im sogenannten Atemzentrum im Hirnstamm geregelt. Der Regelvorgang ist sehr komplex, lässt sich aber auf drei grundlegende Einflussfaktoren reduzieren: Die Gaskonzentrationen im Blut (O_2 und CO_2), den Blut-pH-Wert und den Einfluss des vegetativen Nervensystems. Die beiden erstgenannten Faktoren sorgen dafür, dass der Atemschrittmacher (ähnlich dem Sinusknoten) in Betrieb gehalten und seine Tätigkeit bei Bedarf angepasst wird. Beispiel: Liegt ein hoher CO_2-Wert vor, wird die Atmung entsprechend beschleunigt. Ist der Wert tief, wird sie verlangsamt. Das Nervensystem beeinflusst die Atmung lediglich indirekt, ist aber dennoch von großer Bedeutung im medizinischen Alltag.

16. Erläutern Sie die Grenzen der Pulsoxymetrie.

Ein Pulsoxymeter misst die „Beladung" der Erythrozyten mit Sauerstoff. Es misst also lediglich, wie viele der zur Verfügung stehenden roten Blutkörperchen gesättigt sind. Der Wert wird als Prozentangabe dargestellt. Das Pulsoxymeter kann jedoch nicht messen, wie viele Erythrozyten bzw. wie viel Hämoglobin insgesamt vorliegen. Dementsprechend können Patienten mit Blutverlusten eine gute SpO_2 aufweisen, aber dennoch einen Sauerstoffmangel im Gewebe haben. Eine weitere Grenze ist, dass ein normales Pulsoxymeter nicht abbilden kann, welcher Stoff an das Hämoglobin gebunden ist. Dies kommt insbesondere bei Rauchgasintoxikationen (Kohlenmonoxid) zum Tragen.

17. Beschriften Sie die Abbildung.

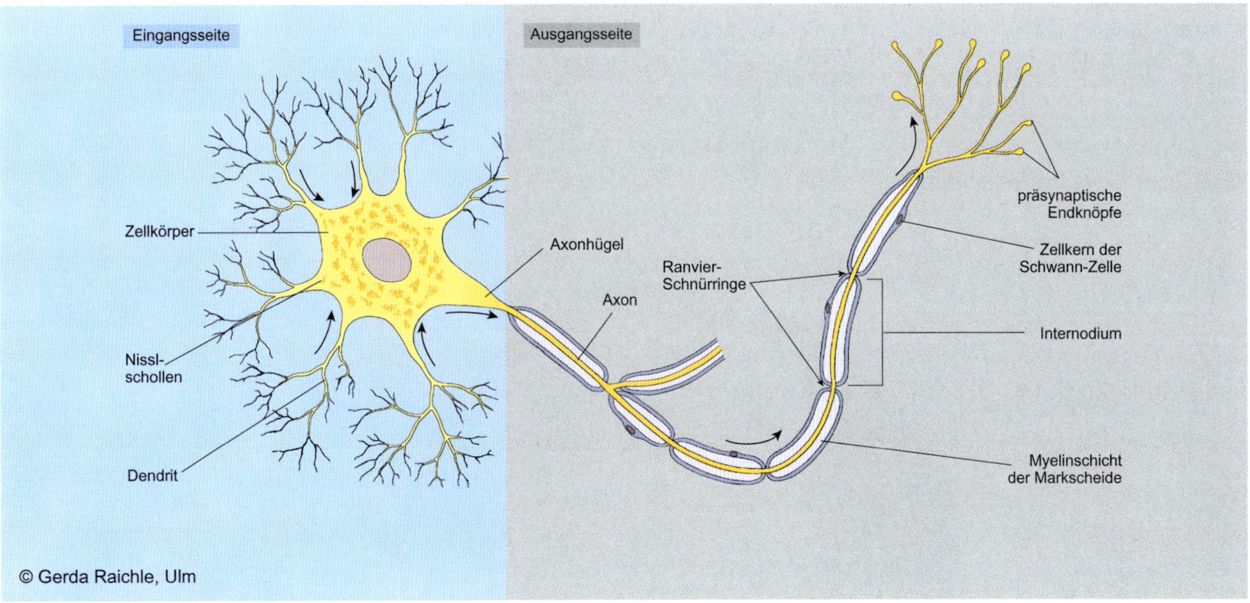

18. Erläutern Sie die Begriffe.

Einteilung des Nervensystems

Willkürliches Nervensystem	Unwillkürliches Nervensystem
Das willkürliche Nervensystem ist der funktionelle Anteil des Nervensystems, der vom Menschen bewusst gesteuert werden kann, bzw. welches eine bewusste Wahrnehmung von Informationen erlaubt. Es umfasst motorische, sensorische und sensible Anteile.	Das unwillkürliche Nervensystem ist der funktionelle Anteil des Nervensystems, der nicht direkt kontrolliert werden kann. Es besteht aus dem Sympathikus und dem Parasympathikus und reguliert Körperfunktionen, wie z.B. die Verdauung, die Pupillenmotorik oder den Temperaturhaushalt.

19. Beschreiben Sie den Vorgang der Erregungsleitung an der Nervenzelle.

Der Organismus nutzt hierfür das Konzentrationsgefälle von Natrium und Kalium. In der Zelle befindet sich viel Kalium, außerhalb viel Natrium. Dementsprechend „wollen" die Elektrolyte jeweils in die Richtung strömen, in der nur wenige von ihnen zu finden sind. Dies wird durch die Zellmembran verhindert. Wenn aber die Natriumkanäle geöffnet werden, strömt das Natrium in die Zelle und verändert damit die Ladung an der Zellmembran. Infolgedessen öffnen sich Kaliumkanäle, die das Kalium aus der Zelle entlassen und damit auch zu einer Änderung der Ladung beitragen. Aus Plus wird Minus und umgekehrt. Es kommt zur Weiterleitung des Signals entlang des Axons und damit zur sogenannten Erregungsleitung. Durch die Kalium-Natrium-Pumpe wird der ursprüngliche Zustand dann wieder hergestellt. Ein neues Signal kann übertragen werden.

20. Bewerten Sie die Situation in Bezug auf mögliche Verletzungen des Nervensystems.

Sie erreichen als RTW-Besatzung eine Unfallstelle. Ein Motorradfahrer ist mit hoher Geschwindigkeit auf ein Stauende aufgefahren. Er ist nicht bei Bewusstsein. Die Unfallstelle ist abgesichert.

Eine Verletzung von Gehirn oder Rückenmark ist sehr wahrscheinlich. Die große Geschwindigkeit beim Aufprall weist darauf hin, dass auch große Kräfte auf den Körper des Patienten eingewirkt haben. Die Tatsache, dass der Patient auf einem Motorrad nur wenig Schutz vor den Einflüssen des Aufpralls hat, macht eine Beteiligung der Wirbelsäule, welche das Rückenmark umgibt, sehr naheliegend. Zudem deutet die Bewusstlosigkeit auf einen Schaden des zentralen Nervensystems hin. Allerdings können auch andere Ursachen, wie etwa ein Sauerstoffmangel durch ein Thoraxtrauma oder ein größerer Blutverlust, eine Bewusstlosigkeit auslösen. Der Patient sollte gründlich untersucht, in jedem Falle immobilisiert und zeitnah in einen aufnahmebereiten Schockraum transportiert werden.

21. Nennen Sie 5 Sinnesorgane des Menschen.

- Haut (Tastsinn)
- Augen (Sehsinn)
- Ohr (Hörsinn)
- Nase (Geruchssinn)
- Zunge (Geschmackssinn)

22. Beschriften Sie die Abbildung.

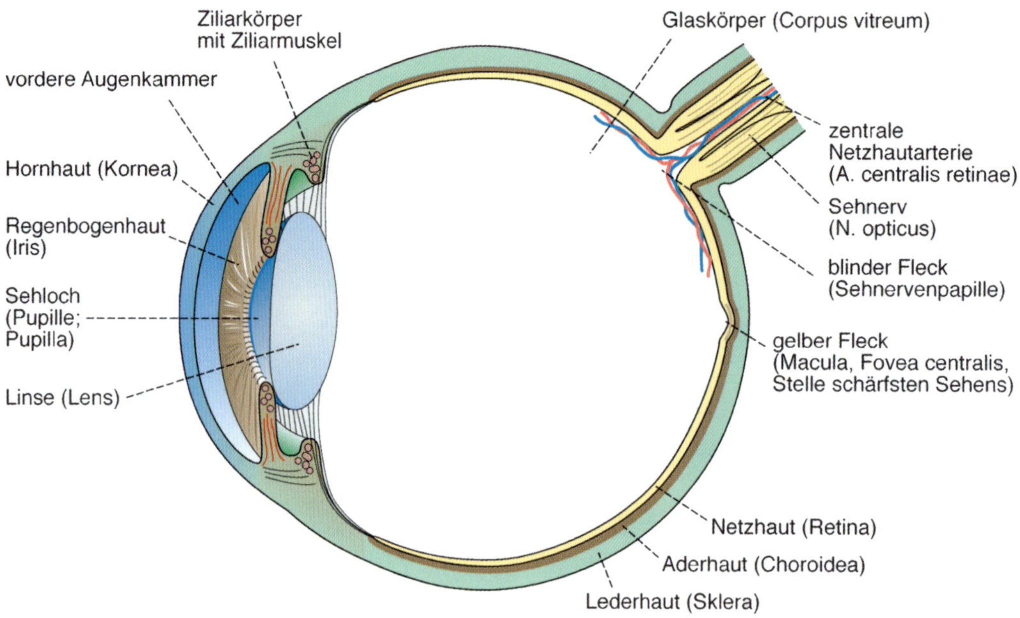

23. Erläutern Sie den Weg eines Geräusches durch das Ohr.

Durch die muschelartige Form des Ohres wird das Geräusch wie über einen Trichter aufgenommen. Infolgedessen wird es über den äußeren Gehörgang an das Trommelfell weitergegeben. Durch die Schallwellen beginnt dieses zu schwingen und bewegt so kleine Strukturen in der Paukenhöhle, die Gehörknöchelchen, die die Schalldruckwellen auf diesem Wege an das Innenohr weiterleiten. Im Innenohr werden sie über die Endolymphe in der Schnecke weitergeben und reizen feinste Härchen an den Hörzellen. Dies wird in elektrische Impulse übersetzt, die an das Hörzentrum des Gehirns weitergeleitet werden.

24. Bewerten Sie die Situation in Bezug auf mögliche Komplikationen.

Sie erreichen als RTW-Besatzung eine Unfallstelle. Ein Jugendlicher hat Spiritus in ein Lagerfeuer gespritzt und sich dabei höhergradige Verbrennungen des rechten Arms und des Brustkorbs zugezogen. Die Atmung ist nicht beeinträchtigt. Auch bestehen keine Verbrennungen im Gesicht- oder Halsbereich.

Bei Verbrennungen wird mit Verletzung der Haut die Schutzbarriere des Organismus, die ihn von seiner Umgebung abgrenzt, beeinträchtigt. Dies führt zu einer Vielzahl von Folgen. So ist es möglich, dass eine größere Menge an Flüssigkeit verloren geht, was zu einem hypovolämischen Schock führen kann. Auch wird die Temperaturregulierung des Organismus verändert, was Unterkühlungszustände auslösen kann. Des Weiteren sind die Schmerzen der Patienten oftmals sehr stark. Zudem können Krankheitserreger nun ungehindert in den Organismus eindringen. Verbrennungen sollten aus diesem Grunde steril verbunden werden. Die Patienten benötigen in jedem Falle Sauerstoff, Flüssigkeitsersatz über eine Venenverweilkanüle und den Erhalt der Körperwärme durch geeignete Maßnahmen. Zudem sollten eine medikamentöse Schmerzstillung und ggf. ein Transport in ein Verbrennungszentrum erfolgen. Hierzu muss eine Voranmeldung durchgeführt werden.

25. Richtig oder falsch?

	Richtig	Falsch
Der passive Bewegungsapparat des Erwachsenen umfasst unter anderem Bänder, Knorpel und über 300 Knochen, die dem Körper als Gerüst dienen.		✗
Der aktive Bewegungsapparat umfasst unter anderem etwa 630 Einzelmuskeln und ist für einen erheblichen Anteil des Körpergewichts verantwortlich.	✓	
Röhrenknochen sind vom sogenannten Periost umgeben und werden in drei Bereiche aufgeteilt.	✓	
Diese werden Metaphyse, Hypophyse und Diaphyse genannt.		✗
Knochen bestehen unter anderem aus Kalzium und Phosphat.	✓	

26. Beschriften Sie die Abbildung.

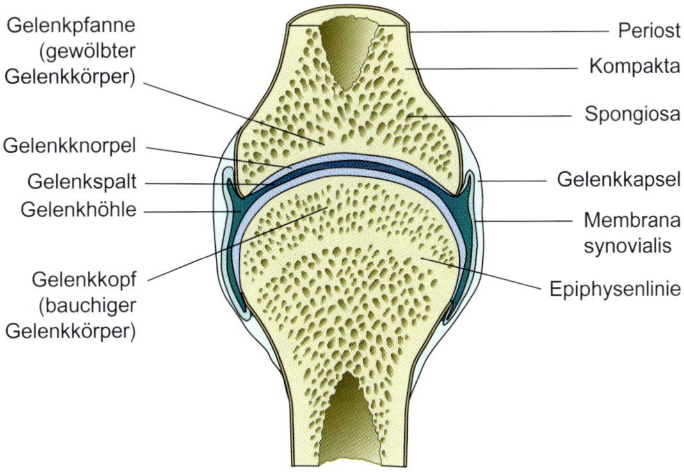

27. Erläutern Sie, welche Arten von Muskulatur im menschlichen Körper zu finden sind.

Der menschliche Körper enthält drei verschiedene Arten von Muskulatur. Die quer getreifte Skelettmuskulatur lässt sich willkürlich steuern und ist für große Kraftanstrengungen geeignet. Ihre Ausdauer ist allerdings gering. Die glatte Muskulatur der inneren Organe ist nicht direkt willkürlich beeinflussbar. Auch verfügt sie nur über eine geringe Kraft. Ihre Ausdauer ist allerdings sehr hoch. Die Herzmuskulatur stellt gewissermaßen eine Mischform aus beiden zuvor genannten Muskeltypen dar. Sie ist sowohl in der Lage, große Kräfte aufzubringen als auch ausdauernd zu arbeiten. Sie ist allerdings ebenfalls nicht willkürlich beeinflussbar.

28. Bewerten Sie die getroffene Maßnahme in Bezug auf mögliche Komplikationen.

Sie werden zu einem Patienten mit einer Anaphylaxie gerufen. Herr Fallada habe eine Biene in seinem Weißbier gehabt, welche ihn an der Rachenhinterwand gestochen habe. Der Patient ist stark zyanotisch, ein deutliches Pfeifen ist während der Inspiration wahrzunehmen. Ihr Teamleiter verabreicht umgehend Adrenalin intramuskulär.

Das Medikament Adrenalin ist das stärkste Katecholamin, welches als Medikament verabreicht werden kann. Es erhöht Herzschlag und Blutdruck und kann somit zu Herzrhythmusstörungen und Blutdruckkrisen führen. Im Rahmen einer fortgeschrittenen Anaphylaxie ist es dennoch das Mittel der ersten Wahl, um den Patienten vor dem Ersticken zu bewahren. Die intramuskuläre Gabe birgt den Vorteil, dass kein Venenzugang benötigt wird und dass das Adrenalin somit schnell verabreicht werden kann. Es besteht jedoch die Gefahr, dass bei der Punktion des Muskels ein Nerv oder ein Blutgefäß getroffen wird. Aus diesem Grund erfolgt die Wahl des Punktionsorts an einer strategisch günstigen Stelle. Starke Punktionsschmerzen deuten darauf hin, dass ein Nerv getroffen wurde. Eine Injektion muss unterbleiben, die Nadel muss umgehend entfernt werden. Um eine Injektion in ein Blutgefäß zu verhindern, muss vor der Injektion des Medikaments zunächst versucht werden Blut zu aspirieren. Wurde Blut aspiriert, muss die Nadel umgehend entfernt werden. In beiden Fällen muss die Injektion allerdings an einer anderen Stelle nachgeholt werden, um dem Patienten das benötigte Medikament verabreichen zu können.

29. Ergänzen Sie den Text.

Bauchspeicheldrüse – Magen – Dickdarm – Speiseröhre – Leber – Verdauungssystem – Nährstoffanteil – Abschnitte – Mund

Das menschliche Verdauungssystem lässt sich in mehrere Abschnitte unterteilen. Es beginnt zunächst im Mund, wo die Zähne den Nahrungsbissen zerkleinern und er mit Speichel gleitfähig gemacht wird. Die Speiseröhre transportiert den Nahrungsbrei dann in den Magen, wo er mit Hilfe von Salzsäure angedaut wird. Über den sogenannten Pförtner wird nun der Zwölffingerdarm erreicht. Hier werden noch Verdauungsenzyme aus der Bauchspeicheldrüse und das Gallensekret aus der Leber hinzugegeben. Dem Zwölffingerdarm schließt sich der Dünndarm an, auf welchen der Dickdarm folgt. Dieser endet mit dem sogenannten Rektum. Auf diesem Weg sind dem Speisebrei sowohl das Wasser als auch der Nährstoffanteil entzogen worden.

30. Beschriften Sie die Abbildung.

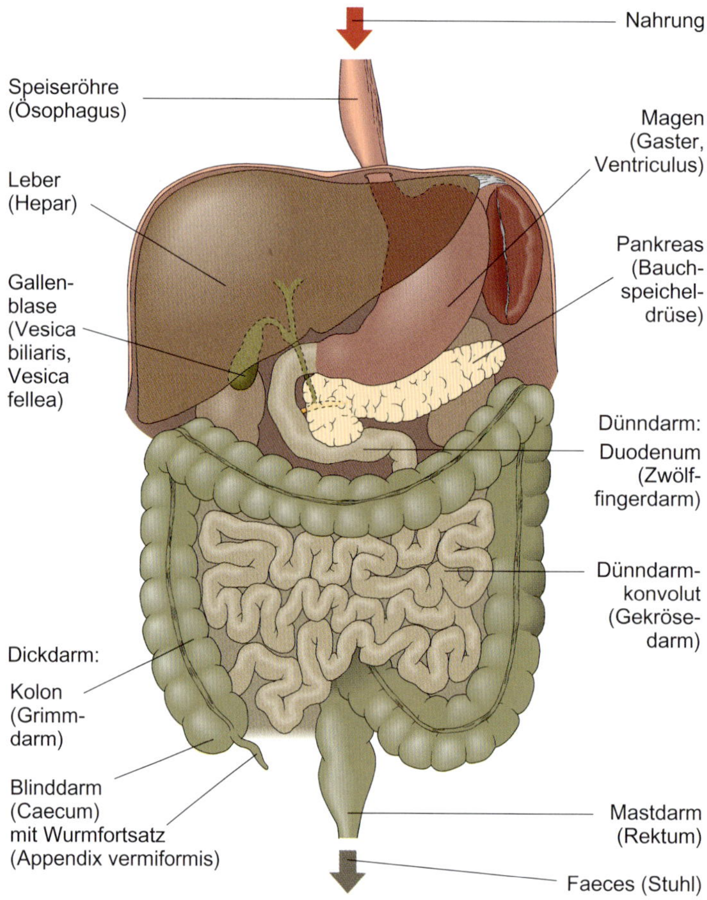

31. Vervollständigen Sie die Tabelle.

Zelltypen des endokrinen Pankreas

Zelltyp	Hormon	Funktion
D-Zellen	Somatostatin	Wirkt hemmend auf die Ausschüttung von Insulin und Glukagon
B-Zellen	Insulin	Sorgt für die Aufnahme von Glukose in die Körperzellen und senkt somit den Blutzuckerspiegel
A-Zellen	Glukagon	Erhöht den Blutzuckerspiegel durch Glykogenabbau

32. Nennen Sie mindestens 6 mögliche Differentialdiagnosen.

Frau Anatoli klagt über Schmerzen im Unterbauch. Sie seien bereits seit dem Morgen da und in den letzten Stunden so stark geworden, dass sie sich entschieden habe einen RTW zu rufen.

- Nierenkolik
- Appendizitis
- Ileus
- Extrauterine Gravidität
- Mesenterialinfarkt
- Divertikulitis

33. Beschreiben Sie den Aufbau der Bauchspeicheldrüse.

Die Bauchspeicheldrüse, auch Pankreas genannt, ist eine etwa 15–20 cm messende, haken- oder keilförmige Struktur, welche im zentralen oberen bzw. im linken oberen Bauchraum vorzufinden ist. Sie wiegt zwischen 70 und 90 g und ist vom Bauchfell überzogen. Das Pankreas besteht aus einem Kopf, einem Körper und einem Schwanz, wobei der Kopf im Duodenal-C eingebettet liegt. Im Längsschnitt können zahlreiche Kanälchen gesehen werden, die sich zum großen Bauchspeicheldrüsengang vereinen, der zum Zwölffingerdarm zieht. Über ihn werden zahlreiche Verdauungsenzyme transportiert, die über die Vater-Papille in das Darmlumen abgegeben werden. Der endokrine Anteil des Pankreas ist mit bloßem Auge nicht erkennbar.

34. Richtig oder falsch?

	Richtig	Falsch
Die Leber ist das größte und wichtigste Stoffwechselorgan des Menschen.	✓	
Ihr Gewicht liegt zwischen 2.000 und 3.000 g. Sie ist damit das schwerste Organ im menschlichen Körper.		✗
Die Leber hat eine Vielzahl von Aufgaben. Zum Beispiel die Gallenproduktion, die Produktion von Bluteiweißen oder der Energiespeicherung.	✓	
Zu den Bluteiweißen gehören beispielsweise Albumin, Gerinnungsfaktoren, Insulin und Enzyme.		✗
Bei der Entgiftung des Organismus trägt die Leber eine zentrale Bedeutung.	✓	
Auch die Glykogenolyse, also die Neubildung von Glukose findet in der Leber statt.		✗

35. Richtig oder falsch?

	Richtig	Falsch
Die Niere hat neben der Entgiftung des Körpers auch die Aufgabe Hormone und Enzyme zu produzieren.	✓	
Die Nierenhülle setzt sich aus zwei Schichten zusammen. Die Fettkapsel schützt die Niere vor Stößen, und die Nierenkapsel gibt der Niere als bindegewebige Hülle ihre Struktur.		✗
Die Niere ist ein paarig angelegtes Organ und wiegt bei Erwachsenen zwischen 120 g und 200 g.	✓	
Die Niere ist gut durchblutet. Sie wird täglich von über 1.500 l Blut durchflossen und filtert es dabei.	✓	
Bei dieser Filterung werden täglich etwa 1,5 l Primärharn gebildet, die auf diesem Wege ausgeschieden werden können.		✗

36. Beschriften Sie die Abbildung.

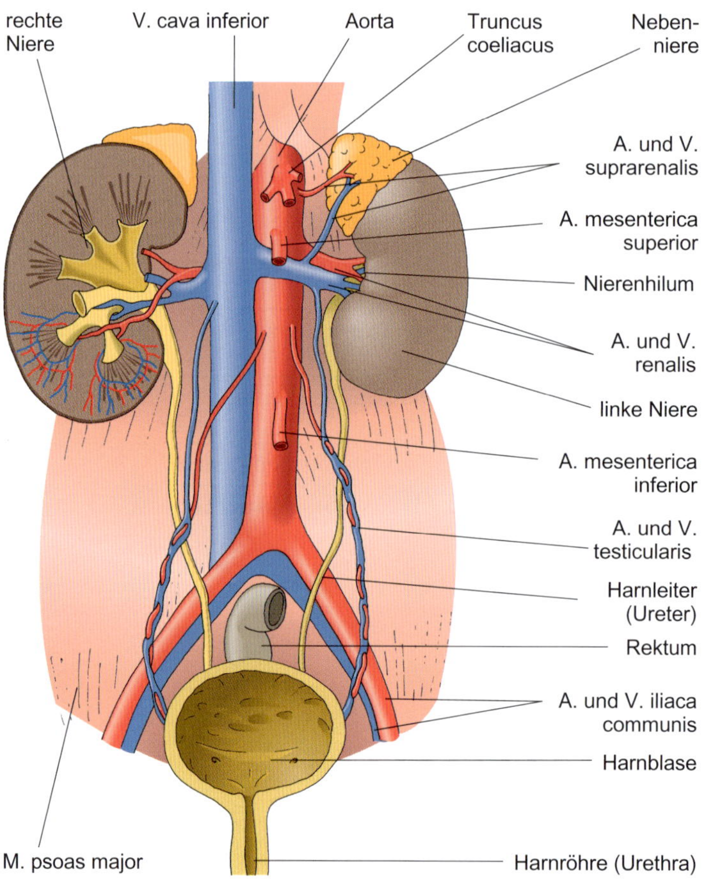

37. Nennen Sie alle Bestandteile der ableitenden Harnwege.

- Nierenbecken
- Harnleiter
- Harnblase
- Harnröhre

38. Erläutern Sie die Einweisungsdiagnose und nennen Sie mindestens 4 mögliche Differentialdiagnosen.

Sie werden in eine Pflegeeinrichtung gerufen, um Herrn Silbermann in ein Krankenhaus zu transportieren. Auf dem Einweisungsschein steht, dass er eine „Makrohämaturie" habe.

Bei einer Makrohämaturie handelt es sich um das sichtbare Vorhandensein von Blut im Urin. Bei einer Mikrohämaturie hingegen wäre das Blut nur mit Laboruntersuchungen nachweisbar.
Mögliche Ursachen für eine Makrohämaturie sind:
- Verletzungen (z.B. durch einen Dauerkatheter)
- Tumorerkrankungen
- Harnwegsentzündungen
- Nierensteine

39. Nennen Sie die äußeren und inneren Geschlechtsorgane der Frau.

Äußere Geschlechtsorgane	Innere Geschlechtsorgane
• Große Schamlippen (Labia majora)	• Eierstöcke (Ovarien)
• Kleine Schamlippen (Labia minora)	• Eileiter (Tuben)
• Kitzler (Klitoris)	• Gebärmutter (Uterus)
• Scheidenvorhof (Vestibulum vaginae)	• Scheide (Vagina)

40. Beschriften Sie die Abbildung.

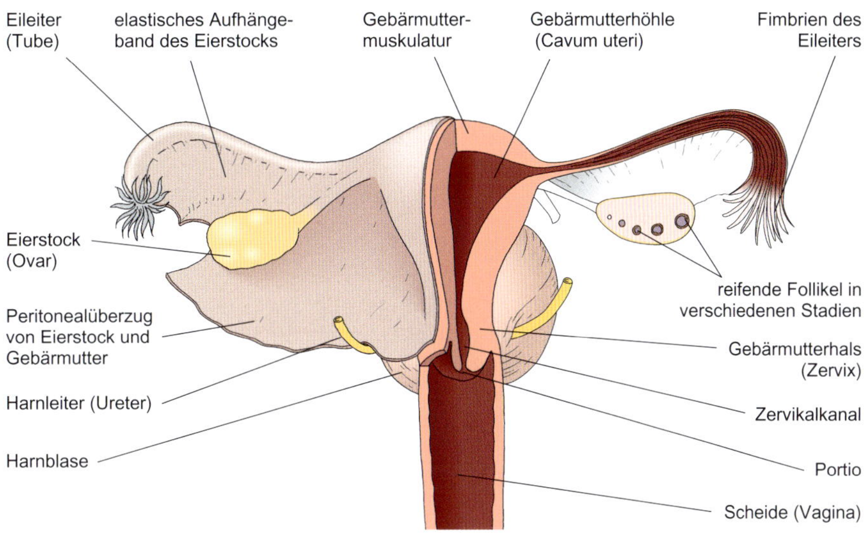

41. Richtig oder falsch?

	Richtig	Falsch
Die Bildung geschlechtsspezifischer Hormone beginnt bei Mädchen mit der Geburt.		✗
Die beiden wichtigsten Sexualhormone der Frau sind Östrogen und Protestosteron.		✗
Diese werden durch die Hormone der Epiphyse (FSH und LH) in ihrer Ausschüttung reguliert.		✗
Östrogene sorgen unter anderem für die Ausbildung der Geschlechtsmerkmale, die Förderung der Eireifung und die Vorbereitung der mütterlichen Brust für die Milchproduktion.	✓	
Im Alter von 45 bis 55 Jahren nimmt die hormonelle Stimulation der Frau ab. Dieser Abschnitt des Lebens wird als „Wechseljahre" bezeichnet.	✓	

42. Planen Sie Ihr Vorgehen.

Sie werden in einen Privathaushalt gerufen. Eine 30-jährige schwangere Frau erwartet Sie. Sie habe vor 5 Minuten ihren Blasensprung gehabt. Dem Fruchtwasser war auch etwas Blut beigemengt. Sie habe keine Wehen spüre aber anhaltend die Bewegungen ihres Kindes.

Die Patientin befindet sich in der Eröffnungsperiode der Geburt. Diese dauert bei Erstgebärenden etwa 5–10 Stunden. Es besteht somit kein Grund zur Eile oder zur Vorbereitung einer Notgeburt. Wenn die Fruchtblase bereits eröffnet ist, bevor der kindliche Kopf fest im Becken der Mutter liegt, kann es in seltenen Fällen zu einem sogenannten Nabelschnurvorfall kommen. Um dies zu verhindern, wird die Mutter ab dem Zeitpunkt des Blasensprungs idealerweise liegend transferiert und transportiert. Oftmals kommt es beim Fruchtwasserabgang zu kleineren Blutungen. Diese sollten das Rettungsfachpersonal nicht beunruhigen. Werden jedoch größere oder langandauernde Blutungen beobachtet, sollte über einen Eiltransport in den nächstgelegenen Kreissaal oder die Nachforderung eines Notarzts bzw. eines RTWs nachgedacht werden. Die Patientin sollte während des Transports in der Fritschen-Lagerung und in Linksseitenlage transportiert werden, wenn dies mit dem Patientenwunsch vereinbar ist. Eine Anmeldung im gewünschten Kreissaal sollte immer erfolgen. Dies ermöglicht den dort tätigen Hebammen, alle wichtigen Vorbereitungen zu treffen.

43. Nennen und erläutern Sie die 3 Phasen der Geburt.

Die 3 Phasen der Geburt heißen: Eröffnungsperiode, Austreibungs- oder Pressperiode und Nachgeburtsperiode. Die Eröffnungsperiode beginnt mit dem Blasensprung oder dem Einsetzen regelmäßiger Wehen im Abstand von maximal 8–10 Minuten. Der Muttermund weitet sich nun kontinuierlich und die Wehenhäufigkeit steigt zunehmend. In der Austreibungsperiode ist der Muttermund vollständig geöffnet. Das Kind treibt, durch die rhythmischen Kontraktionen der Gebärmutter durch den Geburtskanal und verlässt den mütterlichen Körper. Umgangssprachlich wird dies als Geburtszeitpunkt bezeichnet. Die Nachgeburtsperiode ist die Phase unmittelbar nach der Geburt. Die Gebärmutter sollte sich nun durch die Nachwehen wieder etwas verkleinern, was etwaige Blutungen vermindert und die Plazenta löst, so dass diese den Körper der Mutter verlassen kann.

Kapitel 4 – Hygiene, Infektionskrankheiten und Arbeitsschutz

1. Definieren Sie die Begriffe.

Hygiene und Infektionsschutz	
Infektionsschutzgesetz	Das Infektionsschutzgesetz (IfSG) regelt vornehmlich den Umgang mit meldepflichtigen Infektionserkrankungen.
Hygiene	Hygiene ist die Lehre von der Gesundheit und der Verhütung von Krankheiten.
Schutzimpfung	Schutzimpfungen dienen der aktiven oder passiven Schaffung einer Immunität gegen bestimmte Infektionskrankheiten.
Infektionsfahrt/Infektionstransport	Als Infektionstransporte werden Beförderungen von Patienten mit bestimmten Infektionserkrankungen bezeichnet, bei denen bestimmte Schutzmaßnahmen ergriffen werden.
Mikroorganismen	Mikroorganismen stellen eine Gruppe mikroskopisch kleiner Lebewesen (Ausnahme: Viren!) dar. Unter ihnen werden regelhaft die Bakterien und Pilze zusammengefasst. Je nach Definition werden aber auch die Viren zu ihnen gezählt.

2. Beschriften Sie die Abbildung.

Infektionsquelle – direkter Übertragungsweg – indirekter Übertragungsweg – Empfänger

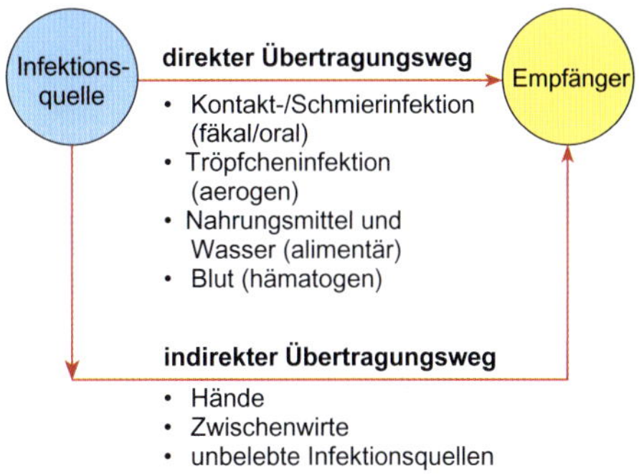

© Reihe Pflege konkret, Elsevier/Urban & Fischer

3. Unterscheiden Sie „Sterilisation“ und „Desinfektion“.

Eine Sterilisation hat das Ziel der Herstellung absoluter Keimfreiheit (Asepsis). Dies erfolgt durch die Abtötung oder irreversible Inaktivierung aller vermehrungsfähigen Mikroorganismen. Ein mögliches Verfahren der Sterilisation ist der Einsatz von Hitze. Die Desinfektion hingegen hat das Ziel einer gezielten Reduktion von Mikroorganismen. Hierbei werden möglichst viele von ihnen abgetötet oder irreversibel inaktiviert. Ein typisches Desinfektionsverfahren im Rettungsdienst ist die Wischdesinfektion mit chemischen Substanzen.

4. Nennen Sie 3 Desinfektionsarten (Anwendungsbereiche).

- Flächendesinfektion
- Hautdesinfektion
- Instrumentendesinfektion

Lösungen

5. Richtig oder falsch?

	Richtig	Falsch
Als Kontamination wird die Infektion von Menschen mit Krankheitserregern bezeichnet.		✗
Die Infektionsquelle ist auch immer das Erregerreservoir.	✓	
Nosokomiale Infektionen betreffen die oberen Atemwege.		✗
Die Inkubationszeit ist der zeitliche Abstand zwischen Ansteckung und Krankheitsausbruch.	✓	
Die Infektionskette ist der Weg des Mikroorganismus von der Infektionsquelle bis zu einer Infektion.	✓	
Ein Beispiel für eine direkte Übertragung wäre die Übertragung von Krankheitserregern über die Hände des Rettungsdienstpersonals.		✗

6. Erläutern Sie den Begriff „Infektionskrankheit".

Eine Infektionskrankheit ist eine durch Mikroorganismen ausgelöste Störung des Organismus. Sie wird von der reinen Infektion abgegrenzt, bei der keine Symptomatik vorliegen muss. Je nach Erreger und Symptomatik erfolgt eine andere Therapie der Erkrankung. Eine Gefahr geht von Infektionserkrankungen dadurch aus, dass sie, in Abhängigkeit vom spezifischen Erreger, das eingesetzte Personal durch eine mögliche Übertragung gefährden.

7. Nennen Sie 3 klinische Zeichen einer AIDS-Erkrankung.

- Zunehmende Immunschwäche mit gehäuften und schwer verlaufenden Infektionserkrankungen
- Exantheme und andere Hautveränderungen
- Leistungsabfall

8. Planen Sie Ihr Vorgehen.

Sie werden zu einem Einsatz in einer Pflegeeinrichtung gerufen. Die Pflegerin weist Sie darauf hin, dass die Patientin mit einem 3-MRGN besiedelt sei.

Oberstes Ziel in einem solchen Einsatz ist es, neben der medizinisch korrekten Versorgung der Patientin, eine Übertragung des resistenten Erregers zu verhindern. Hierfür sollte die Anzahl der Personen, die direkten Kontakt mit der Patientin haben, reduziert werden. Selbiges gilt für nicht benötigte Ausrüstungsgegenstände. Die persönliche Schutzausrüstung muss entsprechend der Vorgaben im Hygienehandbuch erweitert werden. Der Einsatz von Einmalmaterial ist zu empfehlen. Zudem sollten alle Einsatzmittel, die bei der Versorgung nicht benötigt werden, aus dem Patientenraum des RTW entfernt werden.

9. Nennen Sie mindestens 6 Arbeitsschutzvorschriften.

- Arbeitsschutzgesetz (staatliche Arbeitsschutzvorschrift)
- Arbeitssicherheitsgesetz (staatliche Arbeitsschutzvorschrift)
- Arbeitsstättenverordnung (staatliche Arbeitsschutzvorschrift)
- Arbeitsmedizinische Grundsätze (DGUV)
- Unfallverhütungsvorschriften (DGUV)
- Sicherheitsregeln (DGUV)

10. Erläutern Sie die Aufgaben der gesetzlichen Unfallversicherung.

© Werner Krüper, Bielefeld

Als Bestandteil des Sozialsystems Deutschlands ist die gesetzliche Unfallversicherung verantwortlich für Unfallverhütung in den Betrieben und die Entschädigung von Arbeits- und Wegeunfällen sowie Berufskrankheiten. Dies geschieht über die sogenannten Berufsgenossenschaften (kurz: BG), in denen die Betriebe verpflichtend Mitglied sein müssen. Für Rettungsfachpersonal sind oftmals die Landesunfallkassen oder die „Berufsgenossenschaft für Gesundheitsdienst und Wohlfahrtspflege" zuständig.

11. Entscheiden Sie, ob es sich bei der geschilderten Situation um einen Arbeits- bzw. Wegeunfall handelt.

	Arbeits-/ Wegeunfall	Kein Arbeits-/ Wegeunfall
Sie fahren auf dem Weg zur Arbeit noch einen Umweg zu einem Bekannten, um etwas abzuholen, das Sie ihm geliehen haben. Kurz vor dessen Haustür kommt es zu einem Verkehrsunfall, bei dem Sie sich verletzen.		✗
Sie unterbrechen Ihre Arbeit für ein privates Telefonat und stolpern dabei vor der Rettungswache über einen Bordstein und verletzen sich am Knie.		✗
Sie führen eine Venenpunktion durch und stechen sich an der Kanüle des Venenzugangs.	✓	
Sie rutschen bei der Rettung einer Person aus einem Fahrzeug ab und verstauchen sich den Fuß.	✓	
Sie gehen in Ihrer Pause zum Supermarkt und stürzen über eine vorstehende Gehwegplatte.		✗
Sie werden auf einer Alarmfahrt unverschuldet von einem anderen Fahrzeug übersehen. Bei der folgenden Kollision verletzen Sie sich.	✓	

Kapitel 5 – Gerätekunde

1. Nennen Sie die 3 rettungsdienstrelevanten Teile des Medizinprodukterechts.

- Medizinproduktegesetz (MPG)
- Medizinprodukte-Betreiberverordnung (MPBetreibV)
- Medizinprodukte-Sicherheitsplanverordnung (MPSV)

2. Definieren Sie den Begriff „Medizinprodukt".

Medizinprodukte sind sämtliche Geräte, Produkte und Materialien, die zur Erkennung, Überwachung, Behandlung oder Linderung von Krankheiten oder Verletzungen eingesetzt werden und keine Arzneimittel sind.

3. Finden Sie 7 versteckte Begriffe.

Tipp: Sie alle haben mit dem Medizinprodukterecht zu tun.

F	R	J	T	D	X	X	N	T	H	U	J	U	X	C	Q	H
R	**F**	**U**	**N**	**K**	**T**	**I**	**O**	**N**	**S**	**S**	**T**	**Ö**	**R**	**U**	**N**	**G**
Y	N	H	O	N	X	U	U	Q	D	L	M	J	F	D	F	K
N	R	C	V	V	L	C	X	P	C	J	D	**I**	U	A	H	X
H	**A**	T	R	P	W	H	T	**D**	X	Z	P	**N**	C	O	F	W
Y	**N**	W	**E**	B	B	S	U	**O**	I	P	D	**S**	F	I	F	K
L	**W**	R	**I**	A	**B**	V	M	**K**	U	P	R	**T**	U	Z	L	Z
Q	**E**	C	**N**	P	**E**	N	G	**U**	D	W	F	**A**	E	S	O	K
P	**N**	B	**W**	S	**T**	G	M	**M**	T	C	J	**N**	G	O	S	R
G	**D**	V	**E**	Y	**R**	V	D	**E**	B	Q	Z	**D**	W	X	C	S
B	**E**	M	**I**	A	**E**	K	M	**N**	Q	B	D	**H**	P	F	N	N
Q	**R**	O	**S**	G	**I**	D	H	**T**	D	R	A	**A**	T	I	N	I
U	Z	R	**U**	J	**B**	H	W	**A**	M	G	C	**L**	L	N	E	W
P	L	I	**N**	A	**E**	Q	P	**T**	T	O	C	**T**	L	S	O	J
C	M	X	**G**	Q	**R**	G	X	**I**	U	U	Y	**U**	B	L	C	V
X	X	Z	Y	E	S	E	U	**O**	S	T	K	**N**	K	H	Q	C
U	W	**M**	**T**	**K**	N	L	Q	**N**	G	N	A	**G**	M	S	F	X

4. Korrigieren Sie die Fehler im Text.

Der Betreiber eines Medizinprodukts ist derjenige, der die tatsächliche Sachherrschaft über das Gerät hat. Dabei handelt es sich im Regelfall um den Arbeitgeber oder den Dienstherr des Rettungsfachpersonals. Dieser unterscheidet sich vom Anwender, der das Gerät tatsächlich handhabt. Sowohl Betreiber als auch Anwender haben bestimmte Pflichten im Umgang mit Medizinprodukten. So dürfen zum Beispiel viele Geräte ohne eine entsprechende Einweisung durch den MPG-Beauftragten nicht genutzt werden. Auch dürfen Medizinprodukte nur bestimmungsmäßig gebraucht werden.

5. Erläutern Sie den in der Abbildung dargestellten Vorgang.

Manuelle Blutdruckmessung

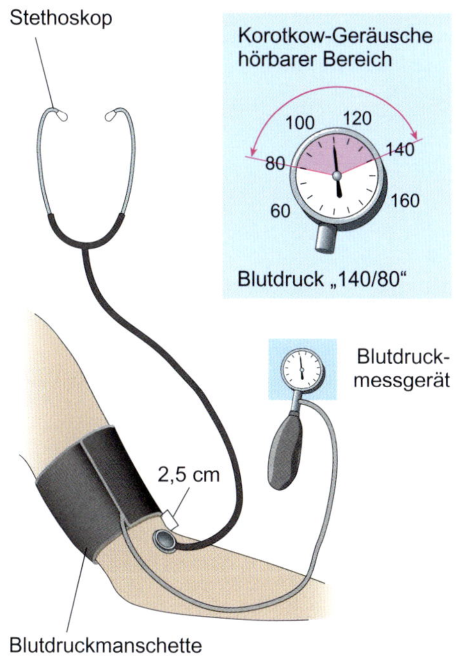

© Gerda Raichle, Ulm

In der Abbildung ist die manuelle Blutdruckmessung unter Zuhilfenahme eines Stethoskops zu erkennen (auskultatorische Blutdruckmessung). Wird die Manschette über den systolischen Blutdruck hinaus aufgepumpt, ist kein Geräusch über der Ellenbogenarterie mehr zu hören. Wird der systolische Blutdruck beim Ablassen des Manschettendrucks über das Manometer wieder erreicht, wird das Blutgefäß bei jedem Herzschlag für einen kurzen Moment geöffnet. Dies entspricht dem oberen hörbaren Bereich der sogenannten Korotkow-Töne. Wird der Manschettendruck weiter abgelassen, ist beim diastolischen Blutdruck der untere hörbare Bereich der Korotkow-Töne erreicht.

6. Nennen Sie mindestens 5 Beispiele für Überwachungs- und Messgeräte, die im Rettungsdienst genutzt werden.

- Blutdruckmessgerät
- Blutzuckermessgerät
- Pulsoxymeter
- Fieberthermometer
- EKG-Gerät
- Kapnograph

7. Planen Sie Ihr Vorgehen

Sie besetzen heute einen Krankentransportwagen und sollen eine Fernverlegung eines sauerstoffpflichtigen Patienten durchführen. Dieser erhält 4 l O_2/Min. Sie verfügen über zwei 10 l-Sauerstoffflaschen. Eine davon ist mit 200 bar gefüllt, eine weitere mit lediglich 60 bar. Sie rechnen mit etwa 5 Stunden Transportzeit.

Zunächst Sollten Sie Ihre Vorräte überprüfen. Diese betragen 2.600 l (200 bar x 10 l + 60 bar x 10 l). Dann sollten Sie den Bedarf des Patienten berechnen. Dieser beträgt bei kontinuierlichen 4 l O_2/Min und einer Fahrtzeit von 5 Stunden (300 Minuten) insgesamt 1.200 l. Sie sollten allerdings noch mit einberechnen, dass sich der Transportzeitraum durch Verkehrshindernisse zusätzlich verzögern könnte. Kalkulieren Sie zur Sicherheit immer eine Verlängerung der Transportzeit um die Hälfte der eigentlich geplanten Zeit. Wenn Sie also einen Bedarf von 1.800 l ansetzen, kann der Transport nochmals um 2,5 Stunden verlängert werden. Nun ziehen Sie den Bedarf von Ihren Vorräten Ab. Dies entspricht: 2.600 l – 1.800 l = 800 l. Sie hätten also, selbst wenn sich Ihr Transport um 2,5 Stunden verlängern würde, noch 800 l O_2 zur Verfügung. Ihr Sauerstoffvorrat reicht aus, um diesen Transport durchzuführen.

8. Nennen Sie mindestens 3 Sicherheitsregeln im Umgang mit Sauerstoff.

- Die Flaschen müssen gegen Umfallen oder Verrutschen gesichert werden.
- (Große) Sauerstoffflaschen dürfen nur mit Schutzkappe getragen werden.
- Es darf in der Nähe von Sauerstoffflaschen nicht geraucht werden.
- Sauerstoffflaschen dürfen nicht mit eingefetteten Händen bedient werden.

Kapitel 5 – Gerätekunde

9. Vergleichen Sie die Anwendung der Schaufeltrage mit der Anwendung des Spineboards.

Die Schaufeltrage dient in erster Linie der Umlagerung eines Patienten, der sich in Rückenlage befindet. Hierfür muss dieser nur wenig bewegt werden. Die Schaufeltrage wird an die Länge des Patienten angepasst und in der Mitte getrennt. Beim Spineboard hingegen ist ein aktives Umlagern des Patienten nötig, um ihn auf das Board zu bringen. Dies geschieht zumeist mit drei Helfern. Auch kann das Spineboard nicht auf die Länge des Patienten angepasst werden. Da die Schaufeltrage immer im Zusammenhang mit der Vakuummatratze genutzt wird, wird mehr Zeit zur Immobilisation benötigt als bei der Nutzung des Spineboards.

10. Lösen Sie das Rätsel.

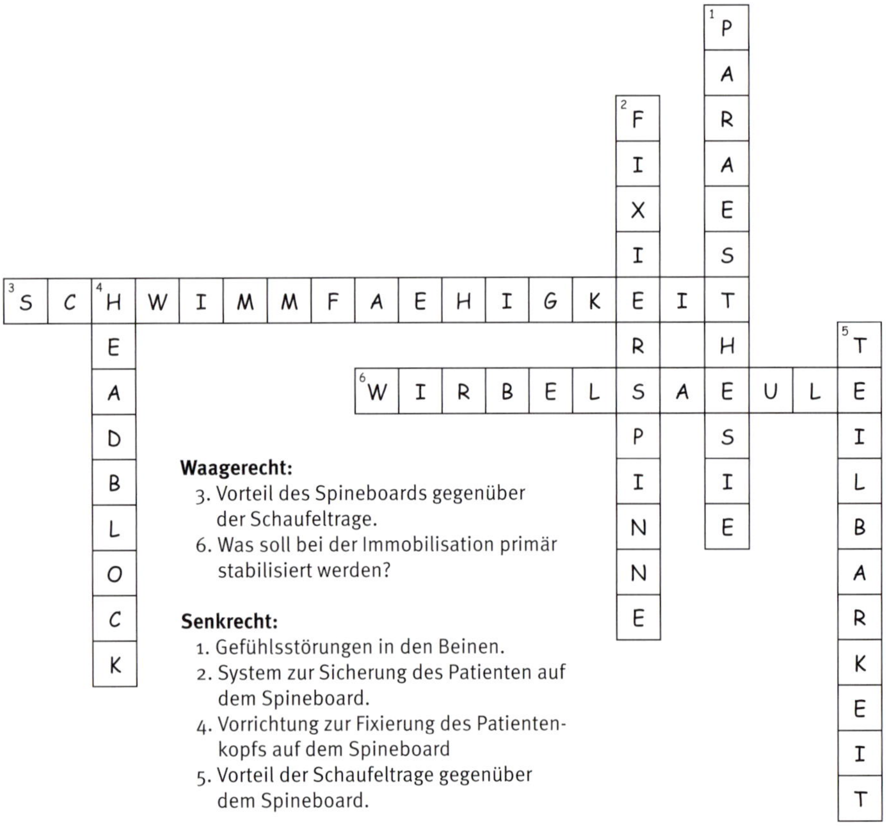

Waagerecht:

3. Vorteil des Spineboards gegenüber der Schaufeltrage.
6. Was soll bei der Immobilisation primär stabilisiert werden?

Senkrecht:

1. Gefühlsstörungen in den Beinen.
2. System zur Sicherung des Patienten auf dem Spineboard.
4. Vorrichtung zur Fixierung des Patientenkopfs auf dem Spineboard
5. Vorteil der Schaufeltrage gegenüber dem Spineboard.

11. Richtig oder falsch?

	Richtig	Falsch
Ein Defibrillator ist ein Gerät zur Erzeugung elektrischer Impulse zur Therapie von Herzklappenerkrankung.		✗
Hierzu werden zwei Elektroden benutzt, über die der Strom in den Körper des Patienten eindringen, bzw. wieder ausgeleitet werden kann.	✓	
Es werden mehrere Arten von Defibrillatoren unterschieden: Manuelle Geräte, halbautomatische Geräte und vollautomatische Geräte.	✓	
Bei den manuellen Geräten muss der Stromstoß manuell durch den Anwender erfolgen. Das Gerät analysiert zuvor den Herzrhythmus und gibt eine Empfehlung ab.		✗
Halbautomatische Geräte geben keinen Stromstoß frei, wenn das EKG des Patienten dies nicht begründet.	✓	
Bei den automatischen Geräten werden von diesen gleichzeitig die Thoraxkompressionen durchgeführt.		✗

Kapitel 6 – Beurteilung von Verletzten und Kranken

1. Nennen Sie mindestens 5 mögliche Notarzteinsatzindikationen.

- Bewusstseinsstörungen
- Atemstörungen
- Polytraumatisierte Patienten
- Größere Verbrennungen
- Starke Schmerzen

2. Ergänzen Sie den Text.

Atemfrequenz – Hirnfunktionen – Sauerstoffversorgung – Vergiftungen – Faktoren – Fieber

Die Atmung von Notfallpatienten kann anhand verschiedener Faktoren beurteilt werden. Zu ihnen gehören die Atemfrequenz, die Atemtiefe und das Atemmuster. Die Atemfrequenz wird durch viele Aspekte beeinflusst. So zum Beispiel führt Fieber zu einem Anstieg der Atemfrequenz. Ein Abfall der Atemfrequenz kann zum Beispiel bei Vergiftungen auftreten. Die Atemtiefe sagt etwas über die Menge Luft, die pro Atemzug in den Brustkorb des Patienten gelangt, aus. Eine zu flache Atmung kann dazu führen, dass die Sauerstoffversorgung des Organismus nicht mehr gewährleistet wird. Veränderungen des Atemmusters liegen oftmals in Störungen der Hirnfunktionen durch Vergiftungen oder Sauerstoffunterversorgung begründet. Auch Stoffwechselstörungen können sich auf das Atemmuster auswirken.

3. Beschriften Sie die Abbildung.

Bezeichnung	Atemmuster	Vorkommen bei …
normale Ruheatmung		Gesunden
Cheyne-Stokes-Atmung	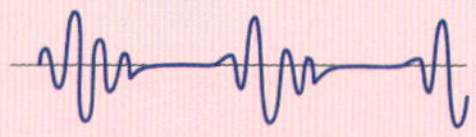	gelegentlich im Schlaf, Enzephalitis, Schlaganfall
Kußmaul-Atmung	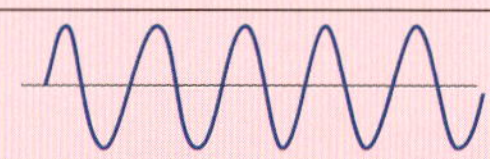	metabol. Azidose (z.B. diabetisches Koma)
Biot-Atmung	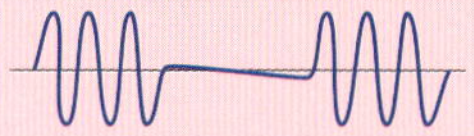	Hirnverletzung, Hirndrucksteigerung
Schnapp-Atmung	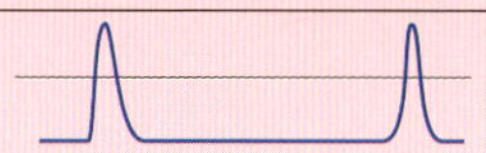	Frühgeborenen, kurz vor Todeseintritt

4. Planen Sie Ihr Vorgehen.

Sie werden zu einer jungen Patientin gerufen, die eine stark beschleunigte Atmung aufweist. Zudem gibt sie Kribbelgefühle in beiden Händen und dem Kiefer an. Die Sauerstoffsättigung beträgt 100%. Zeichen für eine Infektion, eine Vergiftung, ein Trauma oder einen Schlaganfall ergeben sich nicht. Ihr Kollege schlägt vor, Sauerstoff zu verabreichen.

In diesem Falle handelt es sich um eine Hyperventilation. Typisch für dieses Krankheitsbild sind die genannten Gefühlsstörungen. Diese können sich bis zu einem Verkrampfen der Hände entwickeln. Auf die Gabe von Sauerstoff muss bei dieser Patientengruppe verzichtet werden, da das Hauptproblem keine Sauerstoffunterversorgung ist. Stattdessen wird hier im Verhältnis zu viel Kohlendioxid abgeatmet, was mit einer Verengung der Hirngefäße einhergeht. Es sollten zeitnah eine Atemanleitung und die Beruhigung der Patientin erfolgen.

5. Ergänzen Sie die Tabelle.

Glasgow Coma Scale (GCS)

Funktion	Punkte
Augen öffnen	
spontan	4
auf Ansprache	3
auf Schmerzreize	2
kein	1
Beste verbale Reaktion (Worte)	
orientiert (verständlich)	5
verwirrt	4
einzelne Worte/inadäquate Äußerungen	3
Laute/Schreie (unverständliche Laute)	2
keine	1
Beste motorische Reaktion (Bewegungen)	
auf Aufforderung	6
gezielte Schmerzreaktion	5
ungezielte Schmerzreaktion (Beugeabwehr)	4
Beugekrämpfe	3
Streckkrämpfe	2
keine	1

6. Nennen Sie mindestens 5 Untersuchungen, die Sie in Bezug auf die Herz-Kreislaufsituation des Patienten vornehmen können.

- Pulspalpation
- Messung der Rekapillarisierungszeit
- Blutdruckmessung
- Begutachtung des EKG
- Kontrolle auf Flüssigkeitseinlagerungen (z.B. in den Beinen)

7. Erläutern Sie, inwieweit das Herz-Kreislaufsystem mit dem Bewusstsein zusammenhängt.

Das Bewusstsein ist eine komplexe neurologische Funktion, die eine ausreichende Versorgung des Gehirns mit Sauerstoff und Nährstoffen voraussetzt. Bei einer beeinträchtigten Herz-Kreislauffunktion kommt es zu einer herabgesetzten Durchblutung des Gehirns. Dies geht mit einer Verminderung der Sauerstoffversorgung einher.

8. Planen Sie Ihr Vorgehen.

Sie befinden sich auf einem Krankentransport im Patientenraum, als Ihre Patientin plötzlich einsetzende Brustschmerzen angibt.

Sie sollten die Patientin umgehend nach dem ABCDE-Schema untersuchen und den Fahrer des Krankentransportwagens benachrichtigen, damit er Sie unterstützen kann. Es besteht der dringende Verdacht auf ein „akutes Koronarsyndrom". Fordern Sie zügig einen RTW und ein NEF nach. Lagern Sie den Oberkörper der Patientin aufrecht. Sauerstoff sollte bei Dyspnoe oder einer SpO_2 von unter 94% verabreicht werden. Je nach Ausstattung ihres Fahrzeugs können Sie eine Monitorüberwachung durchführen. Halten Sie Ihren AED griffbereit, damit Sie im Falle eines Kreislaufstillstands geeignete Maßnahmen ergreifen können.

9. Nennen Sie mindestens 4 Aspekte, die Ihnen bei der Untersuchung der Mundhöhle auffallen können.

- Feuchtigkeit der Schleimhäute (Anzeichen einer Exsikkose?)
- Verletzungen (Zungenbiss durch einen Krampfanfall?)
- Schwellungen (Anzeichen für Entzündungen oder allergische Reaktionen?)
- Ablagerungen (Rußablagerung bei Rauchgasinhalation?)

10. Erläutern Sie die Bedeutung des Ersteindrucks.

Der Ersteindruck dient der schnellen Erfassung des Patientenzustands. Er sollte eine Dauer von 10 bis 15 Sekunden nicht überschreiten. Es sollte gezielt nach Anzeichen für Störungen von Atmung, Herz-Kreislaufsystem oder Bewusstsein gesucht werden. Daneben sollte aktiv nach psychischen Auffälligkeiten, Verletzungen oder, im Falle eines bewusstlosen Patienten, nach Lebenszeichen gesucht werden. Der Ersteindruck ersetzt nicht das ABCDE-Schema, sondern bereitet es vor. Während des Ersteindrucks sollte gezielt formuliert werden, ob der Patient als kritisch, potentiell kritisch oder eher nicht kritisch eingestuft wird.

11. Richtig oder falsch?

	Richtig	Falsch
Im ABCDE-Schema steht „A“ für „Airway“, „B“ für „Breathing“, „C“ für „Circulation“, „D“ für „Disability“ und „E“ für „Extremities“.		✗
Bei einer Verlegung des Atemwegs kann bei Punkt „A“ eine Anwendung des Esmarch-Handgriffs erfolgen.	✓	
Bei „B“ sollte auf Störungen der Atmung mit der Gabe von Sauerstoff reagiert werden.	✓	
Bei „C“ erfolgen unter anderem eine Pulskontrolle und die Messung der Rekapillarisierungszeit.	✓	
Der Punkt „D“ enthält unter anderem eine Kontrolle der Pupillenfunktion.	✓	
Die Immobilisation der Halswirbelsäule sollte im ABCDE-Schema bei Punkt „E“ erfolgen.		✗

12. Beschreiben Sie den Ablauf und den Sinn der sogenannten SAMPLER-Anamnese.

Bei der SAMPLER-Anamnese steht jeder Buchstabe als Merkhilfe für einen abzufragenden Punkt. **„S“** steht für Symptome. Dieser Punkt lässt viel Spielraum für Fragen. So ist es zum Beispiel interessant und wichtig zu erfahren, seit wann die Symptome andauern oder wie sie sich seit ihrem Beginn entwickelt oder verändert haben. Bei **„A“** werden Allergien abgefragt. Hierbei sollte auch gezielt nach Nahrungsmittel- oder Medikamentenallergien gefragt werden. Das **„M“** steht für Medikamente. Oftmals haben Patienten eine Auflistung der Medikamente, die sie einnehmen. Diese sollte in jedem Falle mit den Angaben des Patienten abgeglichen werden. Auch muss gezielt nach Medikamenten gefragt werden, die die Patienten unabhängig von ihrer Dauermedikation eingenommen haben. Ein Beispiel hierfür wären Schmerzmedikamente. Bei **„P“** wird die Patientenvorgeschichte erhoben. Hierzu gehören bestehende oder durchlebte Erkrankungen, zurückliegende Verletzungen oder Operationen. Auch sollte bei Frauen im gebärfähigen Alter bei Bedarf gezielt nach der Möglichkeit einer Schwangerschaft gefragt werden. Bei **„L“** werden die letzte Mahlzeit, bzw. die letzte Flüssigkeitsaufnahme und Details zu den Ausscheidungen erfragt. **„E“** widmet sich gezielt dem Ereignis, welches zu den Symptomen führt oder zeitlich mit dem Einsetzen der Symptome zusammengefallen ist. Das **„R“** steht für Risikofaktoren. Hier kann zum Beispiel eine Genussmittelanamnese (Zigaretten, Alkohol, Drogen, o.ä.) erfolgen. Aber auch familiäre Krankheitshäufungen stellen einen Risikofaktor dar.

Kapitel 7 – EKG und Herzrhythmusstörungen

Lösungen

1. Ergänzen Sie den Text.

Herzrhythmusstörungen – EKG – Herzen – Potentialänderungen – Kammerflimmern – Sinusrhythmus – Erregungsbildung – Herzmuskel

Die Ableitung eines Elektrokardiogramms (EKG) ermöglicht es, die elektrischen Ströme, die am menschlichen Herzen fließen, nachzuvollziehen. Hierfür wird sich zunutzen gemacht, dass die ablaufenden Potentialänderungen am Herzmuskel auch noch auf der Haut messbar sind. Der regelhafte Herzrhythmus ist der Sinusrhythmus. Wenn das Herz allerdings geschädigt ist, wird auch seine Fähigkeit zur Erregungsbildung und -leitung beeinträchtigt. Dies führt dazu, dass sich auch das Bild im EKG verändert. Dies kann von einfachen Veränderungen bis hin zu lebensbedrohlichen Herzrhythmusstörungen reichen. Unmittelbar lebensbedrohliche Rhythmusstörungen wären zum Beispiel das Kammerflimmern oder die pulslose elektrische Aktivität.

2. Beschriften Sie die Abbildung.

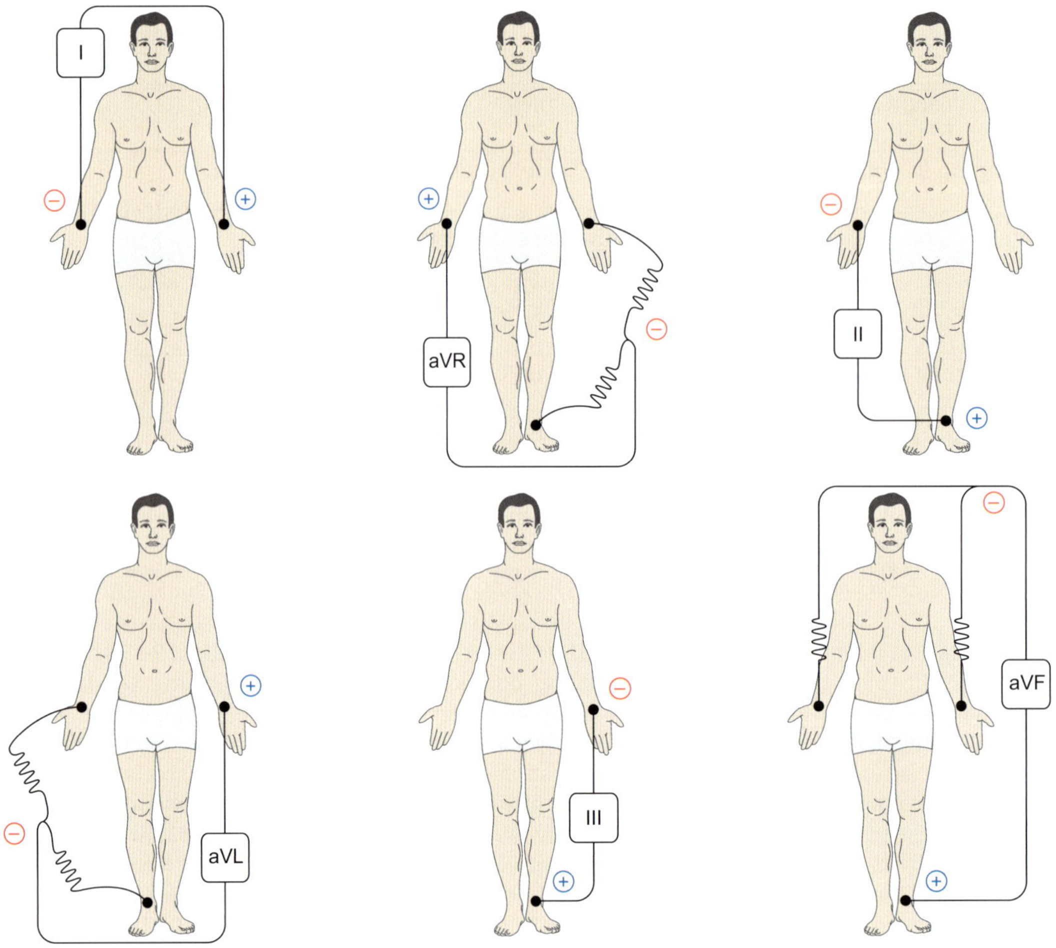

© Stefan Dangl, München

3. Nennen Sie die Punkte, an denen die Brustwandableitungen nach Wilson angebracht werden.

- V1 = 4. ICR rechts parasternal
- V2 = 4. ICR links parasternal
- V3 = Mittig zwischen V2 und V4
- V4 = 5. ICR Medioclavicularlinie
- V5 = Höhe V4 vordere Axillarlinie
- V6 = Höhe V4 mittlere Axillarlinie

4. Erläutern Sie die Bedeutung der EKG-Untersuchung in der dargestellten Situation.

Sie werden zu einem Patienten gerufen, der seit 20 Minuten über starke Brustschmerzen mit Ausstrahlung in den linken Arm klagt. Am Einsatzort finden Sie einen kaltschweißigen Mann mittleren Alters vor, der angibt sein Herz stolpere ab und zu.

Brustschmerzen, insbesondere mit Ausstrahlung in Bauch, Rücken, Gesicht oder Arme, sind immer dringend verdächtig, Anzeichen eines Herzinfarkts zu sein. In dieser Situation ist die EKG-Untersuchung von unschätzbarem diagnostischen Wert. Zum einen können bestimmte Formen des Herzinfarkts im EKG dargestellt und damit auch gezielt therapiert werden. Zum anderen besteht bei einem Herzinfarkt ein hohes Risiko für die Ausbildung von Herzrhythmusstörungen, wie etwa einer ventrikulären Tachykardie. Auch diese müssen schnell erkannt und zeitnah therapiert werden.

5. Ergänzen Sie die Abbildung.

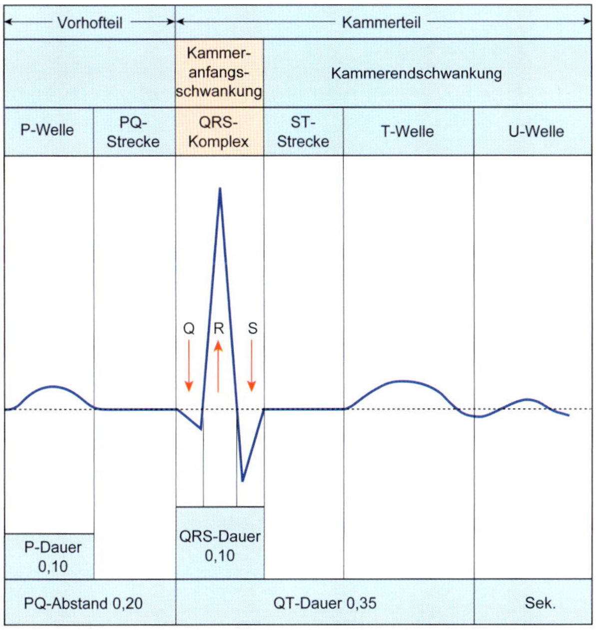

EKG-Merkmal	Physiologischer Vorgang
P-Welle	Vorhoferregung
PQ-Strecke	Vollständige Erregung der Vorhöfe
PQ-Zeit	Zeit zwischen dem Erregungsbeginn der Vorhöfe und der Kammern
Q-Zacke	Erregung des Kammerseptums
QRS-Komplex	Erregungsausbreitung in den Kammern
ST-Strecke	Vollständige Erregung der Kammern
T-Welle	Erregungsrückbildung der Kammern
QT-Zeit	Gesamte elektrische Kammeraktion
U-Welle	Erregungsrückbildung in den Kammermuskeln durch Kalium-Aufnahme; bei Hypokaliämie ausgeprägt

6. Nennen Sie mindestens 5 verschiedene Herzrhythmusstörungen.

- Vorhofflimmern
- Asystolie
- Sinusbradykardie
- AV-Blockierung
- Supraventrikuläre Tachykardie

Kapitel 7 – EKG und Herzrhythmusstörungen

7. Richtig oder falsch?

	Richtig	Falsch
Eine Sinustachykardie ist ein Sinusrhythmus mit einer Frequenz von mehr als 100/Minute. Sie ist oftmals ein Zeichen für Stress, Anstrengung, Schmerz, Angst, Volumenmangel, o.ä.	✓	
Eine pulslose elektrische Aktivität kann ähnlich aussehen, wie ein Sinusrhythmus.	✓	
Bei einer Asystolie muss nur dann mit der Reanimation begonnen werden, wenn zweifelsfrei kein Puls vorhanden ist.		✗
Supraventrikuläre Tachykardien werden häufig durch Störungen im Bereich des AV-Knotens ausgelöst.	✓	
Kammerflimmern wird auch als „Nulllinie" bezeichnet. Eine Defibrillation sollte so früh wie möglich erfolgen.		✗

8. Erläutern Sie die Gefahren von bradykarden Herzrhythmusstörungen.

Bradykarde Herzrhythmusstörungen zeichnen sich durch eine Pulsfrequenz von weniger als 60 Schlägen pro Minute aus. Sie existieren in zahlreichen Varianten. Ihnen allen gemeinsam ist, dass das Herz pro Minute weniger Blut in den Organismus pumpen kann, als es physiologisch der Fall wäre. Es gilt hierbei: Je tiefer die Herzfrequenz, desto bedrohlicher ist die Situation des Patienten. In Ruhe ist eine niedrige Herzfrequenz oftmals kein Problem. Bei körperlichen Anstrengungen kann es aber zu Bewusstseinsstörungen kommen. Außerdem können viele bradykarde Herzrhythmusstörungen zu Herz-Kreislaufstillständen führen. Dies ist unbedingt zu vermeiden.

9. Befunden Sie das EKG und nennen Sie eine Untersuchung, die Sie in diesem Fall unbedingt durchführen müssen.

Sie werden zu einem bewusstlosen Patienten in einer Privatwohnung gerufen. Ihr Patient habe sich laut der Ehefrau an die Brust gefasst und sei kurz darauf zusammengesunken.

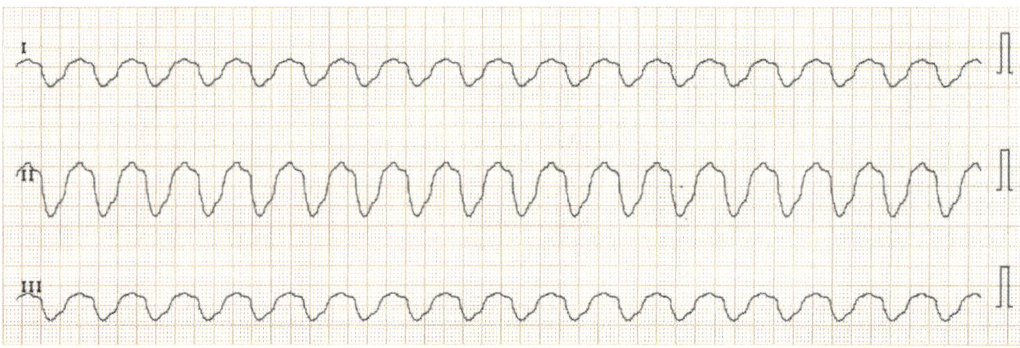

© A. Lobmüller, Würzburg

Beim dargestellten Herzrhythmus handelt es sich um eine ventrikuläre Tachykardie. Dies bedeutet, dass die Erregung von den Herzkammern ausgeht, was an den breiten Kammerkomplexen zu erkennen ist. Zudem können Frequenzen von 100–250/Min. auftreten. Bei ventrikulären Tachykardien muss unbedingt der Puls getastet werden. Sollte dieser nicht vorhanden sein, spricht man von einer pulslosen ventrikulären Tachykardie. In diesem Falle muss die Reanimation eingeleitet werden. Es sollte dann schnellstmöglich eine Defibrillation erfolgen. Bei Unsicherheiten, ob ein Puls vorhanden ist oder nicht, wird in jedem Falle mit der Reanimation begonnen.

1. Erläutern Sie die Bedingungen, die erfüllt sein müssen, um mit Reanimationsmaßnahmen bei einem Patienten zu beginnen.

Es muss der Verdacht auf einen Herz-Kreislaufstillstand bestehen. Dies äußert sich durch Bewusstlosigkeit, Atemstillstand und Pulslosigkeit. Der Puls ist jedoch oftmals schwer zu tasten. Gerade untrainierte Helfer fühlen oftmals ihren eigenen Puls in den Fingern und gehen somit fälschlicherweise von vorhandenen Herzaktionen bei einem eigentlich reanimationspflichtigen Patienten aus. Dies hat zur Folge, dass in jedem Falle mit den Reanimationsmaßnahmen begonnen werden sollte, wenn Zweifel an einem etwaig vorhandenen Puls bestehen. Auf die Palpation des Pulses sollte bei Unsicherheiten vollständig verzichtet werden.

2. Nennen Sie die 4 verschiedenen Formen des Herz-Kreislaufstillstands.

- Asystolie
- Pulslose elektrische Aktivität
- Kammerflimmern
- Pulslose ventrikuläre Tachykardie

3. Positionieren Sie die Helfer und die Ausrüstung möglichst optimal für die Durchführung einer Reanimation.

Sauerstoff – Teamleiter – Absaugung – Koffer – Teampartner – EKG

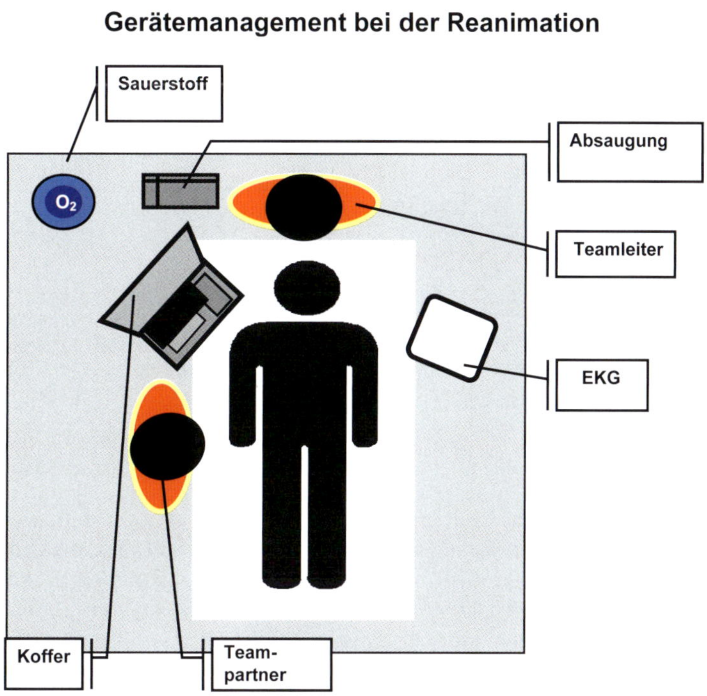

4. Nennen Sie 4 mögliche reversible Ursachen für den Herz-Kreislaufstillstand in dieser Situation.

Sie werden zu einem Patienten gerufen, der aus dem 2 Stock gefallen ist. Zum Zeitpunkt des Notrufs war dieser noch bei Bewusstsein. Kurz vor Ihrer Ankunft wurde er bewusstlos. Sie können keine Atmung feststellen und beginnen mit der Wiederbelebung.

Die wahrscheinlichsten Ursachen sind:
- Hypovolämie (durch Blutverlust nach innen oder außen)
- Hypoxie (durch eine Verlegung oder eine Verletzung der Atemwege)
- Herzbeuteltamponade (durch eine Thoraxverletzung)
- Spannungspneumothorax (durch eine Thoraxverletzung)

5. Richtig oder falsch?

	Richtig	Falsch
Mit Thoraxkompressionen kann etwa 60 % der kardialen Auswurfleistung des Normalkreislaufs erzielt werden.		✗
Patienten die auf weichen Unterlagen (z.B. Matratzen) liegen, müssen im Falle einer Reanimation auf eine harte Unterlage (z.B. Zimmerboden) umgelagert werden.	✓	
Der Druckpunkt liegt auf der unteren Hälfte des Sternums. Für die Thoraxkompressionen wird der Handballen genutzt.	✓	
Die Drucktiefe sollte mehr als 6 cm betragen, das Verhältnis von Kompression zu Dekompression sollte etwa bei 1:1 liegen.		✗
Die Druckfrequenz sollte bei 100–120/Min. liegen. Es ist immer auf eine vollständige Entlastung des Brustkorbs zu achten.	✓	
Es erfolgen immer 30 Kompressionen und 2 Beatmungen. Alle zwei Minuten wird eine Analyse des Herzrhythmus mit ggf. nachfolgender Defibrillation durchgeführt.	✓	

6. Erläutern Sie die Abbildung.

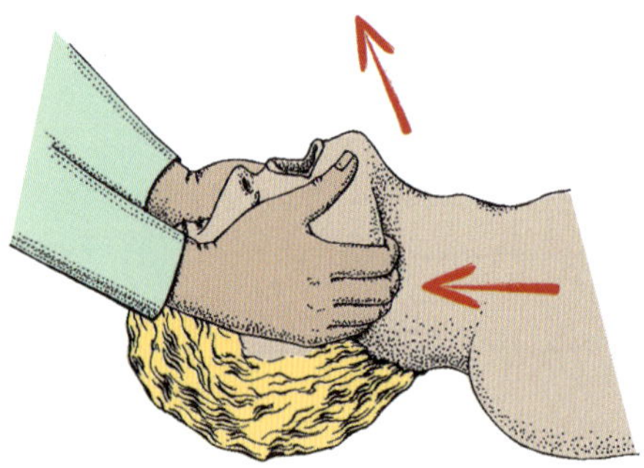

© Gerda Raichle, Ulm

Abgebildet ist der sogenannte Esmarch-Handgriff, der zum Öffnen des Mundes verwendet wird. Der Handgriff dient zudem auch dem Freimachen der Atemwege, indem der Kopf nach hinten überstreckt und der Kiefer an den Kieferbögen nach vorne gezogen wird. Ein Verlegen des Atemwegs durch den Zungengrund wird auf diese Weise sehr unwahrscheinlich.

7. Korrigieren Sie die Fehler im Text.

Nachdem die Atemwege freigemacht wurden, kann mit der Beatmung begonnen werden. Diese wird mit einem Beatmungsbeutel durchgeführt. Sollte eine Beutel-Masken-Beatmung nicht möglich sein, muss die Einlage eines Guedel-Tubus in den Mund-Rachen-Raum erfolgen. Die Beatmungsmaske muss im sogenannten C-Griff gehalten werden, um einen guten Maskensitz zu gewährleisten. Es sollte in jedem Falle mit einem FiO_2 von 1,0 beatmet werden. Dies kann mithilfe eines Demand-Ventils erreicht werden. Jeder Beatmungshub sollte etwa 500 ml umfassen und ca. 1 Sekunde andauern. Sichtbare Thoraxbewegungen sind ein guter Anhaltspunkt für eine effektive Beatmung. Zudem sollten keine Nebengeräusche zu hören sein, die auf eine Undichtigkeit der Beatmungsmaske hindeuten könnten.

8. Nennen Sie die defibrillationswürdigen Herzrhythmen im Falle eines Herz-Kreislaufstillstands.

- Pulslose ventrikuläre Tachykardie
- Kammernflimmern

Kapitel 8 – Reanimation

9. Nennen Sie mindestens 5 wahrscheinliche Ursachen für einen Herz-Kreislaufstillstand im Kindesalter.

Kinder erleiden in Industrieländern selten Herz-Kreislaufstillstände. So liegt die Kindersterblichkeit in Deutschland bei unter 0,4 % (d.h. weniger als 4 von 1.000 Kindern). Als wahrscheinliche Ursachen hierfür kommen infrage:

- Respiratorische Störungen
- Verletzungen
- Beinahe-Kindstod
- Vergiftungen
- Angeborene Herzfehler

10. Erläutern Sie die Abbildung.

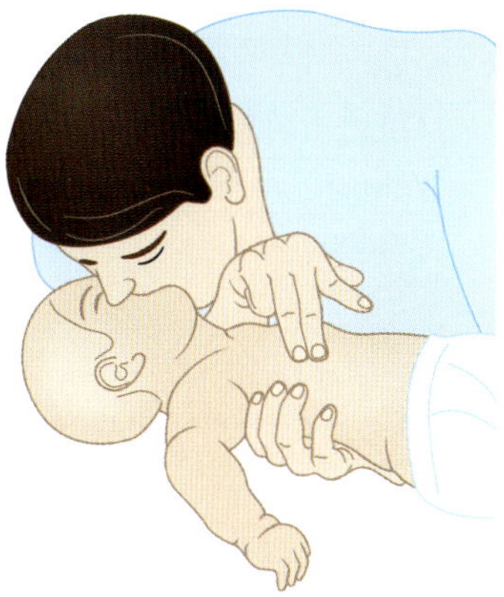

Zu erkennen ist die Basisreanimation eines Säuglings mit der sogenannten Ein-Helfer-Methode. Hierbei ist zu erkennen, dass der Säugling auf dem Unterarm des Helfers gelagert ist und dass die Kompressionen mittels zwei Fingern erfolgen. Diese Methode findet im Rettungsdienst in der Regel keine Anwendung. Stattdessen wird mit der Zwei-Helfer-Methode gearbeitet. Bei dieser wird der Thorax des Säuglings von einem Helfer umfasst und mithilfe der Daumen komprimiert. Nach 15 Kompressionen erfolgen 2 Beatmungen durch den zweiten Helfer. Die Beatmungen erfolgen außerdem sowohl aus hygienischen als auch aus Gründen der Effektivität mit einem Beatmungsbeutel.

Lösungen

11. Richtig oder falsch?

	Richtig	Falsch
Als Neugeborene gelten alle Kinder, die weniger als 4 Tage alt sind.		✗
Die Reanimationsmaßnahmen sollten bei einer Herzfrequenz von weniger als 60/Min. begonnen werden.	✓	
Initial sollten bei einem reanimationspflichtigen Neugeborenen laut ERC 5 Initialbeatmungen erfolgen.	✓	
Die Reanimation von Neugeborenen wird im Verhältnis von 3:1 durchgeführt.	✓	
Der Wärmeerhalt nach Wiedereintreten eines Spontankreislaufes spielt bei Neugeborenen, wie bei allen Reanimationen, eine untergeordnete Rolle.		✗

Kapitel 9 – Schock

1. Definieren Sie den Begriff „Schock".

Ein Schock ist eine generalisierte Diskrepanz zwischen dem Sauerstoffangebot an den Organismus und dessen Sauerstoffbedarf.

2. Benennen Sie die verschiedenen Schockstadien und ordnen Sie die entsprechenden Symptome zu.

Ischämie der Kapillargefäße – Kalte, feuchte Marmorierung der Haut – Koma – Periphere Zyanose – Durstgefühl – Müdigkeit – Azidose im Kapillargebiet – Zunahme der Atemfrequenz – Kaltschweißigkeit – Abfall der Körperkerntemperatur – Mäßiger Blutdruckabfall - Bradypnoe

Symptome im Schock

Stadium I: Kompensierter Schock	Stadium II: Dekompensierter Schock	Stadium III: Irreversibler Schock
Durstgefühl	Ischämie der Kapillargefäße	Koma
Müdigkeit	Periphere Zyanose	Abfall der Körperkerntemperatur
Zunahme der Atemfrequenz	Azidose im Kapillargebiet	Kalte, feuchte Marmorierung der Haut
Mäßiger Blutdruckabfall	Kaltschweißigkeit	Bradypnoe

3. Erläutern Sie das wesentliche Therapieziel der Schockbehandlung.

Das wesentliche Therapieziel bei der Schockbehandlung stellt die Reoxygenierung der unterversorgten Gewebe dar. Hierfür sind ein gesicherter Atemweg, eine angemessene Sauerstoffversorgung und eine ausreichende Blutzirkulation notwendig.

4. Erläutern Sie die dargestellte Maßnahme.

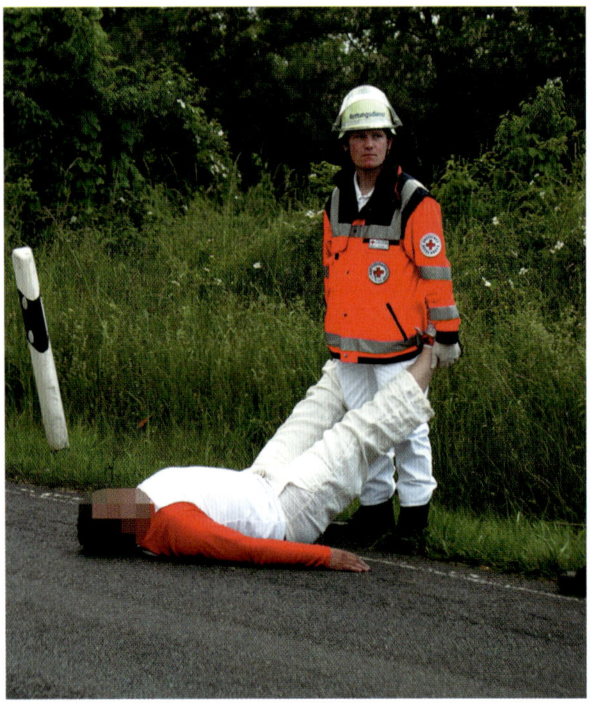

© Ralf Hettler, Aschaffenburg

In diesem Bild ist die Anwendung der sogenannten Schocklage zu sehen. Hierbei handelt es sich um eine einfache Maßnahme, um im Falle eines hypovolämischen Schocks auch ohne größere Hilfsmittel reagieren zu können. Ziel ist es, das Blut aus den Beinen in den Torso zurückfließen zu lassen, um eine ausreichende Organperfusion gewährleisten zu können. Bei Anwendung der Schocklage sollte jedoch immer an eine mögliche Wirbelsäulenverletzung gedacht werden, welche ein Anheben der Beine verbieten würde. Hier kann es hilfreich sein, den Patienten zuvor auf eine Schaufeltrage, o.ä. zu legen und ihn dann in eine achsengerechte Ganzkörperschräglage zu bringen.

Kapitel 9 – Schock

5. Nennen Sie mindestens 8 mögliche Ursachen für einen hypovolämischen Schock.

- Verbrennungen
- Offene Frakturen
- Durchfall/Erbrechen
- Flüssigkeitsverluste durch Schwitzen
- Bauchtraumen
- Amputationen
- Arterielle Verletzungen
- Gastrointestinale Blutungen

6. Vergleichen Sie den hypovolämischen Schock mit dem kardiogenen Schock.

Beim hypovolämischen Schock liegt ein Mangel an Blut oder Flüssigkeit vor. Dem Organismus fehlen dementsprechend Blutvolumen oder Sauerstoffträger (Erythrozyten). So kann der Sauerstoffbedarf des Organismus nur unzureichend gedeckt werden. Beim kardiogenen Schock hingegen ist das Flüssigkeitsvolumen normal oder sogar erhöht. Der Sauerstoffbedarf des Organismus kann hier durch eine Störung der kardialen Pumpfunktion nicht gedeckt werden. Es kommt bei erhaltenem Blutvolumen und vorhandenen Sauerstoffträgern zu einer Versorgungskrise.

7. Nennen Sie mindestens 6 mögliche Ursachen für einen kardiogenen Schock.

- Herzrhythmusstörungen
- Perikarderguss
- Herzklappenfehler
- Akutes Koronarsyndrom
- Kardiales Lungenödem
- Contusio cordis

8. Planen Sie Ihr Vorgehen.

Sie werden zu einem Haushaltsunfall gerufen. Eine Frau mittleren Alters ist durch eine Glasscheibe gestürzt und blutet nun stark an beiden Armen. Leichtere Schnittwunden hat sie im Gesicht. Die Patientin ist bewusstseinsgetrübt und atmet schnell.

Die Patientin ist vital gefährdet. Sie scheint sich bereits im dekompensierten Stadium eines hypovolämischen Schocks zu befinden. Oberste Priorität hat hier die Blutstillung mithilfe einer manuellen Kompression, eines Druckverbands oder einer Blutsperre. Zudem sollte ein Notarzt nachgefordert werden. Der Atemweg muss gesichert und eine Absaugbereitschaft herstellt werden (A), Sauerstoff sollte großzügig verabreicht werden, ggf. ist eine (assistierte) Beatmung durchzuführen (B). Die Anlage von großlumigen Venenzugängen und die Verabreichung von Infusionslösungen ermöglicht die Rückführung verlorener Flüssigkeit (C). Die Sauerstoffträger (Erythrozyten) können allerdings nur durch eine Bluttransfusion ersetzt werden, welche in Deutschland zumeist nur klinisch erfolgt. Hieraus folgt, dass ein zügiger Transport unter Voranmeldung durchgeführt werden sollte.

Kapitel 9 – Schock

9. Finden Sie 8 versteckte Begriffe.

Tipp: Sie alle haben etwas mit einer bestimmten Schockform zu tun.

L	R	U	Z	Z	G	**K**	J	N	B	J	Q	J	G	J	T	P	Q	A	V
B	V	U	X	S	L	**O**	S	H	R	N	**P**	**A**	**R**	**F**	**Ü**	**M**	K	U	F
P	K	J	A	R	W	**N**	**A**	**H**	**R**	**U**	**N**	**G**	**S**	**M**	**I**	**T**	**T**	**E**	**L**
O	D	Z	C	L	W	**S**	B	P	D	F	A	R	A	K	A	V	E	K	S
Y	T	B	V	E	G	**E**	L	Z	C	C	P	**T**	U	**M**	O	R	C	O	P
I	R	O	Y	C	P	**R**	V	R	B	**K**	K	**I**	D	**E**	O	C	E	Q	S
N	K	T	**R**	K	T	**V**	E	B	X	**O**	C	**E**	J	**D**	E	D	J	V	G
S	D	X	**E**	H	F	**I**	G	C	L	**N**	P	**R**	H	**I**	R	K	I	F	G
E	G	A	**I**	R	V	**E**	K	G	U	**T**	Q	**H**	B	**K**	A	D	K	Y	T
K	Q	I	**N**	O	M	**R**	V	L	W	**R**	P	**A**	M	**A**	R	H	Q	S	D
T	C	L	**I**	G	Z	**U**	X	S	Y	**A**	U	**A**	W	**M**	W	S	J	Y	X
E	R	J	**G**	S	T	**N**	E	S	X	**S**	Q	**R**	U	**E**	H	I	S	D	M
N	C	H	**E**	V	Y	**G**	J	R	F	**T**	Q	**E**	C	**N**	G	J	N	C	E
G	D	D	**R**	P	C	**S**	H	J	T	**M**	X	W	Y	**T**	P	B	W	L	D
I	R	P	U	T	D	**M**	C	L	G	**I**	S	W	Y	**E**	Y	S	I	W	S
F	R	R	F	D	J	**I**	S	E	I	**T**	G	V	C	K	T	Y	L	W	V
T	W	R	T	N	W	**T**	D	R	C	**T**	P	D	C	L	E	U	D	A	Z
E	X	X	Y	U	V	**T**	O	P	B	**E**	G	V	E	K	K	H	B	L	T
B	N	V	C	I	D	**E**	M	J	H	**L**	E	X	H	K	S	I	H	G	A
P	D	R	M	R	E	**L**	Z	X	E	D	L	W	H	R	P	J	H	U	O

10. Erläutern Sie den septischen Schock.

Der Schock stellt grundsätzlich ein Verteilungsproblem von Sauerstoff im Organismus dar. Dies kann, wie etwa im Fall eines hypovolämischen Schocks, an einem Mangel an Flüssigkeit liegen oder aber an einem zu großen Verteilungsraum. Im Falle des septischen Schocks werden die Blutgefäße durch Entzündungsmediatoren weit gestellt, was zu einem Versacken des Blutes in den peripheren Blutgefäßen führt. Dem Organismus ist es damit nicht mehr möglich, einen angemessenen Blutdruck aufzubauen, um die inneren Organe zu versorgen. Es kommt zu einem Sauerstoffmangel im Gewebe. Einer Sepsis liegt zumeist ein bakterieller Infekt zu Grunde.

11. Richtig oder falsch?

	Richtig	Falsch
Ursachen für einen neurogenen Schock sind Schäden am Parasympathikus.		✗
Die Gefäßwandspannung lässt nach, dadurch versackt das Blut in die peripheren Blutgefäße.	✓	
Beispiele hierfür könnten sein: Meningitis, Schädel-Hirn-Trauma, Wirbelsäulenverletzung.	✓	
Der neurogene Schock stellt die zeitkritischste Schockform dar. Der Patiententransport sollte äußerst zügig erfolgen.		✗
Ein Wärmeerhalt sollte in diesem Falle ausdrücklich nicht erfolgen, da die Patienten durch das warme Blut in den peripheren Blutgefäßen oftmals eine erhöhte Temperatur aufweisen.		✗

Kapitel 10 – Medikamenten-Applikation

1. Nennen Sie mindestens 8 verschiedene Applikationsformen für Medikamente.

- Intraossär
- Subkutan
- Sublingual
- Intranasal
- Intravenös
- Oral
- Endobronchial
- Intramuskulär

2. Beschreiben Sie Situationen, in denen oftmals eine rektale Gabe eines Medikaments erfolgt.

Rektale Medikamentengaben erfolgen oft bei Kindern. So zum Beispiel im Rahmen von Fieber (Paracetamol), einem Pseudokrupp-Anfall (Prednisolon) oder Krampfanfällen (Diazepam). Der Vorteil einer rektalen Gabe ist der, dass unmittelbar kein Venenzugang angelegt werden muss, was bei Kindern häufig nur schwer durchführbar ist.

3. Erläutern Sie die Funktionsweise eines MAD.

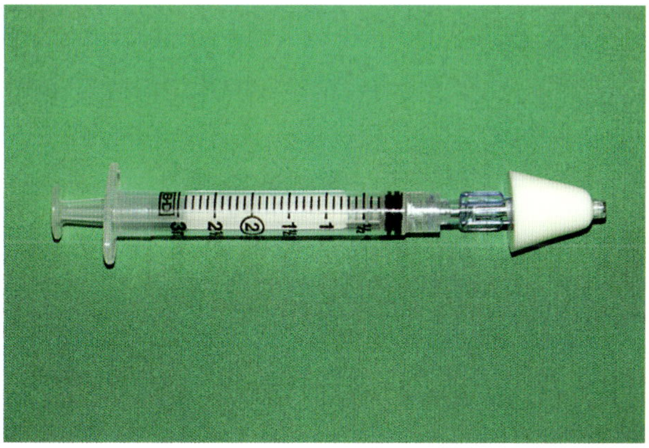

© A. Lobmüller, Würzburg

MAD steht für „mucosal atomization device". Hierbei handelt es sich um einen Aufsatz für Luer-Lock-Spritzen, der aus zwei Elementen besteht. Zum einen ist der MAD mit einer Schaumstoffspitze versehen, die passgenau für Nasenlöcher geformt ist. Zum anderen ist er im inneren mit einem feinen Sieb ausgestattet, das in der Lage ist, die Flüssigkeit aus der Spritze mit einem entsprechenden Druck zu einem feinen Nebel zu zerstäuben. Hierdurch können die Medikamente auf die Nasenschleimhaut eines Patienten aufgebracht werden. Dies ermöglicht es dem behandelnden Personal, auch dort Medikamente zu verabreichen, wo die Anlage eines Venenzugangs erschwert ist. So zum Beispiel im Rahmen eines Krampfanfalls.

4. Richtig oder falsch?

	Richtig	Falsch
Die meisten Ampullen auf dem Markt werden mit einer Ampullensäge geliefert.		✗
Beim Aufbrechen von Ampullen sollte immer ein Tupfer verwendet werden, um Verletzungen zu vermeiden.	✓	
Medikamente mit einer milchähnlichen Konsistenz sind oftmals auf Sojabasis. Dies sollte bei Allergikern berücksichtigt werden.	✓	
Stechampullen weisen an ihrer oberen Seite einen Gummistopfen auf, der mit einer Kanüle durchstoßen werden kann.	✓	
Stechampullen enthalten immer Trockensubstanzen, die mit Flüssigkeit aufgelöst werden müssen, da diese ansonsten den Gummistopfen anlösen könnte.		✗

5. Nennen Sie mindestens 4 Grundsätze, die im Umgang mit sterilen Einmalartikeln gelten.

- Vor Gebraucht auf Haltbarkeit prüfen
- Vor Gebrauch Unversehrtheit der Verpackung prüfen
- So verwenden, dass die Sterilität gewahrt wird
- Fachgerechte Entsorgung

6. Ergänzen Sie den Text.

Luer-Lock-Anschluss – Verschlussrädchen – Infusionssystem – Schutzkappe – Einstichstelle – Infusionsdorns – Tropfkammer – steril

Zunächst sollte die Infusion ausgepackt und die Schutzkappe der Einstichstelle für das Infusionssystem entfernt werden. Dabei muss unbedingt darauf geachtet werden, dass diese steril bleibt. Nun sollte das Infusionssystem vorsichtig ausgepackt werden und das Verschlussrädchen zugedreht werden. Nun muss die Schutzkappe des Infusionsdorns entfernt werden, damit er in die Einstichstelle am Infusionssystem gesteckt werden kann. Die Tropfkammer wird durch Zusammendrücken bis zur Markierung gefüllt. Danach wird das Infusionssystem entlüftet, indem das Verschlussrädchen geöffnet wird. Nun kann die Infusion verwendet werden. Es ist allerdings darauf zu achten, dass die Verschlusskappe am Luer-Lock-Anschluss erst entfernt wird, wenn die Infusion an die Venenverweilkanüle angebracht wird.

7. Bringen Sie die Bilder in die richtige Reihenfolge.

Tipp: Es handelt sich um die Vorbereitung eines Medikaments.

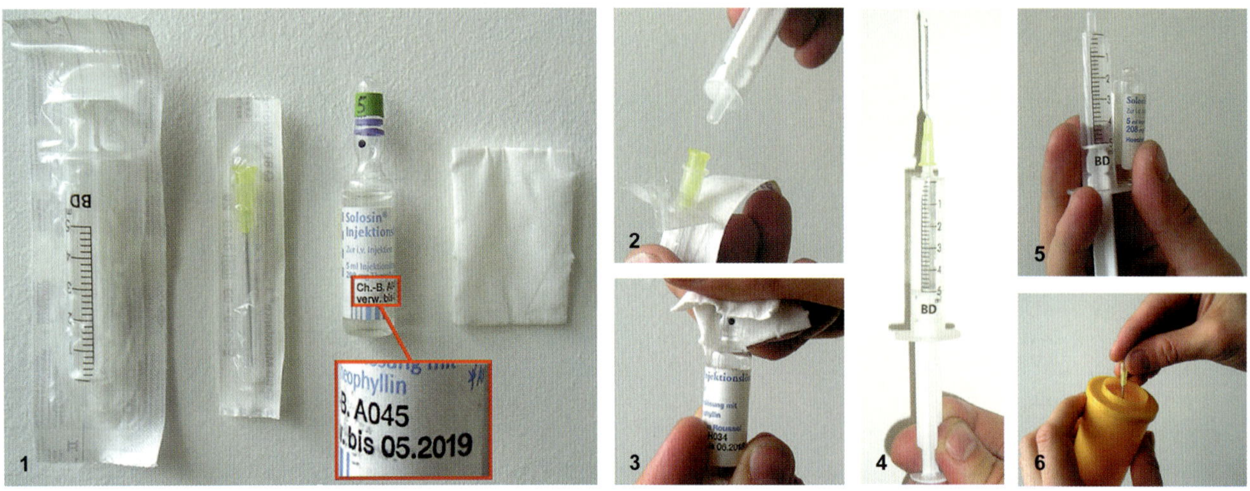

© A. Lobmüller, Würzburg

Die Arbeitsschritte 2 und 3, sowie die Arbeitsschritte 5 und 6 können natürlich auch ausgetauscht sein.

8. Planen Sie Ihr Vorgehen.

Sie haben sich bei der Vorbereitung eines Medikaments an einer Kanüle gestochen. Wie verfahren Sie weiter?

Zunächst ist hierbei wichtig, ob es sich um eine mit Blut oder anderen Körperflüssigkeiten kontaminierte Kanüle gehandelt hat. Dies ist im geschilderten Falle sehr unwahrscheinlich. Überprüfen Sie, ob Sie stark bluten und verwerfen Sie das Medikament. Sie sollten nun Ihre Wunde versorgen und Ihr Team darauf aufmerksam machen, dass ein anderer die Vorbereitung des Medikaments übernehmen muss. Desinfizieren Sie die Wunde und nutzen Sie ein Pflaster. Nachdem Sie neue Handschuhe angezogen haben, sind Sie wieder einsatzbereit. Denken Sie nach dem Einsatz auch bei kleinen Verletzungen unbedingt an einen Eintrag im Verbandbuch.

9. Nennen Sie das für die Anlage eines Venenkatheters erforderliche Material.

- Schutzhandschuhe
- Desinfektionsmittel
- Tupfer
- Infusionslösung
- Infusionssystem
- Stauband
- Venenverweilkanüle
- Kanülenabwurfbehälter
- Fixierpflaster
- Pflasterrolle
- ggf. Drei-Wege-Hahn
- ggf. Fixierbinde oder Armschiene

10. Richtig oder falsch?

	Richtig	Falsch
Die Punktion einer Vene stellt eine Körperverletzung dar und bedarf im Regelfall der ausdrücklichen Einwilligung des Patienten.	✓	
Der Punktionsort sollte zunächst möglichst weit weg vom Körperstamm liegen.	✓	
Das Stauband sollte einen Druck aufbauen, der über dem systolischen Blutdruckwert liegt.		✗
Bei der Punktion sollte die Haut gespannt werden, um die Vene auf diese Weise etwas zu fixieren.	✓	
Eine Rücklaufprobe ist nicht erforderlich, wenn die Infusion problemlos in die Vene einläuft.		✗

11. Erläutern Sie, was Sie auf der Abbildung erkennen.

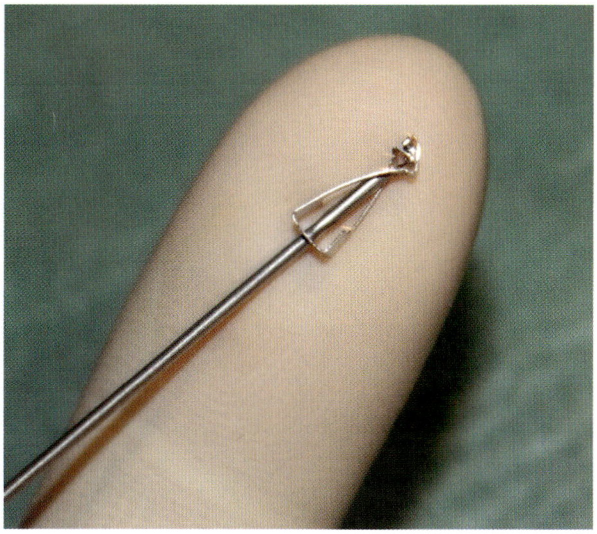

© A. Lobmüller, Würzburg

Auf der Abbildung ist der Metallmandrain einer Venenverweilkanüle zu erkennen. Bei neueren Kanülen klappt bei Entfernen des Mandrains aus dem Plastikschlauch der Venenverweilkanüle ein Sicherheitsclip über die Kanülenspitze. Auf diese Weise werden Verletzungen mit kontaminierten Venenverweilkanülen vermindert. Dennoch darf mit einem Mandrain oder anderen Kanülen niemals quer durch die Einsatzstelle gelaufen werden. Der Abwurfbehälter muss stets zur Nadel geführt werden. Nur so kann das Verletzungsrisiko auf ein Minimum beschränkt werden.

12. Planen Sie Ihr Vorgehen.

Ihnen fällt auf, dass das Gewebe um eine liegende Venenverweilkanüle anschwillt. Auch läuft die Infusion nicht mehr.

Es ist sehr wahrscheinlich, dass die Kanüle die Vene durchstochen hat und die Infusionslösung ins Gewebe gelaufen ist. In diesem Falle sollten Sie den behandelnden Notarzt oder Notfallsanitäter auf diesen Umstand aufmerksam machen. Die Infusion sollte abgestellt werden. Die Venenverweilkanüle sollte im Regelfall entfernt werden. Einige Medikamente sind jedoch schädlich, wenn sie ins Gewebe außerhalb der Blutgefäße gelangen. Insofern kann es sein, dass Ihr Einsatzleiter entscheidet, die Verweilkanüle im Gewebe zu belassen, um weitere Maßnahmen durchzuführen. Abhängig vom Patientenzustand muss ggf. eine erneute Venenpunktion durchgeführt werden. Diese sollten Sie vorbereiten.

Kapitel 11 – Pharmakologie

1. Finden Sie 10 versteckte Begriffe.

Tipp: Sie alle sind wichtig für das Verständnis der Funktionsweise von Medikamenten.

D	C	A	C	O	I	Z	I	K	W	Q	Y	T	O	F	Z	R	V	S	J
X	J	J	C	B	T	H	A	S	I	O	W	Y	D	F	O	E	C	U	V
Z	Y	Y	E	U	O	W	W	V	R	Z	E	C	I	I	H	S	Z	U	T
V	D	G	X	K	H	I	J	X	K	D	C	Y	L	U	Y	O	X	Y	R
N	E	E	Q	Y	F	N	N	I	E	I	H	P	I	X	T	R	K	K	D
N	F	D	R	N	W	G	F	N	I	Q	S	Q	Y	W	W	P	E	O	Q
H	R	U	U	H	I	N	A	D	N	Q	E	X	S	N	F	T	H	N	H
Z	W	P	H	G	R	D	P	I	T	Y	L	X	S	T	S	I	H	T	T
N	O	W	Q	M	K	S	P	K	R	S	W	K	N	H	B	O	G	R	S
C	U	S	H	Y	U	I	L	A	I	N	I	E	T	D	I	N	D	A	Y
S	A	N	R	R	N	I	I	T	T	Q	R	K	H	P	Q	L	X	I	E
C	N	B	J	R	G	V	K	I	T	F	K	V	J	H	A	Q	B	N	D
X	T	T	D	G	R	F	A	O	I	X	U	V	W	N	W	B	J	D	F
G	I	V	V	W	E	F	T	N	C	F	N	O	S	N	J	Y	N	I	L
W	D	L	K	E	N	P	I	M	S	F	G	X	F	M	G	Q	P	K	U
F	O	U	V	E	A	I	O	Q	C	Z	Q	I	Z	W	I	Q	F	A	U
B	T	N	G	U	E	S	N	S	Y	F	L	B	G	W	J	U	X	T	O
B	P	W	T	C	F	U	M	L	Z	W	T	F	C	Q	O	M	H	I	C
B	M	E	T	A	B	O	L	I	S	I	E	R	U	N	G	V	L	O	V
X	C	C	V	O	V	G	W	W	I	R	K	D	A	U	E	R	D	N	D

2. Richtig oder falsch?

	Richtig	Falsch
Wird ein Medikament oral appliziert, wird es vom Pankreas resorbiert und ins Blut der Pfortader überführt.		✗
Hier wird es zur Leber transportiert, die als Filter fungiert und einen Teil des Medikaments bereits jetzt inaktiviert oder abschwächt.	✓	
Nun wird es im Körper verteilt und entfaltet seine Wirkungen im Gehirn, welches als oberstes Steuerungszentrum eine vermittelnde Funktion ausübt.		✗
Im weiteren Verlauf durchläuft der Wirkstoff noch mehrfach die Leber und wird hier zunehmend verstoffwechselt.	✓	
Ausgeschieden wird das Medikament letztendlich über den Darm oder die Nebennieren.		✗

3. Nennen Sie die „8 großen Rs", die bei Medikamentengaben berücksichtigt werden müssen.

- Richtiges Medikament
- Richtiger Patient
- Richtige Dosierung
- Richtige Verdünnung
- Richtige Applikationsart
- Richtig gelagert
- Richtige Medikamententemperatur
- Richtig vorbereitet

Lösungen

4. Nennen Sie mindestens 5 im Rettungsdienst verfügbare Schmerzmittel.

- ASS (wird rettungsdienstlich nur zur Thrombozytenaggregationshemmung eingesetzt)
- Novalminsulfon
- Ketamin
- Morphin
- Fentanyl

5. Nennen Sie 3 Kontraindikationen für Nitroglyzerin-Spray.

- Einnahme von potenzsteigernden Mitteln (PDE-5-Hemmer), die mehr als 48 Stunden zurückliegt (je nach Präparat ggf. auch länger)
- Hypotonie
- Rechtsherzinfarkt

6. Erläutern Sie die Wirkungsweise von Adrenalin.

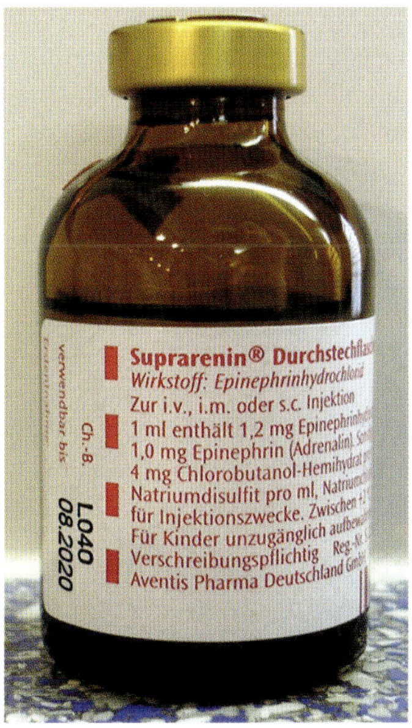

© A. Lobmüller, Würzburg

Adrenalin wirkt als das stärkste Katecholamin an den sympathischen Alpha- und Beta-Rezeptoren des Herzkreislauf-Systems. Über die $ß_1$-Rezeptoren, welche sich vornehmlich am Herzen befinden, werden Herzschlag, Herzkraft und Reizweiterleitung erhöht. Über die $ß_2$-Rezeptoren werden die Bronchien geweitet und der Blutzuckerspiegel erhöht. Über α_1-Rezeptoren werden die Blutgefäße verengt, was den Blutdruck erhöht.
All diese Wirkungen machen es zu einem gut geeigneten Medikament im Rahmen der kardiopulmonalen Reanimation.

7. Richtig oder falsch?

	Richtig	Falsch
Salbutamol wirkt als Sympathomimetikum weitend auf die Bronchien und ist somit gut im Rahmen eines Bronchospamus einsetzbar.	✓	
Es wird als Inhalationslösung angeboten, die über eine Verneblermaske verabreicht werden kann.	✓	
Verneblermasken sollten lediglich mit einem O_2-Flow von unter 4l/Min. betrieben werden, da es ansonsten zum Verspritzen der Inhalationslösung kommt.		✗
Salbutamol wirkt auch beschleunigend auf die Herzfrequenz und sollte somit nicht bei massiven Tachykardien eingesetzt werden.	✓	
Die Hauptnebenwirkung ist eine Verengung der Pupille, die mit einer leichten Sehunschärfe einhergeht.		✗

Kapitel 12 – Airwaymanagement und Anästhesie

1. Nennen Sie 3 Schutzreflexe, die einen freien Atemweg gewährleisten sollen.

- Hustenreflex
- Niesreflex (Nasenwege)
- Schluckreflex

2. Unterscheiden Sie „freimachen" und „freihalten" der Atemwege.

Beim Freimachen der Atemwege wird mittels manueller Techniken, wie dem Ausräumen des Mund-Rachen-Raums, oder durch den Einsatz von Hilfsmitteln, wie etwa einer Absaugpumpe, ein verlegter Atemweg von einem Hindernis befreit. Dieses umfasst dabei sowohl Fremdkörper als auch Strukturen wie den Zungengrund, die bei tiefer Bewusstlosigkeit eine Atemwegsverlegung herbeiführen können.
Das Freihalten der Atemwege, soll die Atemwege vor einer erneuten Verlegung schützen. So können auch hier manuelle Techniken, wie etwa der Esmarch-Handgriff oder die stabile Seitenlage, erfolgen. Aber auch Hilfsmittel können eingesetzt werden. So zum Beispiel ein Einlage von Pharyngealtuben oder die endotracheale Intubation.

3. Erläutern Sie die Einsatzzwecke der beiden abgebildeten Hilfsmittel.

© Eckhard Weimer, Würselen

Abgebildet sind links ein Guedel- und rechts ein Wendel-Tubus. Beide stellen pharyngeale Atemwegshilfen dar. Der Guedeltubus wird in den Mund eingeführt und ist somit also eine oropharyngeale Atemwegshilfe. Der Wendel-Tubus wird in die Nase eingeführt. Er stellt eine nasopharyngeale Atemwegshilfe dar. Beide Tuben dienen dem Freihalten der Atemwege. Sie bieten im Gegensatz zu Endotrachealtuben keinen sicheren Aspirationsschutz. Bei beiden Tuben ist das korrekte Ausmessen und Auswählen der richtigen Größe von entscheidender Bedeutung. Schlimmstenfalls kommt es, insbesondere beim Guedel-Tubus, bei falscher Größenwahl, zu einer Verlegung der Atemwege des Patienten.

4. Ergänzen Sie den Text.

Cuffdruckmesser – Larynxtubus – Lunge – Cuffs – Patienten – pharyngealen – Larynxmaske – Aspirationsschutz – Beatmung – SGAs – Atemweg

Supraglottische Atemwegshilfen (SGAs) stellen einen Kompromiss zwischen pharyngealen Atemwegshilfen und Endotrachealtuben dar. Auch sie sind dafür konzipiert, den Atemweg des Patienten offen zu halten, ermöglichen aber im Gegensatz zu den pharyngealen Atemwegshilfen eine Beatmung direkt über die Atemwegshilfe. Sie kommen entweder auf dem Kehlkopf (Larynxmaske) oder in der Speiseröhre (Larynxtubus) zum Liegen und ermöglichen so eine Ventilation der Lunge. Ähnlich einem Endotrachealtubus verfügen auch die meisten SGAs über blockbare Cuffs. Diese verschließen allerdings nicht die Luftröhre, so dass kein absoluter Aspirationsschutz gewährleistet ist. Dennoch müssen auch hier die Cuffdrücke mit einem Cuffdruckmesser überprüft werden.

5. Nennen Sie je 3 Vor- und Nachteile einer endotrachealen Intubation gegenüber einer supraglottischen Atemwegshilfe.

Vorteile	Nachteile
• Sicherer Aspirationsschutz	• Fehlintubationsrate hoch
• Beatmen mit hohen Drücken möglich	• Maßnahme benötigt ggf. mehr Zeit
• Tracheale Absaugmöglichkeit	• Nur erschwert während CPR möglich

6. Nennen Sie das für eine Intubation im Rettungsdienst mindestens benötigte Material.

- Schutzhandschuhe
- Endotrachaeltubus in gewünschter Größe
- Führungsstab
- Laryngoskopgriff
- Laryngoskopspatel in gewünschter Größe und Ausführung
- Blockerspritze
- Beatmungsbeutel
- Stethoskop
- Fixiermaterial
- Magill-Zange
- Absaugpumpe
- Absaugkatheter in gewünschter Größe und Ausführung

7. Beschriften Sie die Abbildung.

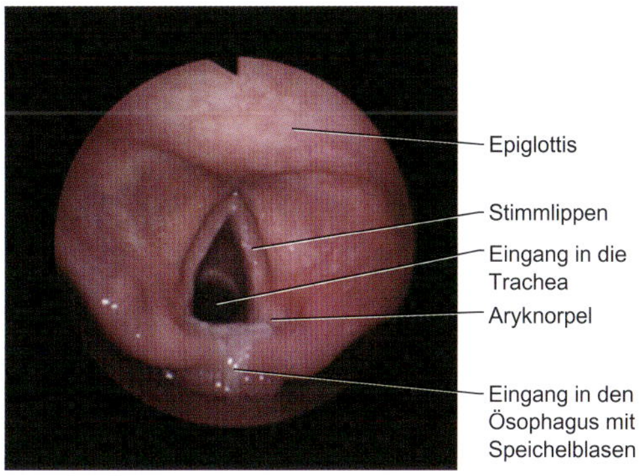

© PD Dr. G. Engel, Ingolstadt

8. Richtig oder falsch?

	Richtig	Falsch
Vor der Intubation müssen alle benötigten Materialien hergerichtet und auf ihre Funktion überprüft worden sein.	✓	
Grundsätzlich sollte es vermieden werden, im RTW zu intubieren, da hier durch den Platzmangel die Komplikationsrate höher ist.		✗
Der Patient sollte vor der Intubation monitorüberwacht und optimal gelagert werden.	✓	
Der Intubierende hält das Laryngoskop in der linken Hand, der Tubus wird ihm in die rechte Hand gegeben.	✓	
Die Lagekontrolle des Tubus ist erfolgt, wenn er durch die Atemluft des Patienten sichtlich beschlägt.		✗

Kapitel 12 – Airwaymanagement und Anästhesie

9. Definieren Sie den Begriff „Narkose".

Eine Narkose, auch Anästhesie, ist das Ausschalten von Bewusstsein, Schmerz und Abwehrreaktionen des Patienten. Eine Narkose ist ein schlafähnlicher Zustand, der in seiner Tiefe variieren kann.

10. Nennen Sie die 4 Säulen einer Narkose (Narkosequalitäten).

- Analgesie
- Hypnose
- Relaxierung
- Vegetative Dämpfung

11. Nennen Sie mindestens 6 Narkoseanlässe im Rettungsdienst.

- Stärkste Schmerzen
- Kardiogener Schock
- Inhalationstrauma
- Schweres Schädel-Hirn-Trauma
- Polytrauma
- Zustand nach erfolgreicher Reanimation

12. Finden Sie 8 versteckte Begriffe.

Tipp: Alle Begriffe drehen sich um die Beatmung im Rettungsdienst.

X	S	J	J	C	W	X	D	C	J	Q	E	R	N	N	P	V	I	C
A	S	B	E	A	T	M	U	N	G	S	D	R	U	C	K	C	I	C
T	X	U	T	I	B	U	H	E	I	G	E	N	A	T	M	U	N	G
E	D	R	K	Z	P	O	I	Q	W	I	S	E	M	B	I	D	T	F
M	J	A	T	E	M	F	R	E	Q	U	E	N	Z	T	F	L	I	C
M	D	Q	K	J	R	K	S	I	H	B	V	Q	P	Q	H	G	D	R
I	D	U	O	J	U	O	I	T	U	V	T	X	E	V	N	C	A	G
N	V	O	A	S	K	N	K	W	G	J	L	R	E	Y	L	E	L	L
U	P	A	S	E	J	T	W	K	T	V	T	B	P	G	H	F	V	C
T	X	N	S	M	P	R	A	H	H	K	W	I	U	M	O	F	O	K
E	L	N	I	N	T	O	U	I	J	O	E	V	B	M	L	Y	L	J
N	F	J	S	I	F	L	K	I	J	G	S	D	J	A	F	M	U	Z
V	Y	U	T	R	X	L	E	H	O	U	W	T	G	G	M	O	M	B
O	W	I	I	F	V	I	I	P	F	I	S	K	U	R	Q	W	E	B
L	M	Y	E	Y	C	E	D	G	A	U	Y	O	K	V	R	T	N	Z
U	L	W	R	J	K	R	G	G	V	T	C	C	R	G	B	F	N	Y
M	H	T	T	G	H	T	K	I	P	O	O	L	Y	M	W	Y	V	R
E	O	Q	G	T	V	B	B	N	Z	Z	F	B	G	X	T	Q	G	V
N	G	C	O	X	H	G	D	X	Q	U	Q	R	B	C	R	T	T	F

Kapitel 13 – Kardiozirkulatorische Notfälle

1. Sortieren Sie die Begriffe.

Aszites – Lungenödem – Zyanose – Nykturie – Herzvergrößerung – Gestaute Halsvenen – Leistungsminderung – Dyspnoe – Pleuraerguss – Beinödeme

Symptome der Herzinsuffizienz

Linksherzinsuffizienz	Rechtsherzinsuffizienz	Gemeinsame Symptome
• Lungenödem • Zyanose • Dyspnoe	• Aszites • Gestaute Halsvenen • Beinödeme	• Nykturie • Herzvergrößerung • Leistungsminderung • Pleuraerguss

2. Nennen Sie mindestens 5 Risikofaktoren für die Ausbildung einer Ateriosklerose.

- Rauchen
- Bewegungsmangel
- Genetische Faktoren
- Erhöhte Blutfettwerte
- Diabetes mellitus

3. Unterscheiden Sie die koronare Herzkrankheit (KHK) vom akuten Koronarsyndrom (ACS).

Bei der KHK handelt es sich um eine chronische und zumeist fortschreitende Erkrankung. Dabei sind die Herzkranzgefäße durch pathologische Prozesse verengt. Dies führt zu einer schleichenden Unterversorgung der Herzmuskulatur, die sich erst spät bemerkbar machen kann. Oftmals treten erst Symptome unter (starker) Belastung auf. Beim ACS handelt es sich zum einen um einen akuten Zustand und zum anderen nicht um ein einheitliches Krankheitsbild, sondern um einen Symptomkomplex. Dies bedeutet, dass einem ACS verschiedene Erkrankungen zu Grunde liegen können, die sich allerdings alle ähnlich, vor allem in Form von retrosternalen Schmerzen, äußern. Eine KHK selbst ist im Gegensatz zu einem ACS, welches durch eine KHK ausgelöst worden sein kann, in erster Linie kein rettungsdienstliches Erkrankungsbild.

4. Nennen Sie mindestens 6 Symptome eines akuten Koronarsyndroms.

- Brustschmerz, ggf. mit Ausstrahlung
- Übelkeit und Erbrechen
- Dyspnoe
- Todesangst
- Vernichtungsgefühl
- Kaltschweißige Haut

5. Unterscheiden Sie die stabile Angina pectoris, die instabile Angina pectoris und die Prinzmetal-Angina.

Alle drei Formen weisen das Leitsymptom des Brustschmerzes, bzw. eines Beklemmungsgefühls in der Brust auf. Bei allen Formen liegt kein Myokardinfarkt vor. Die stabile Angina pectoris ist gekennzeichnet durch bekannte, wiederkehrende Beschwerden bei bestimmten Belastungen. Treten die Symptome erstmalig auf oder werden stärker als gewohnt, wird von einer instabilen Angina pectoris gesprochen. Eine Prinzmetal-Angina stellt eine Sonderform dar. Bei ihr kann man EKG-Veränderungen beobachten, die durch Gefäßkrämpfe am Herzen ausgelöst werden. Diese sind allerdings reversibel. Es liegt auch hier kein thrombusbedingter Myokardinfarkt vor.

Kapitel 13 – Kardiozirkulatorische Notfälle

6. Finden Sie 10 versteckte Begriffe.

Tipp: Sie alle drehen sich um entzündliche Prozesse am Herzen.

H	L	G	U	S	U	M	V	F	K	Y	W	K	M	Z	R	A	R	O	K	O
E	K	I	R	B	A	J	W	X	Y	E	R	G	H	E	X	W	U	M	N	W
N	E	G	S	Y	R	M	Y	J	V	Q	M	J	X	F	D	Z	M	R	J	K
E	H	E	R	Z	B	E	U	T	E	L	T	A	M	P	O	N	A	G	E	J
Z	D	X	O	Q	Y	F	G	J	W	A	O	S	H	N	T	I	D	Z	S	K
Q	U	S	H	K	J	V	P	E	R	I	K	A	R	D	I	T	I	S	M	G
J	T	N	N	L	M	T	O	Z	T	I	X	N	F	I	B	P	Z	F	E	A
P	G	K	S	P	J	J	Y	M	A	I	D	K	P	E	Q	C	S	V	Z	S
U	M	J	I	J	K	H	W	I	Y	C	D	B	X	M	V	P	Q	D	M	S
H	E	R	Z	R	Y	H	T	H	M	U	S	S	T	Ö	R	U	N	G	E	N
B	P	F	W	E	Y	M	T	A	M	Y	O	K	A	R	D	I	T	I	S	Q
D	E	K	Y	F	K	P	E	C	J	U	L	V	S	U	Q	J	W	D	X	U
V	E	B	X	S	E	S	O	R	V	D	M	J	T	G	S	M	Q	R	E	Q
Y	M	P	C	Y	P	W	O	V	G	D	U	Y	Z	V	J	V	O	V	P	S
W	U	E	I	K	E	B	Q	F	X	T	Y	L	N	D	O	E	I	L	F	K
D	F	H	V	I	R	E	N	B	T	A	N	G	S	T	E	A	J	J	I	M
U	S	T	R	E	P	T	O	K	O	K	K	E	N	T	G	D	I	P	E	E
C	N	J	U	Q	Q	S	Q	O	S	H	R	T	X	E	W	N	M	F	B	V
V	D	E	N	D	O	K	A	R	D	I	T	I	S	T	W	M	O	B	E	O
C	R	Y	O	O	P	G	T	P	V	F	Q	N	O	M	U	G	C	T	R	I
E	E	H	E	R	Z	I	N	S	U	F	F	I	Z	I	E	N	Z	V	R	D

7. Ergänzen Sie den Text.

Auswurf – Alveolen – Lungenkreislauf – Ödem – Herzinsuffizienz – Atemluft – Konsistenz – Dyspnoe – kardialen – Notfall – Blut

Beim kardialen Lungenödem handelt es sich um einen bedrohlichen Notfall. Es entsteht als Folge einer Herzinsuffizienz und kommt zustande, indem sich das Blut im Lungenkreislauf staut. Es kommt zu einem allmählichen Übertritt von Flüssigkeit in die Alveolen. Hier nimmt diese durch den Kontakt mit der strömenden Atemluft eine schaumige Konsistenz an. Das Ödem beeinträchtigt den Gasaustausch in der Lunge und führt dementsprechend zu einer ausgeprägten Dyspnoe. Oftmals werden die Patienten zyanotisch und weisen eine Orthopnoe auf. Auch kann manchmal ein fleischwasserfarbener Auswurf beobachtet werden.

8. Erläutern Sie grob, was in diesem EKG-Ausdruck zu erkennen ist.

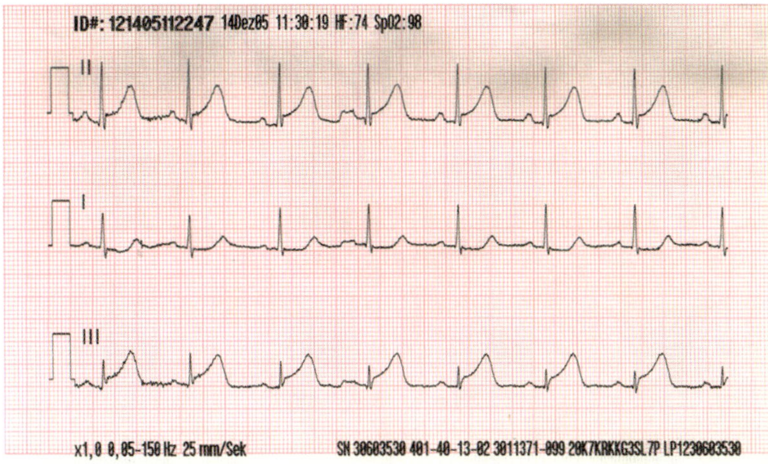

© A. Lobmüller, Würzburg

In der Abbildung ist eine Veränderung des EKGs zu erkennen, die für einen sogenannten STEMI (ST-Hebungsinfarkt) typisch ist. Die T-Welle ist in Ableitung III erhöht und die ST-Strecke bäumt sich sowohl in Ableitung II als auch in Ableitung III auf. Der Patient befindet sich in einem lebensbedrohlichen Zustand.

9. Planen Sie Ihr Vorgehen.

Sie werden zu Herrn Kampmann gerufen. Er habe seit etwa 3 Stunden ein Druckgefühl im Brustkorb und ihm sei nun auch stark schwindelig. Der mitalarmierte Notarzt ist noch auf der Anfahrt. Ihr Teamleiter äußert laut die Verdachtsdiagnose eines akuten Koronarsyndroms.

Der Patient befindet sich in Lebensgefahr. Der Schwindel ist ein Anzeichen für eine mangelnde Durchblutung des Gehirns, welche aufgrund von Herzrhythmusstörungen oder einer Herzmuskelschwäche bedingt sein könnte. Sie sollten in diesem Falle unbedingt ein vollständiges Monitoring und einen intravenösen Zugang sowie eine Infusionslösung vorbereiten. Sauerstoff sollte nach Bedarf verabreicht werden. Auch sollten Medikamente vorbereitet werden. Im Regelfall erfolgt schon früh die Gabe von Nitroglyzerin-Spray, ASS und Heparin.

10. Richtig oder falsch?

	Richtig	Falsch
Ein hoher Blutdruck sollte im Rettungsdienst stets auf normale Blutdruckwerte gesenkt werden.		✗
Ein hoher Blutdruck sollte im Rettungsdienst nur dann auf normale Blutdruckwerte gesenkt werden, wenn der Patient bestimmte Symptome hat.		✗
Ein hoher Blutdruck sollte im Rettungsdienst nur dann leicht gesenkt werden, wenn der Patient bestimmte Symptome hat.	✓	
Besteht der Verdacht auf einen Schlaganfall, werden hohe Blutdruckwerte in der Regel akzeptiert.	✓	

11. Nennen Sie mindestens 5 mögliche Symptome eines hypertensiven Notfalls.

- Hochroter Kopf
- Starkes Schwitzen
- Nasenbluten
- Kopfschmerzen oder Schwindel
- Dyspnoe

12. Lösen Sie das Rätsel.

Waagerecht:

5. Anderes Wort für „Durchblutung“
7. Zucken des Körpers
8. Oftmals Ursache eines Hypertonus
9. Teil des vegetativen Nervensystems
10. Eine vegetative Reaktion

Senkrecht:

1. Kurzzeitiger Bewusstseinsverlust
2. Mittel zum Ausschluss einer Hypoglykämie
3. Langsamer Herzschlag
4. Ein Drehen oder ein Schwanken
6. Werden im Nebennierenmark produziert

Kapitel 13 – Kardiozirkulatorische Notfälle

13. Definieren Sie die Begriffe.

Thrombus

Ein Thrombus ist ein stationärer Blutpfropf, der durch Gefäßveränderungen gebildet wird und den Durchmesser des Blutgefäßes verringert.

Embolus

Ein im Blutkreislauf verschleppter körpereigener oder körperfremder Stoff, der in einem enger werdenden Blutgefäß hängen bleibt und so dessen Querschnitt reduziert.

14. Ergänzen Sie die Tabelle.

„6 Ps“ Nach Pratt

Kürzel	Englischer Begriff	Deutsche Erläuterung
P	Pain	Schmerzen
P	Pallor	Blässe
P	Paraesthesia	Gefühlsstörungen
P	Pulselessness	Pulslosigkeit
P	Paralysis	Lähmung
P	Prostatration	Zunehmendes Krankheitsgefühl

15. Erläutern Sie die Symptomatik eines venösen Verschlusses.

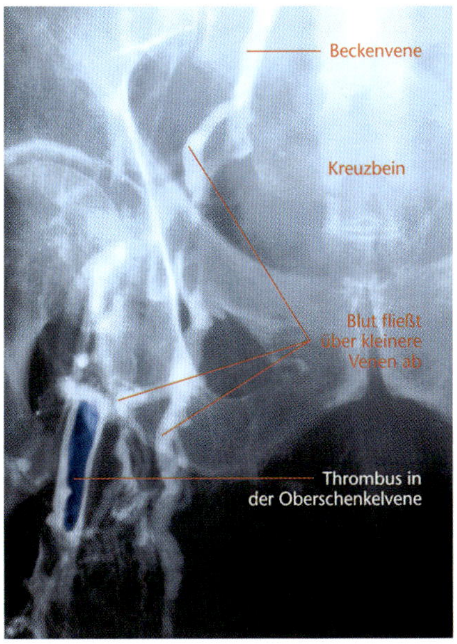

© Dr. med. Eduard M. Walthers, Marburg

Ein venöser Verschluss blockiert den Rückfluss des Blutes zum Herzen. Aus diesem Grunde ist das Gewebe unterhalb des Verschlusses ödematös geschwollen und berührungsempfindlich. Außerdem ist es durch das gestaute Blut überwärmt. Oftmals tritt auch eine bläuliche Verfärbung auf, die für einen Sauerstoffmangel im Gewebe spricht.

16. Nennen Sie mögliche Gefahren in dieser Situation.

Frau Rolfs ist vor einigen Tagen aus Australien zurückgekehrt. Seitdem habe sie ein geschwollenes rechtes Bein. Sie wollte dies in den nächsten Tagen einem Arzt vorstellen. Vor einigen Minuten hat sie plötzlich starke Luftnot bekommen und den Rettungsdienst verständigt. Sie sind als RTW gemeinsam mit einem NEF vor Ort.

Alles spricht dafür, dass Frau Rolfs an einer Lungenembolie leidet. Die größten Gefahren sind in diesem Fall die Hypoxie und ein mögliches (Rechts-)Herzversagen mit nachfolgendem Schockgeschehen.

Kapitel 14 – Respiratorische Notfälle

1. Unterscheiden Sie „Asthma bronchiale“ und „COPD“.

Bei beiden Erkrankungen handelt es sich um ein chronisches Leiden. Auch haben beide Erkrankungen eine Vielzahl gemeinsamer Symptome, so zum Beispiel die Bronchoobstruktion. Allerdings handelt es sich beim Asthma bronchiale um ein Anfallsleiden. Die Patienten sind außerhalb der Anfälle beschwerdefrei. Bei der COPD liegen permanente Symptome vor. Diese werden mit zunehmendem Lebensalter oftmals auch deutlich stärker. Insbesondere wenn die Patienten ihren Zigarettenkonsum fortsetzen. Dieser gilt als Hauptursache für eine COPD. Asthma hingegen scheint ursächlich nicht mit Zigarettenrauch in Zusammenhang zu stehen. Die ersten Asthmasymptome treten in der Regel in Kindheit, Jugend und jungem Erwachsenenalter auf. Bei COPD-Patienten liegt der Krankheitsbeginn im höheren Lebensalter.

2. Finden Sie 8 versteckte Begriffe.

Tipp: Gesucht werden Symptome der COPD.

V	X	A	N	S	F	**L**	Z	I	T	F	I	J	K	R	T	J	P
B	V	W	P	I	R	**U**	X	N	**B**	F	Y	W	V	N	P	F	T
Z	N	U	O	P	H	**N**	K	J	**E**	N	Y	**H**	S	A	D	I	U
U	M	L	X	K	Z	**G**	H	Q	**L**	N	A	**Y**	T	V	E	**Z**	S
W	S	I	K	Y	W	**E**	X	D	**A**	G	S	**P**	J	**R**	E	**Y**	W
H	**G**	F	X	U	Q	**N**	H	U	**S**	Y	W	**O**	I	**U**	S	**A**	L
U	**I**	X	C	S	Y	**H**	M	H	**T**	W	S	**X**	M	**H**	P	**N**	N
S	**E**	R	I	S	W	**O**	S	R	**U**	O	K	**I**	T	**E**	B	**O**	R
T	**M**	R	G	N	J	**C**	J	L	**N**	C	A	**E**	N	**D**	F	**S**	D
E	**E**	I	M	K	V	**H**	E	O	**G**	Y	T	O	H	**Y**	J	**E**	O
N	**N**	U	B	Y	C	**D**	L	L	**S**	D	F	H	S	**S**	F	C	H
Q	M	M	X	F	L	**R**	M	O	**D**	B	C	C	C	**P**	Z	S	U
D	M	W	M	E	Q	**U**	J	S	**Y**	L	I	L	P	**N**	O	W	U
O	K	B	F	A	X	**C**	R	H	**S**	R	X	S	Y	**O**	A	V	D
Y	J	Y	C	R	K	**K**	V	J	**P**	T	G	Q	E	**E**	W	V	W
D	C	U	L	U	V	T	G	F	**N**	K	R	Y	V	V	E	G	E
K	E	C	**B**	**R**	**O**	**N**	**C**	**H**	**O**	**S**	**P**	**A**	**S**	**M**	**U**	**S**	E
T	U	V	K	L	U	K	L	O	**E**	M	H	C	I	Z	B	T	C

3. Planen Sie Ihr Vorgehen.

Sie werden als RTW zu einer jungen Patientin auf einem Sportplatz gerufen. Diese habe mit Freundinnen Volleyball gespielt und plötzlich kaum noch Luft bekommen. Sie hören ein deutliches Atemnebengeräusch bei der Ausatmung.

In diesem Falle scheint es sich um einen erstmalig auftretenden Asthma-Anfall zu handeln. Sie sollten unbedingt eine Sauerstoffmaske vorbereiten und das Pulsoxymeter anlegen. Es ist gut möglich, dass Ihr Teamleiter sich für die Gabe von Medikamenten über eine Verneblermaske entscheidet. Durch diese wird der Wirkstoff der Medikamente zu einem feinen Nebel gemacht, der von der Patientin eingeatmet werden kann. Bei den Medikamenten handelt es sich um Medikamente, die die Bronchien weiten und der Patientin ein besseres Ausatmen ermöglichen sollen. Nach Rücksprache mit Ihrem Teamleiter sollte auch über die Nachforderung eines Notarzts nachgedacht werden.

4. Nennen Sie die bedrohlichste Form eines Asthma-Anfalls.

Die bedrohlichste Form des Asthma-Anfalls ist der sogenannte Status asthmaticus.

5. Nennen Sie mindestens 8 mögliche Anzeichen für eine Bolusverlegung von Luft- oder Speiseröhre.

- Starker Husten
- Atemnot
- Todesangst
- Veränderungen der Herzfrequenz
- Bewusstlosigkeit
- Würgereiz
- Vermehrter Speichelfluss
- Schmerzen

6. Erläutern Sie das dargestellte Manöver.

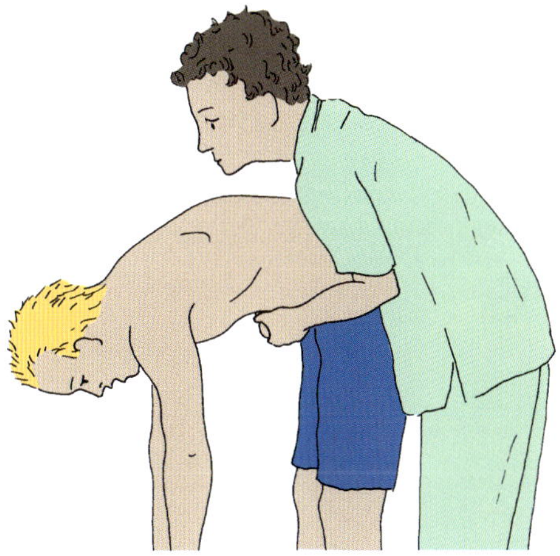

© Gerda Raichle, Ulm

Bei dem dargestellten Manöver handelt es sich um den sogenannten Heimlich-Handgriff. Oftmals wird auch von Oberbauchkompressionen gesprochen. Die Kompressionen werden im Rahmen von Bolusverlegungen der Luftröhre als letztes nichtinvasives Mittel eingesetzt. Der Anwender stellt sich hinter den Patienten und legt eine Faust in dessen Magengrube. Die andere Hand wird darüber platziert. Nun wird die umschlossene Faust nach hinten und oben gezogen, um die Zwerchfelle zu komprimieren und so den Fremdkörper aus der Luftröhre zu pressen.

Lösungen

7. Richtig oder falsch?

	Richtig	Falsch
Eine Aspiration meint das Eindringen von flüssigen oder festen Stoffen in die unteren Atemwege.	✓	
Dies geschieht besonders oft bei Patienten mit verminderten Schutzreflexen, etwa bei bewusstlosen oder alkoholisierten Patienten.	✓	
Eine Aspirationspneumonie tritt nur dann auf, wenn die eingedrungenen Stoffe mit Krankheitserregern kontaminiert waren.		✗
Bei Pneumonien ist es typisch, dass die Patienten trotz eines relativen Sauerstoffmangels einen hohen SpO_2 aufweisen.		✗
Bei Aspirationspneumonien sollte man immer versuchen, einen Absaugkatheter in die Luftröhre einzuführen.		✗

8. Nennen Sie 5 mögliche Anzeichen für eine Hyperventilation.

- Kribbelparästhesien in Händen und um den Mund
- Pfötchenstellung der Hände
- Panik
- Atemnot
- Schwindel

Kapitel 15 – Neurologische Notfälle

1. Unterscheiden Sie „quantitative" und „qualitative" Bewusstseinsstörungen.

Bei qualitativen Bewusstseinsstörungen sind die Bewusstseinsinhalte gestört. Dies bedeutet, dass zum Beispiel die Orientierung beeinträchtigt sein kann. Quantitative Bewusstseinsstörungen beeinträchtigen den Grad der Wachheit. So können Patienten zum Beispiel somnolent, soporös oder komatös sein. Oftmals ist das qualitative Bewusstsein auch eingeschränkt, wenn das quantitative Bewusstsein beeinträchtigt ist. Umgekehrt gilt dies eher selten. So zum Beispiel stellt die Demenz eine Form der qualitativen Bewusstseinsstörung dar.

2. Erläutern Sie das FAST-Schema.

Beim FAST-Schema handelt es sich um ein Untersuchungsschema, um gezielt nach Schlaganfallsymptomen zu suchen. FAST dient als Merkhilfe für die einzelnen Untersuchungsschritte. „F" steht für „Face". Hierbei wird der Patient gebeten, zu lächeln. Nun kann gezielt nach Gesichtsasymmetrien gesucht werden. „A" steht für „Arm". Der Patient wird gebeten, die Augen zu schließen und seine Hände so vorzustrecken, als würde er ein unsichtbares Tablett tragen. Sinkt ein Arm ab oder dreht sich nach innen, ist dies ein Zeichen für eine Durchblutungsstörung im Gehirn. „S" steht für „Speech". Der Patient wird gebeten, einen einfachen Satz nachzusprechen. Gelingt dies nicht oder nur schwerlich, ist auch dies ein Indiz für eine Durchblutungsstörung. „T" steht für „Time". Bei diesem Untersuchungsschritt wird in Erfahrung gebracht, wann die Symptome begonnen haben. Ist nur eins der drei erstgenannten Zeichen positiv, liegt die Wahrscheinlichkeit für einen Schlaganfall bei rund 75%.

3. Beschriften Sie die Abbildung.

Tipp: Gesucht wird die Einteilung der Lähmungsformen.

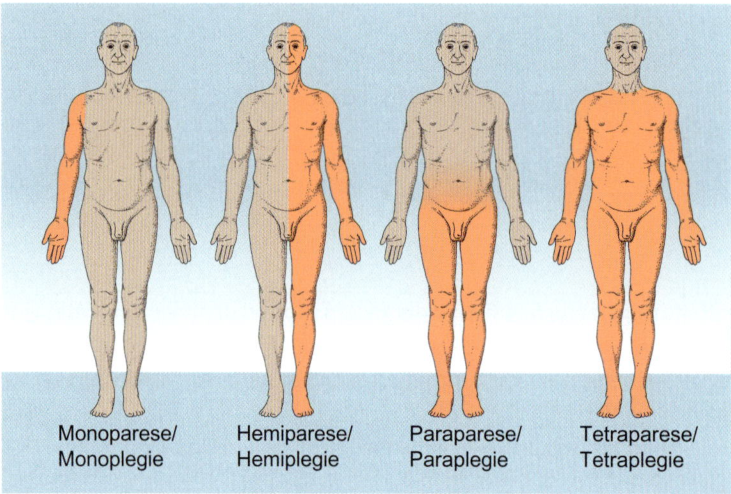

4. Planen Sie Ihr Vorgehen.

Sie befördern eine ältere Dame nach einer Hüftoperation mit Ihrem KTW in eine Reha-Einrichtung. Im Verlauf des Transports fällt Ihnen auf, dass die Patientin undeutlich spricht. Als Sie sich genauer mit dem Problem befassen, fällt Ihnen auch auf, dass sie Ihren rechten Arm nicht mehr bewegen kann.

Vermutlich handelt es sich in dieser Situation um einen Schlaganfall. Hier ist eine schnelle Reaktion gefragt. Zunächst sollten Sie die Patientin in aller Kürze nach dem ABCDE-Schema untersuchen. Wenn Sie einen lebensbedrohlichen Zustand feststellen sollten, müssen Sie dringend einen RTW und ein NEF nachfordern. Sollte dies nicht der Fall sein, können Sie in Abhängigkeit von Ihren regionalen Vorgaben in Erwägung ziehen, die Patientin unter Inanspruchnahme von Sonder- und Wegerechten mit Voranmeldung in die nächstgelegene Stroke Unit zu transportieren. Sollte Ihnen dies nicht erlaubt sein, fordern Sie einen RTW nach und fahren Sie diesem ggf. entgegen.

5. Unterscheiden Sie die „intrazerebrale Blutung“ von der „Subarachnoidalblutung“.

Die Blutungen werden in Abhängigkeit von ihrem Auftrittsort unterschieden. Die intrazerebrale Blutung läuft direkt im Hirngewebe ab. Sie entsteht oft durch eine Gefäßzerreißung im Rahmen eines hypertensiven Notfalls.
Die Subarachnoidalblutung ist eine arterielle Blutung zwischen der Pia mater und der Arachnoidea mater. Sie ist in der Regel auf die Ruptur eines Aneurysmas zurückzuführen.

6. Nennen Sie mindestens 10 mögliche Anzeichen für einen erhöhten Hirndruck.

- Ateminsuffizienz
- Cheyne-Stokes-Atmung
- Biot-Atmung
- Druckpuls
- Pupillendifferenz
- Herdblick
- Beugekrämpfe
- Streckkrämpfe
- Stärkster Kopfschmerz
- Meningismus

7. Korrigieren Sie den Text.

Die präklinische Therapie von intrakraniellen Druckerhöhungen unterscheidet sich nicht nennenswert von der Therapie des Schlaganfalls. Der Patient sollte mit leicht erhöhtem Oberkörper gelagert werden. Ein vollständiges Monitoring sollte angelegt werden. Eine Blutzuckerbestimmung muss unbedingt erfolgen. Auch die Temperaturmessung kann hilfreich sein. Zudem sollte ein venöser Zugang durch einen Notarzt oder Notfallsanitäter angelegt werden. Wenn der Patient komatös sein sollte, muss eine Narkose vorbereitet werden. Ziel ist immer ein schneller Transport in die nächstgelegene Neurochirurgie, um eine operative Entlastung des Schädelinnendrucks durchzuführen. Hierfür muss unbedingt eine Voranmeldung erfolgen.

8. Planen Sie Ihr Vorgehen.

Sie transportieren Herrn Kallies von seinem Hausarzt in ein nahe gelegenes Krankenhaus. Herr Kallies erzählt Ihnen, dass er wegen seinen „schlechten Blutwerten“ eingewiesen werde. Auf dem Einweisungsschein lesen Sie „V.a. Cholezystolithiasis“. Bei Ihrem Gespräch fällt Ihnen auf, dass die linke Pupille des Patienten deutlich größer ist als seine rechte.

Dieser Befund ist aller Wahrscheinlichkeit nach nicht hinweisend für eine intrakranielle Raumforderung. Herr Kallies weist offenbar keine Einschränkungen seines Bewusstseins auf. Dass er seine Einweisungsdiagnose nicht genau erklären kann, ist nicht untypisch. Insbesondere ältere Patienten haben oftmals ein tiefes Vertrauen in die Entscheidungen ihres Hausarztes. Die Pupillendifferenz spricht eher für eine zurückliegende Augenoperation oder eine Verletzung. Sie sollten Herrn Kallies gezielt auf diesen Umstand ansprechen, um Klarheit zu gewinnen.

9. Richtig oder falsch?

	Richtig	Falsch
Zerebrale Krampfanfälle sind spontane Entladung von Nervenzellen im Temporallappen des Gehirns.		✗
Es werden verschiedene Formen des Krampfanfalls unterschieden. So zum Beispiel wird der „tonische" Anfall von den klassischen Zuckungen des Körpers begleitet.		✗
Ein generalisierter Krampfanfall hingegen betrifft alle Extremitäten bei erhaltenem Bewusstsein.		✗
Die medikamentöse Therapie eines Krampfanfalls erfolgt in erster Linie mit der Gabe von Benzodiazepinen.	✓	
Eine Nachschlafphase, wie etwa bei Synkopen, ist bei epileptischen Anfällen eher die Ausnahme.		✗

10. Nennen Sie mindestens 5 mögliche Anzeichen für einen Bandscheibenvorfall.

- Rückenschmerzen
- Bewegungseinschränkungen
- Taubheitsgefühle in einem Bein oder Arm
- Schonhaltung
- Kribbelparästhesien im betroffenen Arm oder Bein

11. Beschriften Sie die Abbildung.

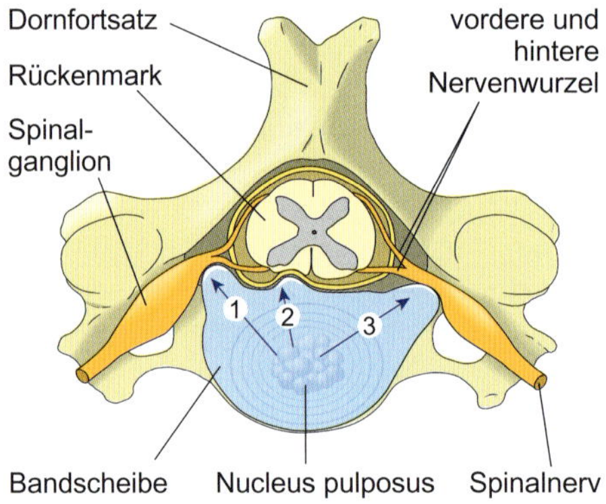

12. Planen Sie Ihr Vorgehen.

Sie werden zu einem Krankentransport in einen Privathaushalt gerufen. Herr Lillienberg wurde vom Arzt des Notdiensts mit dem Verdacht auf einen Bandscheibenvorfall eingewiesen. Er gibt an, dass er in Ruhe keine Schmerzen habe, sich aber nicht bewegen könne.

Zunächst sollten Sie entscheiden, ob Sie mit Ihrem Fahrzeug in der Lage sind, Herrn Lillienberg schmerzarm zu transportieren. Hierfür sollten Sie im Idealfall über einen gefederten Tragentisch, eine Schaufeltrage und eine Vakuummatratze verfügen. Ggf. müssen Sie ein anderes Fahrzeug (RTW) nachfordern. Sprechen Sie Ihr Vorhaben nun unbedingt mit Ihrem Patienten ab. Lagern Sie ihn vorsichtig mit der Schaufeltrage um, und betten Sie ihn auf die Vakuummatratze. Dem Wunsch nach zusätzlichen Kissen oder einer bestimmten Position innerhalb der Vakuummatratze sollten Sie nachkommen. Die Immobilisation dient hauptsächlich der Schmerzvermeidung. Also ist alles, was dies unterstützt, auch angemessen. Falls eine Umlagerung nicht schmerzfrei möglich ist, müssen weitere Kräfte zur Schmerzmittelgabe nachgefordert werden.

Kapitel 16 – Psychiatrische Notfälle

1. Nennen Sie mindestens 6 Differentialdiagnosen, bei denen Angst eine zentrale Rolle spielt.

- ACS
- Exazerbierte COPD
- Schlaganfall
- Lungenembolie
- Verletzungen
- Angststörung

2. Finden Sie 8 versteckte Begriffe.

Tipp: Sie alle haben etwas mit Angst zu tun.

W	C	C	P	I	Q	B	L	F	G	J	Q	Z	B	S	Q	I	J
D	R	B	S	C	I	D	J	J	S	A	T	S	U	O	W	F	G
P	C	D	V	U	B	D	U	R	C	H	F	A	L	L	X	A	Q
R	N	Z	C	C	C	S	A	W	X	S	H	M	Y	Y	F	U	F
P	S	D	P	F	Y	Q	H	Y	E	R	B	R	E	C	H	E	N
N	C	N	Q	G	M	L	M	W	L	C	S	Z	N	C	K	A	A
T	H	B	L	U	T	D	R	U	C	K	A	N	S	T	I	E	G
A	W	N	X	I	K	G	I	Y	T	J	F	O	A	E	G	G	Y
C	I	X	U	M	A	F	T	G	T	O	I	Q	K	D	B	B	K
H	T	I	Q	L	U	Q	U	J	Q	B	C	N	T	R	S	P	D
Y	Z	H	Y	P	E	R	V	E	N	T	I	L	A	T	I	O	N
K	E	V	R	E	Q	B	A	P	P	D	D	J	W	L	R	S	W
A	N	B	P	X	S	Q	A	H	D	R	E	R	T	H	O	M	D
R	Y	O	T	S	H	E	K	T	I	K	E	D	D	T	X	H	D
D	K	E	H	E	L	K	R	F	K	J	L	M	J	V	D	W	W
I	T	L	T	Y	N	B	B	F	X	E	Y	N	V	Q	E	C	L
E	N	Q	I	Z	I	T	T	E	R	N	X	V	T	H	E	R	J
L	Y	L	I	D	J	V	H	B	P	P	U	M	K	P	M	G	H

3. Ergänzen Sie den Text.

Ursachen – Schlaganfall – schlagartig – Infekte – Störung – Demenz – Therapie – Desorientierung – Blutzuckerentgleisungen

Verwirrtheit ist ein Symptom vieler Erkrankungs- und Notfallbilder. Sie zeichnet sich durch Desorientierung bis hin zur Bewusstseinsstörung aus. Ihre Ursachen sind oftmals neuro-vaskuläre (z.B. nach einem Schlaganfall) oder neuro-degenerative (z.B. bei bestehender Demenz) Störungen. Das Rettungsfachpersonal sollte immer dann besonders hellhörig werden, wenn sich der Patientenzustand schlagartig oder über einen sehr kurzen Zeitraum verändert hat. Dies ist oftmals ein Zeichen für eine akute Störung, die durch die richtige Therapie behoben werden kann. Gezielt sollten in diesen Fällen frische Schlaganfälle, kardiovaskuläre Erkrankungen, Blutzuckerentgleisungen und fieberhafte Infekte ausgeschlossen werden.

4. Nennen Sie 3 Beispiele für kardiovaskuläre Erkrankungen, die zu Verwirrtheitszuständen führen können.

- Herzbeuteltamponaden
- Herzrhythmusstörungen
- Gefäßverengungen im Halsbereich

Bei allen 3 Beispielen ist die zerebrale Durchblutung eingeschränkt, was zu Verwirrung und anderen neurologischen Störungen führen kann.

5. Beschreiben Sie das „delirante Syndrom".

Das delirante Syndrom ist eine Kombination aus psychischen und somatischen Symptomen, welche lebensbedrohliche Ausmaße annehmen können. Zu den psychischen Symptomen gehören dabei Verwirrtheit bis hin zu Wahnvorstellungen. Zu den somatischen Symptomen gehören vegetative Beeinträchtigungen, wie etwa Blutdruckschwankungen, Schwindel oder Erbrechen.

6. Nennen Sie mindestens 4 mögliche Auslöser für ein delirantes Syndrom.

- Wechselwirkungen verschiedener Psychopharmaka
- Unkontrollierte Medikamenteneinnahme
- Konsum von Sucht- und Rauschmitteln
- Entzug von Sucht- und Rauschmitteln

7. Ergänzen Sie den Text.

Suizidalität – Experte – Problemlage – psychiatrische – freiwillige – Ratschlägen – Suizidgedanken – Suizidankündigung

Der Begriff Suizidalität bedeutet „Neigung zur Selbsttötung". Diese abzuschätzen ist ungemein schwierig. Somit ist jede Suizidankündigung ernst zu nehmen, bis ein Experte den Patienten begutachtet hat. Oftmals hilft es, den Patienten direkt nach seinen Suizidgedanken zu fragen. Insbesondere, wenn dieser keine Suizidankündigung gemacht hat, sich aber so auffällig verhält, dass das Rettungsfachpersonal annimmt, dass er suizidal sein könnte. Der Patient sollte während des Einsatzes durchgängig das Gefühl haben, dass er bei den Fachkräften ein offenes Ohr für seine Problemlage findet. Hierbei sollte das Rettungsfachpersonal zurückhaltend mit Ratschlägen oder Verurteilungen sein. Ziel ist dabei immer die freiwillige Mitfahrt in eine aufnahmebereite psychiatrische Klinik.

8. Erläutern Sie die Bedingungen, in denen Patienten auch gegen ihren Willen in ein Krankenhaus eingewiesen werden können.

© Dr. Dr. Jürgen Luxem, Aschaffenburg

Grundsätzlich hat jeder Mensch das Recht, sich dort aufzuhalten, wo er dies möchte, solange er dabei keine Straftaten (etwa Hausfriedensbruch) begeht. Dieses Recht ist ein Grundrecht. Auch eine psychische Krankheit ist kein Grund, einem Menschen dieses Recht vorzuenthalten. Allerdings existieren zwei Sondersituationen, in denen eine sogenannte Zwangsunterbringung erfolgen kann. Sobald eine Eigen- bzw. eine Fremdgefährdung vorliegt, ist es unter bestimmten weiteren Bedingungen möglich, eine Person zwangseinzuweisen. Dies wird in den jeweiligen Landesgesetzen zur Unterbringung psychisch erkrankter Menschen geregelt. Zu bedenken ist hier allerdings, dass das Rettungsfachpersonal nicht zu Zwangs- und Vollstreckungsmaßnahmen berechtigt ist. Hierfür sind Polizei oder Ordnungsämter zuständig. Lediglich, wenn im Rahmen von Notwehr oder Notstand gehandelt wird, darf im engen Rahmen auch Zwang durch Rettungsfachpersonal ausgeübt werden.

Kapitel 17 – Thermische Notfälle

1. Nennen Sie je 3 Möglichkeiten des Organismus die Körperkerntemperatur zu senken bzw. zu erhöhen.

Thermoregulation

Erhöhung der Körperkerntemperatur	Absenkung der Körperkerntemperatur
• Umverteilung des Bluts aus der Körperschale in den Köperkern • Steigerung der Stoffwechselaktivität • Muskelzittern	• Schweißproduktion • Umverteilung des Bluts aus dem Körperkern in die Körperschale • Wärmeabgabe über Konvektion

2. Richtig oder falsch?

	Richtig	Falsch
Hitzekrämpfe entstehen durch den vermehrten Verlust von Flüssigkeit und Kochsalz.	✓	
Durch diese Elektrolytverschiebung kommt es zu schmerzhaften, aber ungefährlichen Krämpfen der Muskulatur.	✓	
Als therapeutische Maßnahme erfolgt der Ausgleich des Elektrolytverlusts durch kaliumreiche Infusionslösungen.		✗
Die Hitzeerschöpfung entsteht auf ähnlichem Wege. Im Vordergrund steht hier jedoch eine Überhitzung des Organismus.		✗
Die Symptome reichen von Durst, über Bewusstseinsstörungen bis hin zur Kußmaulatmung.		✗

3. Erläutern Sie die körperlichen Vorgänge beim sogenannten „Hitzschlag".

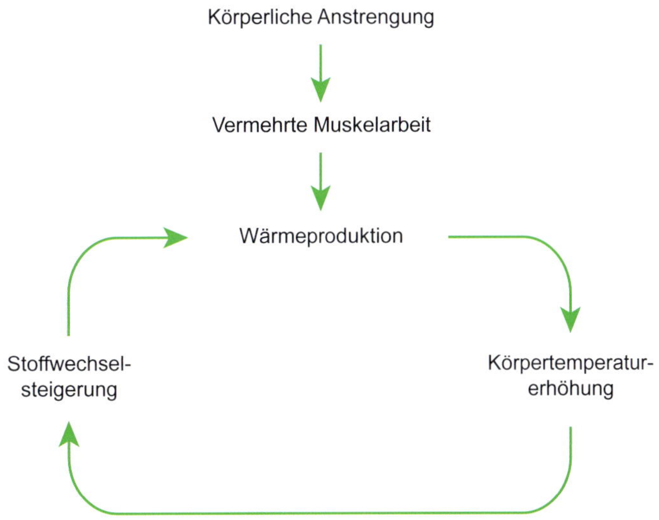

Bei einem Hitzschlag handelt es sich um einen lebensbedrohlichen Zustand mit gestörter Wärmeregulation des Organismus. Dabei steigt die Körpertemperatur immer weiter bis über 41° C. Bei über 42°C beginnen die körpereigenen Proteine zu denaturieren und somit unumkehrbaren Schaden zu nehmen. Eine Kühlung des Patienten muss umgehend erfolgen. Zudem müssen verloren gegangene Flüssigkeiten wieder aufgefüllt werden.

Lösungen

4. Formulieren Sie eine Verdachtsdiagnose.

Sie werden auf einem Sanitätsdienst auf einer Abendveranstaltung im Sommer von einem Ehepaar aufgesucht. Die Ehefrau gibt an, sie habe Angst, dass Ihr Mann eine Hirnhautentzündung entwickle. Sie sehen einen krank wirkenden Mann mittleren Alters mit Nackensteifigkeit, Übelkeit und Erbrechen. Zudem gibt er Kopfschmerzen an. Eine erhöhte Körpertemperatur können Sie nicht feststellen. Den Tag über habe er im Garten gearbeitet.

Es ist sehr wahrscheinlich, dass es sich bei der Erkrankung Ihres Patienten um einen Sonnenstich handelt. Hierfür würde die Gartenarbeit an einem Sommertag sprechen. Zudem scheint kein Fieber vorzuliegen, was eher untypisch für eine Meningitis wäre. Dennoch sollten Sie gezielt nach Erkrankungsfällen im Umfeld Ihres Patienten fragen, um keine schwerwiegende Infektionserkrankung zu übersehen.

5. Nennen Sie mindestens 5 mögliche Ursachen für Verbrennungen.

- Flammeneinwirkung
- Stromeinwirkungen
- Explosionen
- Strahlung
- Hitzeübertragung durch heiße feste Gegenstände

6. Ergänzen Sie den Text.

Hitze – Brandblasen – gerötet – Schwere – Hauttransplantationen – Gewebebeschaffenheit – Verkohlungen – oberflächliche – intakt

Das Ausmaß einer Verbrennung wird bestimmt durch die Hitze der Verbrennungsquelle, die Kontaktfläche zur Verbrennungsquelle, die Kontaktdauer und die Gewebebeschaffenheit. Verbrennungen werden in verschiedene Schweregrade eingeteilt. Bei Verbrennungen I° sind nur oberflächliche Verbrennungsschäden vorhanden. Die Haut ist gerötet, aber vollständig intakt. Verbrennungen II° weisen Brandblasen auf. Je nach Schwere können sie noch in zwei weitere Untergruppen eingeteilt werden. Verbrennungen III° reichen tief ins Gewebe und heilen kaum. Oftmals sind Hauttransplantationen notwendig. Verbrennungen IV° werden auch als Verkohlungen bezeichnet. Sie sind nicht mehr in der Lage zu heilen.

7. Erläutern Sie die Besonderheiten bei Strom- und Blitzunfällen.

Zum einen können die Verbrennungseinwirkungen Haut, Muskel-, Binde- und Knochengewebe betreffen. Zum anderen können durch die Einwirkung des elektrischen Stroms schwerste Herzrhythmusstörungen auftreten. Eine EKG-Untersuchung ist absolute Pflicht. Daneben ist Strom, im Gegensatz zu Hitze oder offenem Feuer, eine kaum wahrnehmbare Gefahrenquelle. Es muss dringend auf den Eigenschutz geachtet werden.

8. Erläutern Sie die Abbildung

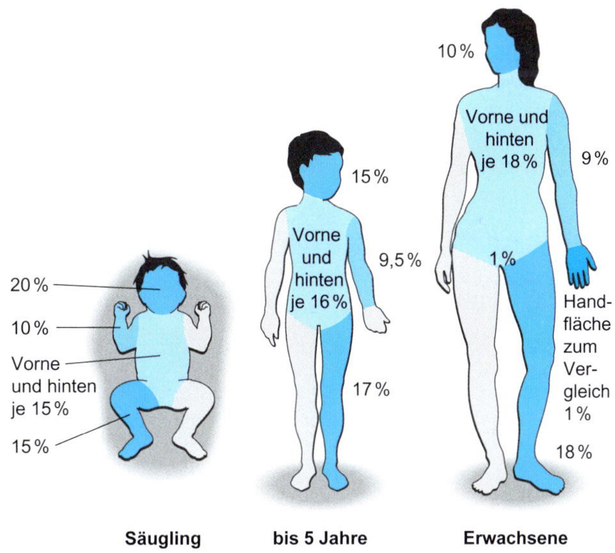

Bei der Abbildung handelt es sich um eine Darstellung der prozentualen Körperoberfläche in Abhängigkeit vom Lebensalter. Ganz rechts ist der erwachsene Mensch zu erkennen, bei ihm greift die sogenannte Neunerregel nach Wallace. Jeder Körperbereich hat dabei einen Anteil von 9% oder einem Vielfachen davon an der Gesamtoberfläche. Zu erkennen ist jedoch auch, dass dieser Grundsatz nicht bei Heranwachsenden gilt, da ihre Körperproportionen anders beschaffen sind als beim erwachsenen Patienten.

9. Sie lesen auf einem Einweisungsschein, dass Ihr Patient vor Jahren einmal eine Verbrennungskrankheit gehabt haben soll. Erläutern Sie diesen Begriff.

Bei der Verbrennungskrankheit handelt es sich um die Reaktion des Organismus auf die Schäden, die durch eine größere Verbrennung verursacht worden sind. In der Frühphase kann sich ein sogenannter Verbrennungsschock durch den Verlust von Flüssigkeit und Eiweißen ausbilden. Dementsprechend liegt hier ein hypovolämischer Schock vor. In der Spätphase kommt es schlimmstenfalls zum Multiorganversagen, welches eine Reaktion auf die Gewebeunterversorgung während der Frühphase darstellt. Zudem darf nicht vernachlässigt werden, dass Patienten mit großflächigen Verbrennungen auch empfindlicher gegenüber Infektionserkrankungen sind, da die natürliche Keimbarriere der Haut durchbrochen worden ist.

Kapitel 17 – Thermische Notfälle

10. Definieren Sie den Begriff „Hypothermie“.

Eine Hypothermie liegt vor, wenn die Körperkerntemperatur unter 35°C abgesunken ist. Eine Unterkühlung ist oftmals eine Komplikation anderer Störungen, wie etwa bei Verletzungen oder Alkoholvergiftungen im Außenbereich.

11. Richtig oder falsch?

	Richtig	Falsch
Im Lähmungsstadium sind die Patienten hypoton und weisen weite Pupillen auf.	✓	
Im Erschöpfungsstadium sind die Patienten reflexlos und atmen extrem langsam oder weisen eine Apnoe auf.		✗
Im Stadium des Scheintods ist kein Muskeltonus mehr fühlbar. Die Patienten haben lichtstarre Pupillen.	✓	
Im Abwehrstadium sind Unterkühlte oftmals wach, unruhig und tachykard.	✓	
Zudem sind die Patienten im Abwehrstadium durch den schnellen Herzschlag auffallend hypoton.		✗

12. Finden Sie 8 versteckte Begriffe.

Tipp: Sie alle haben etwas mit Kälteschäden am Organismus oder deren Behandlung zu tun.

D	P	Y	S	O	P	K	O	Q	H	E	V	T	P	Y	P	D	W
V	**B**	**E**	**R**	**G**	**U**	**N**	**G**	**S**	**T**	**O**	**D**	X	O	K	F	J	**S**
L	**F**	**R**	**O**	**S**	**T**	**B**	**E**	**U**	**L**	**E**	**N**	C	Y	O	Q	J	**C**
S	S	I	B	E	Z	J	X	T	H	X	J	W	D	C	F	C	**H**
Q	N	Y	M	C	I	T	**T**	Z	**I**	V	W	S	P	A	H	P	**W**
H	Y	T	K	T	Y	E	**H**	M	**M**	Z	G	R	U	**B**	U	Q	**E**
A	Q	O	E	H	N	C	**R**	L	**M**	U	H	Z	N	**R**	A	S	**L**
U	L	E	E	K	B	T	**O**	S	**O**	O	X	V	R	**A**	P	C	**L**
T	L	H	D	R	J	D	**M**	T	**B**	J	Q	G	S	**D**	L	U	**U**
N	T	R	N	G	S	P	**B**	G	**I**	K	A	N	U	**Y**	Q	R	**N**
E	V	V	R	L	R	Y	**O**	Y	**L**	W	A	M	P	**K**	U	F	**G**
K	D	P	L	Z	V	D	**S**	S	**I**	L	K	S	F	**A**	A	L	B
R	S	B	H	G	J	G	**E**	F	**S**	X	S	P	V	**R**	W	B	Z
O	A	W	M	I	O	E	T	M	**A**	L	U	B	F	**D**	K	Q	F
S	E	R	M	K	C	M	J	U	**T**	S	M	D	N	**I**	L	V	L
E	P	Z	P	N	O	L	I	O	**I**	K	X	V	P	**E**	M	H	R
N	S	**A**	**F**	**T**	**E**	**R**	**D**	**R**	**O**	**P**	D	R	U	B	K	T	I
L	O	O	Q	G	C	C	F	Q	**N**	J	F	K	T	D	G	V	I

Lösungen

Kapitel 18 – Traumatologie

1. Erläutern Sie die jeweiligen Wundarten.

Wundarten

Name	Erläuterung
Schusswunden	Bei Schusswunden handelt es sich um eine Wunde, die durch das Eindringen eines Projektils in den Körper entsteht. Die Eintrittswunden sind zumeist klein, während die Austrittswunden oftmals größer sind.
Schürfwunden	Schürfwunden sind Abreibungen der Haut in verschiedener Tiefe und Ausdehnung.
Ablederungen	Ablederungen sind großflächige Ablösungen der Haut durch Scherkräfte, die auf das Gewebe eingewirkt haben.
Schnittwunden	Schnittwunden weisen einen scharf begrenzten Wundrand auf und sind von länglicher Form. Ihre Tiefe ist nicht immer leicht zu beurteilen.
Platzwunden	Platzwunden entstehen durch stumpfe Gewalteinwirkung auf die Körperoberfläche. Die dabei komprimierte Haut platzt durch den plötzlichen Druck auf.
Bisswunden	Bisswunden entstehen beim verletzenden Kontakt eines Gebisses bzw. eines Schnabels mit der Haut des Gebissenen. Bisswunden sind oftmals hochgradig infektionsgefährdet.

2. Nennen Sie die Wundart, um die es sich hier handeln könnte und begründen Sie Ihre Auswahl.

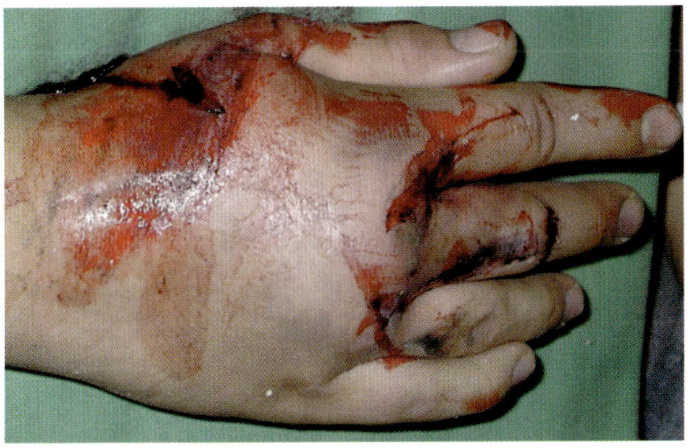

In diesem Fall handelt es sich um eine Quetschwunde. Dies ist durch die starke Deformierung und die deutliche Schwellung der Hand sowie durch die unregelmäßigen Wundränder erkennbar

3. Begründen Sie, wieso es sich bei Stichwunden, um eine besonders gefährliche Wundart handelt.

Stichwunden sind kleine unauffällige Verletzungen, in der Querschnittsform des verursachenden Gegenstands. Sie sind besonders bedrohlich, da ihre Tiefe nicht gut eingeschätzt werden kann. Diese hängt maßgeblich von der Länge der genutzten Stichwaffe und von deren Eindringtiefe ab. Auch sollte bedacht werden, dass die Stichrichtung nicht gut anhand der Wundform beurteilt werden kann. So kann zum Beispiel ein Stich in den Bauch, der von unten nach oben geführt wird, auch Verletzungen an der Lunge oder am Herzen verursachen.

4. Nennen Sie jeweils mindestens 4 sichere und 4 unsichere Frakturzeichen.

Frakturzeichen

Sichere Frakturzeichen	Unsichere Frakturzeichen
• Fehlstellung • Sichtbare Knochenfragmente • Krepitation • Abnorme Beweglichkeit	• Schmerzen • Schwellung • Hämatome • Funktionseinschränkungen

5. Nennen Sie mindestens 4 mögliche Hilfsmittel zur Frakturversorgung.

- Vakuumschienen
- Splint-Schienen
- Dreiecktücher
- Vakuummatratzen

6. Unterscheiden Sie „Distorsionen" und „Luxationen".

Bei einer Distorsion handelt es sich um eine sogenannte Verstauchung. Dabei wurde ein Körpergelenk über seine normale Dehnfähigkeit hinaus belastet. Dies geht oftmals mit Schmerzen, Schwellungen und Bewegungseinschränkungen einher.
Luxationen sind sogenannte Verrenkungen. Hier ist die Krafteinwirkung auf das Gelenk so intensiv, dass es seine natürliche Position verlässt und eine Fehlstellung entsteht. Infolgedessen können Durchblutung, Motorik und Sensibilität der unter dem Gelenk liegenden Körperpartie eingeschränkt sein.

7. Erläutern Sie die hier dargestellte Maßnahme.

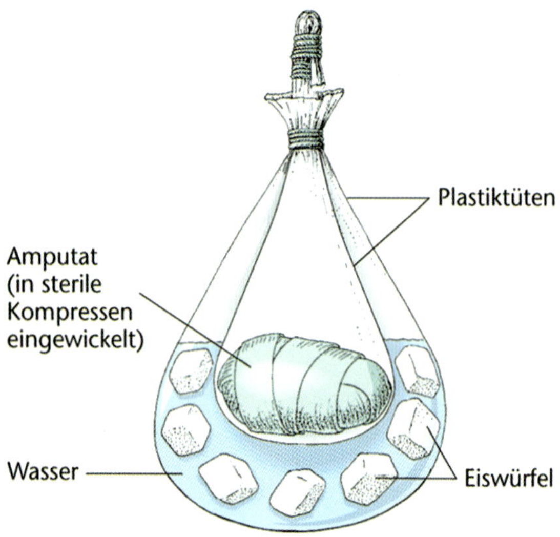

Es handelt sich in diesem Fall um die Versorgung eines Amputats. Dieses wurde in eine sterile Kompresse eingewickelt und wasserdicht in eine Plastiktüte verpackt. In eine weitere das Amputat umschließende Tüte wurden kalte Flüssigkeit und Eis gegeben. Auf diese Weise soll ein Kühlen der amputierten Gliedmaße ermöglicht werden, ohne das Gewebe zu beschädigen.

8. Was ist der Unterschied zwischen einem offenen und einem geschlossenen Schädel-Hirn-Trauma?

✓ Eröffnung der Dura mater

9. Beschriften Sie die Abbildung.

Tipp: Die gesuchten Begriffe bezeichnen anatomische Strukturen bzw. Formen der Hirnblutung.

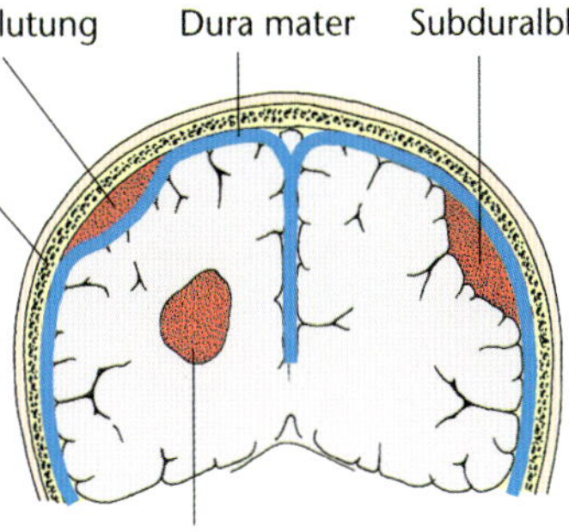

© Gerda Raichle, Ulm

10. Ergänzen Sie die Tabelle.

Grad	GCS
Leichtes SHT	13–15
Mittelschweres SHT	9–12
Schweres SHT	‹ 9

11. Planen Sie Ihr Vorgehen.

Auf einem Sanitätsdienst wird ein junger Patient von einer Sanitätsstreife aufgefunden. Er blutet deutlich am Kopf und ist bewusstlos. Versuche ihn zu wecken schlagen fehl. Sie werden von den Kollegen der Fußstreife hinzugezogen.

Sie sollten den Patienten schnellstmöglich nach dem ABCDE-Schema untersuchen und weitere Kräfte nachfordern. Die tiefe Bewusstlosigkeit stellt eine NEF-Indikation dar. Denken Sie auch an die Immobilisation der Halswirbelsäule, welche unter Umständen verletzt sein kann. Nachdem Sie die Atemwege gesichert und eine Absaugbereitschaft hergestellt haben, sollten Sie hochdosierten Sauerstoff verabreichen. Eine Hochlagerung des Oberkörpers kann nur dann erfolgen, wenn der Patient achsengerecht gelagert werden kann. Dies wäre zum Beispiel nach der Überlagerung auf eine Schaufeltrage oder ein Spineboard möglich.

12. Nennen Sie mindestens 5 anatomische Strukturen, die bei einer Verletzung des Brustkorbs mitverletzt werden können.

- Rippen
- Lungenflügel
- Herz
- Zwerchfell
- Aorta

13. Definieren Sie die „Rippenserienfraktur" und grenzen Sie diese von der „Rippenstückfraktur" ab.

Eine Rippenserienfraktur ist dann gegeben, wenn zwei nebeneinanderliegende oder drei sich auf einer Körperseite befindenden Rippen gebrochen sind. Eine Rippenstückfraktur wiederum ist ein mehrfacher Bruch einer Rippe. Eine Kombination aus Rippenstück- und Rippenserienfrakturen ist besonders gefährlich, da somit ein loses Thoraxwandfragment entstehen kann.

14. Erläutern Sie die dargestellte Abbildung.

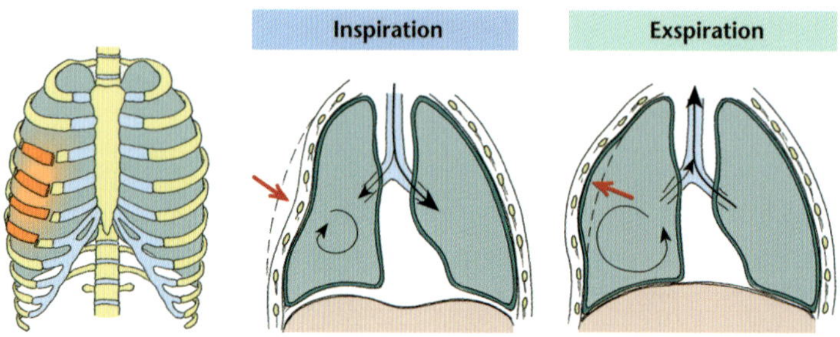

Auf dieser Abbildung ist eine Kombination aus Rippenserien- und Rippenstückfraktur zu erkennen, die zu einem losen Thoraxwandfragment geführt hat. Die Folge hieraus ist, dass der Widerstand des Thorax gegen die Druckschwankungen bei der Atmung stellenweise nicht mehr vorhanden ist. Dies führt dazu, dass eine paradoxe Atmung entsteht, was die Sauerstoffversorgung des Organismus gefährdet.

15. Planen Sie Ihr Vorgehen.

Sie treffen auf einen Patienten, der einen Pferdetritt gegen den Brustkorb bekommen hat. Ihr Team stellt bei der Untersuchung gestaute Halsvenen, einen fehlenden Radialispuls und ein aufgehobenes Atemgeräusch über dem rechten Lungenflügel fest. Der Patient wird zunehmend bewusstseinsgetrübt.

Offenbar hat Ihr Patient einen Spannungspneumothorax. Neben der hochdosierten Sauerstoffgabe, müssen Sie dringend die Thoraxpunktion nach Monaldi oder eine Thoraxdrainage nach Bülau für den behandelnden Notfallsanitäter oder Notarzt vorbereiten. Ziel ist eine schnellstmögliche Entlastung des Spannungspneumothorax, da sich der Patient aktuell in einem Schockzustand befindet.

16. Nennen Sie mindestens 5 mögliche Anzeichen für eine Wirbelsäulenverletzung

- Schmerzen
- Gefühlsstörungen
- Motorische Störungen
- Prellmarken an der Wirbelsäule
- Unkontrollierter Harn- und/oder Stuhlabgang

17. Benennen sie die 3 dargestellten Frakturtypen

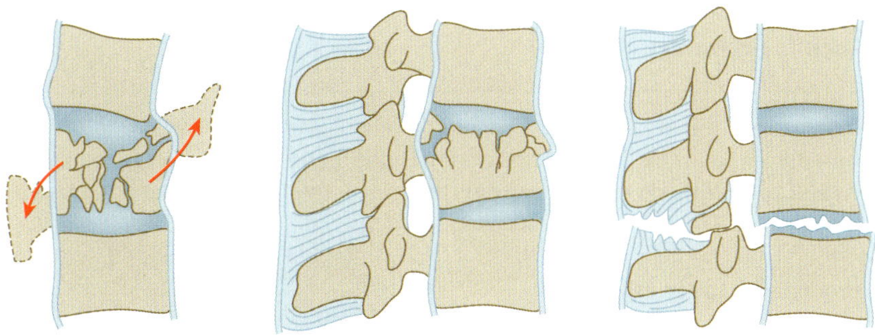

Schubfraktur	Kompressionsfraktur	Luxationsfraktur

18. Erläutern Sie den Grundsatz: „If in doubt, immobilize!"

Übersetzt bedeutet „If in doubt, immobilize!" in etwa „Im Zweifel: immobilisieren!". Dieser Leitsatz besagt, dass eine Immobilisation in einer Situation, in der sie nicht notwendig war, weniger Schaden anrichtet als keine Immobilisation in einer Situation, in der sie notwendig gewesen wäre. Dennoch sollte, insbesondere bei zeitkritischen Verletzungsbildern, nicht unnötig viel Zeit für die Immobilisation benötigt werden.

19. Richtig oder falsch?

	Richtig	Falsch
Ein hoher Querschnitt kann eine Atemlähmung zur Folge haben. Daher ist eine Wirbelsäulenimmobilisation bei vielen Unfallmechanismen unumgänglich.	✓	
Zunächst muss eine manuelle Fixierung der Halswirbelsäule erfolgen, alternativ kann die stabile Seitenlage eingesetzt werden.		✗
Der HWS-Immobilisationskragen muss vor der Abnahme eines Motorradhelms angelegt werden, um die Halswirbelsäule bei der Abnahme zu schienen.		✗
Eine gute Möglichkeit, einen Patienten ohne viele unnötige Bewegungen umzulagern und zu immobilisieren, ist der Einsatz von Schaufeltrage und Vakuummatratze.	✓	
Wenn der Patient bei Bewusstsein ist, sollte ihm jeder Arbeitsschritt zunächst erklärt werden.	✓	

20. Nennen Sie je 3 mögliche Mechanismen zur Entstehung eines „stumpfen" bzw. eines „penetrierenden Bauchtraumas".

Bauchverletzungen

Mögliche Ursachen für stumpfe Bauchverletzungen	Mögliche Ursachen für penetrierende Bauchverletzungen
• Sturz gegen Fahrradlenker • Tritt in den Abdominalbereich • Fußballtreffer im Abdominalbereich	• Stichverletzung • Schussverletzung • Pfählung beim Sturz auf einen herausragenden Gegenstand

21. Erläutern Sie den Begriff „zweizeitige Milzruptur".

Bei einer zweitzeitigen Milzruptur kommt es zu einer Blutung innerhalb der intakten Kapsel des Organs. Diese Sickerblutung lässt den Druck innerhalb der Milzkapsel zunehmend steigen. Innerhalb von Stunden bis Tagen kann es dadurch zu einem Zerreißen dieser kommen. Die resultierenden Blutungen sind in der Regel so massiv, dass die Patienten einen Volumenmangelschock entwickeln. Aus diesem Grunde sollten Patienten auch nach zurückliegenden Traumata befragt werden.

22. Erläutern Sie die dargestellte Lagerungsform.

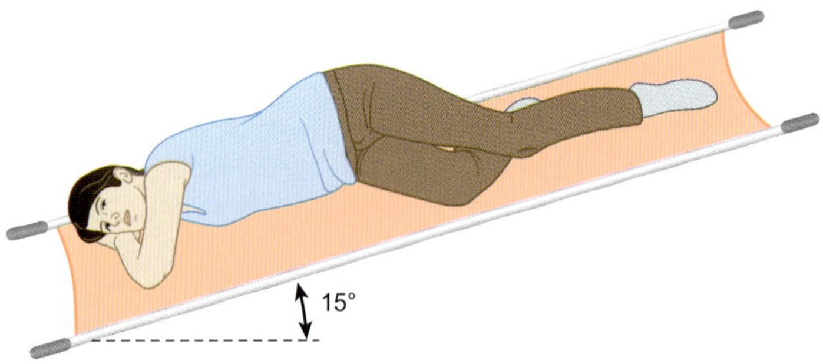

© Stefan Dangl, München

Bei dieser Lagerungsform handelt es sich um die sogenannte angepasste Schocklage. Diese stellt immer eine Kombination aus der Schocklage mit einer anderen Lagerung dar. So zum Beispiel kann bei Patienten mit Bauchverletzungen die bauchdeckenentlastende Lagerung mit der Schocklage kombiniert werden. In diesem Fall wurde bei einem bewusstlosen Patienten die Schocklage mit der stabilen Seitenlage kombiniert.

23. Ergänzen Sie den Text.

ABCDE-Schema – Schocklage – hochdosierten – Puls – Sicherheit – Schockzustand – i.v.-Zugang

Sie werden zu einem Unfallort gerufen. Ein Bauarbeiter hat einen Metallträger in den Bauch gestoßen bekommen. Nachdem Sie die Sicherheit der Einsatzstelle überprüft haben, beginnen Sie mit der Untersuchung nach dem ABCDE-Schema. Sie stellen dabei einen schnellen Puls und eine deutliche Prellmarke am Abdomen fest. Hieraus schließen Sie, dass sich Ihr Patient im drohenden Schockzustand befindet. Sie fordern umgehend einen Notarzt nach und verabreichen hochdosierten Sauerstoff. Zudem sollte die Anwendung einer Schocklage erfolgen und ein i.v.-Zugang vorbereitet werden.

Kapitel 18 – Traumatologie

24. Nennen Sie die Definition des Polytraumas nach Tscherne.

Ein Polytrauma wird definiert als mehrere gleichzeitig entstandene Verletzungen mehrerer Körperregionen, von denen mindestens eine oder die Kombination mehrerer lebensbedrohlich ist.

25. Richtig oder falsch?

	Richtig	Falsch
Die Versorgung eines Polytraumas erfolgt zumeist noch am Unfallort. Für diesen Zweck halten die Notarzteinsatzfahrzeuge extra Blutkonserven vor.		✗
Die „golden hour of trauma“ besagt, dass ein eingeklemmter Patient innerhalb einer Stunde aus dem Fahrzeug befreit sein muss.		✗
Liegt keine Einklemmung vor, sollte die Versorgungszeit vor Ort unter 15 Minuten liegen.	✓	
Aufgrund des Stresses im Rahmen einer Einklemmung ist ein zusätzlicher Wärmeerhalt nicht notwendig.		✗
Beim Arbeiten am einklemmten Unfallpatienten sollte der Aktionsbereich des Airbags freigehalten werden.	✓	

26. Erläutern Sie die dargestellte Technik.

© Thomas Engbert, Design&Kommunikation, Kroonsgard

Bei dieser Technik handelt es sich um den sogenannten „Rautek-Griff“. Bei dessen Anwendung werden die eigenen Arme unter den Armen des Patienten hindurchgeführt und ein Unterarm dabei umfasst. Dies ermöglicht das Wegtragen eines Patienten aus einer Gefahrensituation. Es ist allerdings zu beachten, dass diese Technik nicht zum regulären Patiententransfer genutzt werden darf, weil sie mit einer erhöhten Verletzungsgefahr für den Patienten verbunden ist.

27. Unterscheiden Sie „schonende Rettung“ und „Crashrettung“.

Bei der schonenden Rettung handelt es sich um einen Rettungsvorgang bei stabilen Patienten. Es herrscht kein oder nur ein geringer Zeitdruck, so dass die Rettung schrittweise und wirbelsäulenschonend erfolgen kann. Bei einer Crashrettung handelt es sich um die Rettung eines instabilen Patienten. Hier erfolgt nur eine manuelle Stabilisierung der Halswirbelsäule oder ggf. die Anlage eines HWS-Stützkragens. Ziel ist die schnelle Rettung des Patienten, um sein Leben zu bewahren.

Kapitel 19 – Akutes Abdomen und metabolische Notfälle

1. Definieren Sie den Begriff „akutes Abdomen".

Das akute Abdomen ist ein Sammelbegriff für plötzlich auftretende, schmerzhafte und potentiell lebensbedrohliche Erkrankungen.

2. Tragen Sie die häufigsten Ursachen für ein akutes Abdomen in die Abbildung ein.

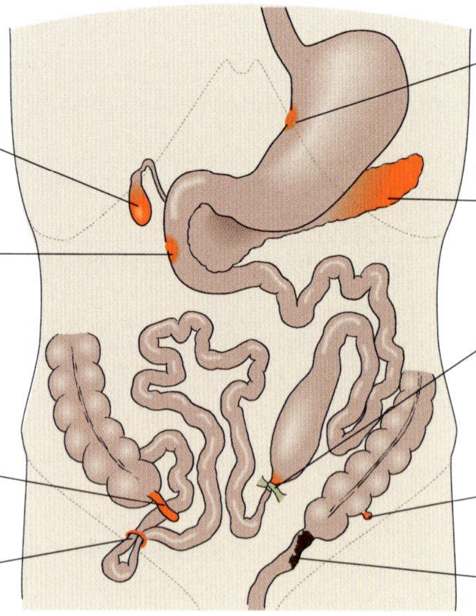

3. Richtig oder falsch?

	Richtig	Falsch
Kolikartige Schmerzen sind Schmerzen, die in einer sehr schnellen Frequenz (> 100/Min.) wellenförmig auftreten.		✗
Häufig werden Koliken von vegetativen Symptomen, wie etwa Schweißausbrüchen oder Übelkeit, begleitet.	✓	
Entzündungsschmerzen steigen in ihrer Intensität zunehmend und sind gut lokalisierbar.	✓	
Typisch ist diese Schmerzform zum Beispiel bei einem festsitzenden Gallenstein.		✗
Perforationsschmerzen zeichnen sich durch ein heftiges Schmerzereignis zu Beginn und einen dann zunächst nachlassenden Schmerz aus.	✓	

4. Unterscheiden Sie viszeralen und somatische Schmerzen.

Schmerzcharakter

Viszeraler Schmerz	Somatischer Schmerz
• Dumpf • Diffus und schlecht lokalisierbar • Häufig begleitet von vegetativen Symptomen	• Scharf • Gut lokalisierbar

Lösungen

5. Ordnen Sie die passenden Begriffe einander zu.

Hyperperistaltik – Paralytischer Ileus – Magen-Darm-Infektionen – Mechanischer Darmverschluss – Metallisch klingende Darmgeräusche – Fehlende Darmgeräusche

Hyperperistaltik → Magen-Darm-Infektionen
Metallisch klingende Darmgeräusche → Mechanischer Darmverschluss
Fehlende Darmgeräusche → Paralytischer Ileus

6. Benennen Sie das pathologische Zeichen, dass in dieser Abbildung zu erkennen ist.

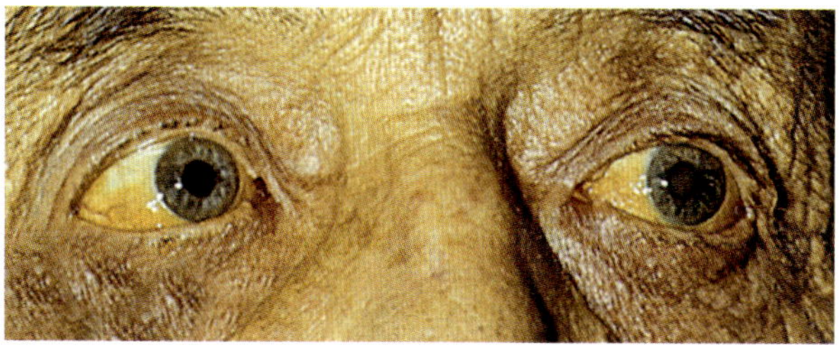

Ikterus

7. Richtig oder falsch?

	Richtig	Falsch
Ein heller lehmfarbener Stuhl spricht für eine obere gastrointestinale Blutung.		✗
Durchfall (Diarrhoe) ist zumeist stressbedingter Ursache. Erst wenn er an 3 aufeinanderfolgenden Tagen aufgetreten ist, sollte das Personal Infektionsschutzmaßnahmen treffen.		✗
Blutstuhl tritt bei unteren gastrointestinalen Blutungen auf und ist stets als Warnsignal anzusehen.	✓	
Kaffeesatzartiges Erbrechen ist ein Zeichen für einen mechanischen Darmverschluss.		✗
Erbrechen von hellem Blut spricht für eine aktive Blutung in Speiseröhre oder dem Magen.	✓	

8. Nennen Sie mindestens 5 mögliche Komplikationen eines akuten Abdomens.

- Stärkste Schmerzen
- Atemwegsverlegungen durch Erbrochenes
- Kreislaufdysregulationen und Synkopen
- Sepsis und septischer Schock
- Volumenmangel und hypovolämischer Schock

9. Zeichnen Sie die gesuchten Punkte in die Abbildung ein.

McBurney – Lanz – Blumberg

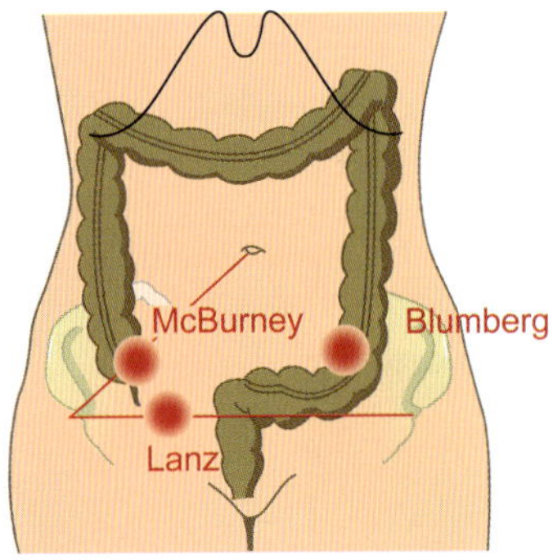

© Martha Kosthorst, Borken

10. Welches ist die schwerste Komplikation einer Appendizitis?

✓ Perforation

11. Ergänzen Sie den Text.

Leber – Überdruckvarizen – Leberzirrhose – Pfortader – Speiseröhrenvenen – Alkoholerkrankung – Blutstau – Ösophagusvarizen – Transport

Eine der gefürchtetsten gastrointestinalen Blutungen ist die Ösophagusvarizenblutung. Sie tritt selten auf, ist aber in ca. 50 % der Fälle tödlich. Ösophagusvarizen sind Überdruckvarizen, die entstehen, wenn es zu einem Blutstau vor der Leber kommt. Dieser ist im Regelfall auf eine Leberzirrhose im Rahmen einer Alkoholerkrankung zurückzuführen. Das Blut der Pfortader staut sich vor der kaum noch durchfließbaren Leber und wählt einen Umgehungskreislauf über die Speiseröhrenvenen. Im Rahmen dieser Blutungsereignisse muss schnell reagiert werden. Vorgegangen wird nach dem ABCDE-Schema. Der Patient benötigt dringend Sauerstoff und intravenöse Flüssigkeit. Ein eiliger Transport in die nächstgelegene Gastroenterologie ist obligat.

12. Unterscheiden Sie den „paralytischen" und den „mechanischen Ileus".

Ein mechanischer Ileus entsteht durch eine Verlegung des Darmlumens. Diese kann durch eine Verstopfung von innen, durch zum Beispiel einen Tumor, oder aber durch eine Kompression von außen, etwa bei einer Darmverdrehung (Volvulus), verursacht sein. Der paralytische Ileus hingegen tritt im Rahmen einer Darmparalyse, also einer Darmlähmung, auf. Zu Grunde liegen können hier zum Beispiel schwere entzündliche Prozesse oder Ischämien. Ein Ileus ist ein absoluter Notfall und muss schnellstmöglich im Krankenhaus behandelt werden. Zeichen für einen Ileus sind Veränderungen der Darmgeräusche (metallisch klingend oder nicht vorhanden) und der Stuhlverhalt.

13. Unterscheiden Sie Typ-I- und Typ-II-Diabetes.

Beim Typ-I-Diabetes handelt es sich um einen immunologisch oder idiopathisch bedingten absoluten Insulinmangel. Dieser entsteht durch eine Zerstörung der ß-Zellen in den Langerhans-Inseln. Ab einer Zerstörung von etwa 80 % der Zellen kommt es zu klinisch bemerkbaren Krankheitszeichen. Dem Typ-II-Diabetes hingegen liegt eine verminderte Ansprechbarkeit der Insulinrezeptoren in den Geweben zu Grunde. Dies führt zu einem steigenden Insulinbedarf und zu einem schrittweisen Erschöpfen der ß-Zellen. Als Hauptursachen gelten Überernährung und Bewegungsmangel.

14. Geben Sie mögliche Folgeerkrankungen des Diabetes mellitus an.

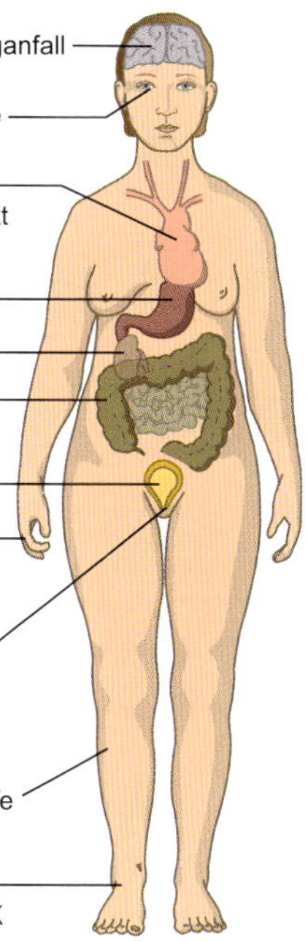

© Gerda Raichle, Ulm

15. Ergänzen Sie die Tabelle.

Formen des diabetischen Komas

	Ketoazidotisches Koma	Hyperosmolares Koma
Blutzucker (mg/dl bzw. mmol)	‹ 600 mg/dl (33 mmol/l)	› 600 mg/dl (33 mmol/l)
Letalität (%)	5–20 %	40–60 %
Insulinmangel	Absoluter Insulinmangel	Relativer Insulinmangel
Weitere Zeichen	• Azetongeruch • Kußmaulatmung	• Kein Azetongeruch • Keine Kußmaulatmung

16. Nennen Sie mindestens 8 mögliche Symptome einer Hypoglykämie.

- Kollapsneigung
- Kopfschmerzen
- Tremor
- Übelkeit und Erbrechen
- Lähmungen
- Sprachstörungen
- Krampfanfälle
- Koma
- Unruhe
- Halluzinationen

Die Hypoglykämie gilt als das Chamäleon der Notfallmedizin!

Lösungen

Kapitel 20 – Urologische und nephrologische Notfälle

1. Nennen Sie mindestens 5 mögliche urologische oder nephrologische Notfallbilder.

- Hodentorsion
- Nieren- bzw. Harnleiterkolik
- Harnverhalt
- Akutes Nierenversagen
- Trauma des Urogenitaltrakts

2. Nennen Sie das Erkrankungsbild und planen Sie Ihr Vorgehen.

Auf einem Sanitätsdienst zu einem Sommerfest kommt eine junge Mutter auf Sie zu. Ihr Kind habe nach einem Mittagschlaf plötzlich nicht mehr aufgehört zu schreien. Sie habe zunächst gedacht, dass es eine neue Windel benötigen würde. Beim Wickeln sei ihr dann der Hoden ihres Sohnes aufgefallen.

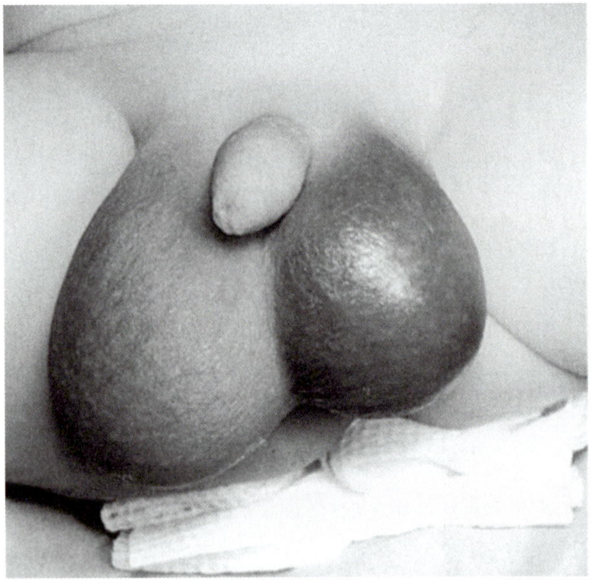

© Behrman, Kliegman, Jenson: Nelson Textbook of Pediatrics, 17th ed., 2004, Mosby

Aller Wahrscheinlichkeit nach handelt es sich hierbei um eine Hodentorsion, also einer Drehung des Hodens um seine eigene Längsachse. Sie sollten den Patienten mit dem pädiatrischen Beurteilungsdreieck einschätzen und einen Notarzt hinzuziehen. Bei Kindern sollte zunächst ein zurückhaltendes Vorgehen erfolgen. Bereiten Sie stattdessen alle Maßnahmen, wie etwa die Monitorüberwachung oder die Anlage eines venösen Zugangs vor, um Zeit zu sparen, wenn der Notarzt eingetroffen ist. Ihr Patient muss schnellstmöglich in eine pädiatrische Klinik verbracht werden.

3. Nennen Sie mindestens 4 mögliche Ursachen für einen Harnverhalt.

- Prostatavergrößerung
- Lageveränderung des Uterus
- Blasensteine
- Traumatische Auswirkung

4. Planen Sie Ihr Vorgehen.

Sie haben den Auftrag, eine ältere Dame mit der Einweisungsdiagnose Harnverhalt ins Krankenhaus zu fahren. Bei der Übernahme stellen Sie fest, dass Ihre Patientin stark schwitzt und sichtliche Schmerzen zu haben scheint.

Untersuchen Sie die Patientin strukturiert nach dem ABCDE-Schema, um eine vitale Bedrohung auszuschließen. Auch sollten Sie aufgrund der starken Schmerzen in Erwägung ziehen, einen RTW bzw. ggf. sogar ein NEF nachzufordern. Verabreichen Sie etwas Sauerstoff und bereiten Sie einen venösen Zugang vor. Bis dahin führen Sie eine Monitorüberwachung der Patientin durch. Auch sollten Sie Ihre Leitstelle über die Verzögerung informieren.

Kapitel 20 – Urologische und nephrologische Notfälle

5. Unterscheiden Sie „akutes Nierenversagen" von der „chronischen Niereninsuffizienz".

Beim akuten Nierenversagen ist die Harnsekretion durch einen Ausfall der Nierenfunktion zum Erliegen gekommen. Das akute Nierenversagen entwickelt sich rasch, geht aber oftmals mit einer guten Prognose einher. Die chronische Niereninsuffizienz hingegen bezeichnet eine irreversible Schädigung der Nierenstrukturen über einen längeren Zeitraum. Sie endet oftmals in der Dialysepflicht.

6. Finden Sie 10 versteckte Begriffe.

Tipp: Sie alle stehen im Zusammenhang mit akuten oder chronischen Funktionsstörungen der Nieren.

O	A	N	L	B	Z	O	R	R	X	C	O	Z	R	S	I	J	M
U	J	H	Y	F	S	X	Q	E	M	J	F	R	E	U	W	W	S
C	A	Y	C	A	N	U	R	I	E	J	Y	A	O	R	M	R	X
W	M	P	C	J	J	S	J	G	V	K	D	S	B	I	O	B	E
D	G	E	F	E	D	L	O	F	U	K	I	K	A	N	H	W	Q
I	X	R	N	L	W	S	P	W	R	G	U	O	M	G	B	X	R
A	Q	T	Y	U	Z	R	X	I	Ä	D	R	O	T	E	G	F	H
L	T	O	K	P	H	W	H	Q	M	F	E	U	Q	R	E	K	F
Y	M	N	H	U	X	O	H	O	I	M	S	M	P	U	K	H	O
S	E	I	I	C	E	M	T	C	E	J	E	G	I	C	L	J	K
E	K	E	A	M	L	X	E	M	V	W	H	N	F	H	Q	D	P
K	I	H	Y	P	O	G	L	Y	K	Ä	M	I	E	M	S	U	U
O	Y	M	P	J	O	V	I	J	T	C	D	T	L	D	R	Y	K
F	V	N	Q	J	U	C	K	R	E	I	Z	G	R	B	W	F	U
F	Q	V	O	V	F	M	F	F	V	R	S	Y	Y	D	W	M	N
K	F	D	P	M	R	Z	Ö	D	E	M	E	N	J	X	B	P	N
W	K	E	C	S	W	W	A	D	E	N	K	R	Ä	M	P	F	E
G	R	F	H	O	Q	A	I	O	G	W	H	Y	G	X	E	M	J

7. Planen Sie Ihr Vorgehen.

Sie werden zu einem Notfallort gerufen. Ein Patient klagt über immer wiederkehrende dumpfe Schmerzen im Bereich der Nierenlager.

Auf den ersten Eindruck klingt dieser Symptomkomplex nach einer Nierenkolik. Ihr Teamleiter wird den Patienten nach dem ABCDE-Schema untersuchen. Währenddessen sollten Sie eine Sauerstoffgabe und die Monitorüberwachung vorbereiten. Außerdem ist es wahrscheinlich, dass eine i.v.-Zugangsanlage erfolgen wird, um krampflösende Mittel zu verabreichen. Eine NEF-Nachforderung muss ggf. erfolgen, sollten hierfür keine Freigaben in Ihrem Einsatzbereich vorliegen.

8. Nennen Sie mindestens 2 weitere mögliche Symptome der dargestellten Störung.

- Übelkeit und Erbrechen
- Kaltschweißigkeit

Kapitel 21 – Gynäkologische Notfälle und Geburtshilfe

1. Nennen Sie mindestens 8 mögliche gynäkologische Notfallbilder.

- Vaginaltrauma
- Eileiterschwangerschaft
- Stieldrehungen
- Entzündungen der Eileiter
- Vaginale Blutungen
- Frühgeburt
- Eklampsie
- Nabelschnurvorfall

2. Geben Sie an, um welches Notfallbild es sich in der Abbildung handelt und nennen Sie die wichtigste mögliche Spätkomplikation.

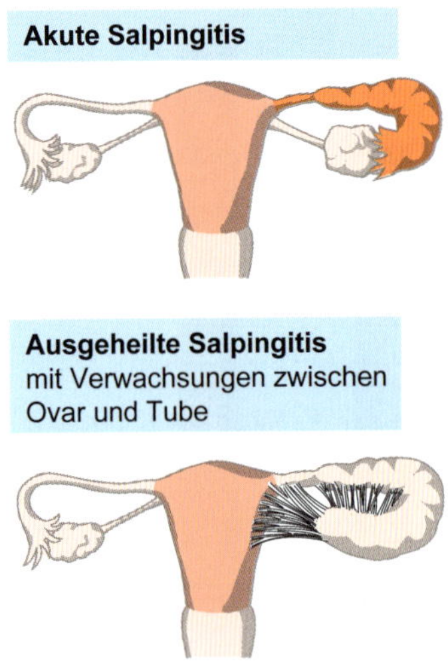

© Martha Kosthorst, Borken

Die wichtigste mögliche Spätkomplikation einer Salpingitis ist ein Passagehindernis für Eizellen aufgrund der Verwachsungen. Auf diese Weise kann es im späteren Leben zum Auftreten von Eileiterschwangerschaften kommen.

3. Erläutern Sie mögliche Entstehungswege von vaginalen Blutungen.

Vaginale Blutungen werden zunächst in Blutungen mit und ohne Vorliegen einer Schwangerschaft unterschieden. Ursachen für vaginale Blutungen in der Schwangerschaft können das Einsetzen des Geburtsvorgangs oder aber auch Verletzungen sein. Bei Blutungen, die nicht mit einer Schwangerschaft in Verbindung stehen, kann es sich sowohl um verstärkte Menstruationsblutungen, um Blutungen im Rahmen von Entzündungsprozessen oder im Rahmen von Tumorerkrankungen handeln. Dies stellt natürlich nur eine Auswahl dar.

4. Beschreiben Sie die Lagerung, die im Rahmen von vaginalen Blutungen eingesetzt werden sollte.

Bei vaginalen Blutungen sollte die Fritsch-Lagerung angewendet werden. Hierbei werden die Beine der betroffenen Patientinnen überkreuzt, nachdem eine Vorlage vorgelegt wurde. Die Lagerung ermöglicht ein Abschätzen der verlorenen Blutmenge, ist aber nicht in der Lage eine Blutung aktiv zu stillen. Bei aktiven Blutungen ist das Ziel immer ein zeitnaher und zügiger Transport.

Kapitel 21 – Gynäkologische Notfälle und Geburtshilfe

5. Ergänzen Sie den Text.

Eileiterschwangerschaft – Blutungen – Bauchfellentzündung – Dehnungsschmerzen – Ultraschalls – Gynäkologie – Erkrankungen – Blutentnahme – vital – Schockgeschehen

Im ersten Drittel einer Schwangerschaft sind Unterbauchschmerzen relativ häufig. Zu achten ist allerdings darauf, ob zusätzliche Blutungen vorliegen. Zumeist handelt es sich hier um Dehnungsschmerzen. Dennoch müssen insbesondere die Eileiterschwangerschaft und die Appendizitis ausgeschlossen werden. Beide Erkrankungen können, wenn sie entsprechend fortschreiten, bis hin zu einer Bauchfellentzündung gehen. Bei dieser ist ein Schockgeschehen nicht ungewöhnlich. Die betroffenen Patientinnen sind dann vital bedroht. Dementsprechend sollten die Patientinnen in eine Klinik mit Gynäkologie und chirurgischer Abteilung verbracht werden. Dort erfolgt die Anfertigung eines Ultraschalls und ggf. eine Blutentnahme.

6. Richtig oder falsch?

	Richtig	Falsch
Fehlgeburten sind oftmals die Folge von Fehlbildungen der Gebärmutter oder Fehlentwicklungen des Fetus.	✓	
Die Schwangerschaft wird in 2 Hälften unterteilt (1. und 2. Duomenon).		✗
Im ersten Abschnitt der Schwangerschaft sind die Erkrankungen oftmals andere als im späteren Verlauf.	✓	
Bei einer Plazentainsuffizienz kommt es zu einer Unterversorgung des ungeborenen Kindes.	✓	
Die Placenta praevia kann eine Kaiserschnittindikation sein, da es zu einer Blockade des inneren Muttermunds kommen kann.	✓	

7. Nennen Sie 4 Symptome einer Eklampsie.

- Hypertonie
- Ödeme
- Proteinurie
- Krampfanfälle

8. Erläutern Sie die dargestellte Lagerungstechnik.

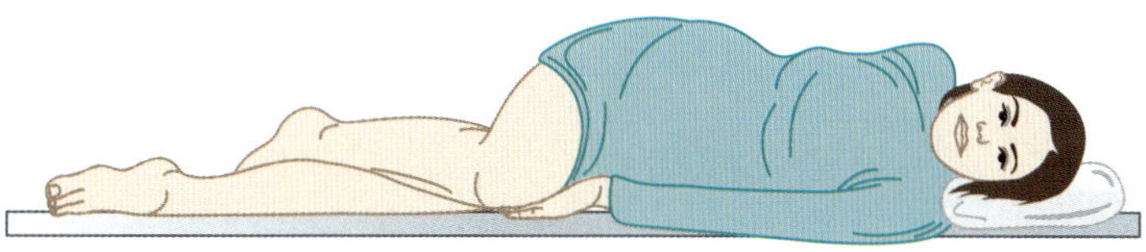

Es handelt sich bei der dargestellten Lagerung um die Linksseitenlagerung von Schwangeren zur Vermeidung eines Vena-Cava-Kompressionssyndroms. Im letzten Schwangerschaftsabschnitt ist der Fetus so schwer, dass es in Rückenlage zu einem Abdrücken der Vena cava kommen kann. Dies führt dazu, dass weniger Blut zum Herzen zurückfließen kann und infolgedessen der Blutdruck abfällt. Zur Vermeidung dieses Zustands erfolgt die Linksseitenlagerung. Allerdings sollte immer der Wunsch der Mutter in Bezug auf die Lagerung berücksichtigt werden.

Lösungen

9. Nennen Sie 2 mögliche Ursachen für einen vorzeitigen Blasensprung.

- Pilzinfektion
- Bakterielle Infektion

10. Erläutern Sie eine Untersuchungsmöglichkeit im Rettungsdienst, um Wehen festzustellen.

Durch Hebammen und Gynäkologen werden hierfür sogenannte Wehenschreiber eingesetzt. Diese zeichnen den Verlauf und die Intensität der Wehen auf und dokumentieren diese somit. Zudem kann der Herzschlag des Kindes erfasst werden. Im Rettungsdienst steht dieses Hilfsmittel nicht zur Verfügung. Die einfachste Möglichkeit zur Erfassung der Wehen ist hier die Frage an die Patientin und die genaue Dokumentation der Zeiten. Sensibler ist hier oftmals die Tastuntersuchung. Hierzu legt man die Hände auf den Bauch der Schwangeren. Je nach Abstand der Wehen kann eine starke Anspannung der Gebärmutter gefühlt werden. Der Bauch wird dabei nach ca. 20 Sekunden sehr fest und dann langsam wieder weicher.

11. Erläutern Sie die Entstehung eines Nabelschnurvorfalls.

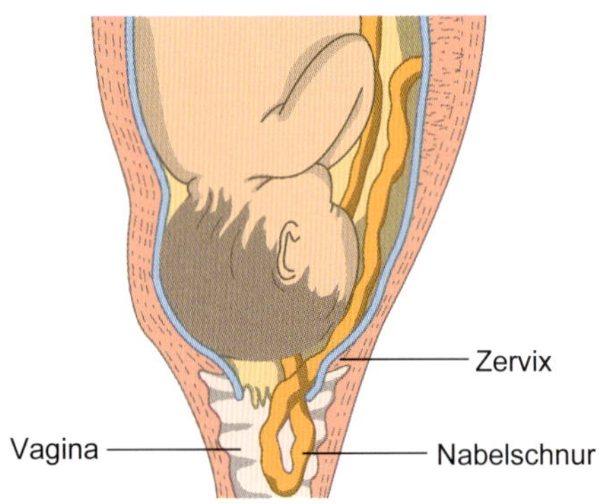

© Martha Kosthorst, Borken

Ein Nabelschnurvorfall entsteht, wenn die Nabelschnur bei einem vorzeitigen Blasensprung vor dem Kind im Geburtskanal liegt, das Kind durch Wehen tiefer in den Geburtskanal eindringt und die Nabelschnur dabei abklemmt. Dies ist im Regelfall bis zur 36. Schwangerschaftswoche zu erwarten, da hier der Kopf des Kindes noch nicht fest im Becken der Mutter liegt. Der Nabelschnurvorfall stellt einen absoluten Notfall dar, der das Leben des Kindes aktiv gefährdet. Es muss sofort gehandelt werden.

12. Planen Sie Ihr Vorgehen.

Sie sollen eine Schwangere mit Wehen in der 34. Schwangerschaftswoche ins Krankenhaus transportieren. Sie werden als KTW alarmiert. Vor Ort fällt Ihnen auf, dass ein Nabelschnurvorfall vorliegt.

Lagern Sie die Patientin sofort in der Beckenhochlage. Fordern Sie umgehend einen RTW, ggf. auch ein NEF nach. Bereiten Sie alles für den Transport vor. Dieser muss zügig durchgeführt werden. Außerdem muss eine manuelle Dekompression der Nabelschnur erfolgen. Dazu wird das kindliche Köpfchen mit dem Zeige- und Ringfinger durch die Scheide vorsichtig hochgedrückt, bis die Nabelschnur wieder pulsiert. Diese Position muss bis zur Geburt des Kindes während des Kaiserschnitts aufrechterhalten werden.

Kapitel 21 – Gynäkologische Notfälle und Geburtshilfe

13. Definieren Sie den Begriff „Notgeburt".

Als Notgeburt wird die ungeplante Geburt außerhalb der Geburtsklinik bezeichnet.

14. Nennen und beschreiben Sie die 3 Phasen einer Geburt.

1 Eröffnungsperiode	Die Geburt beginnt in der Regel mit dem Einsetzen der Eröffnungswehen. Sie kommen in einem eher langen Abstand und dienen dabei der Verkürzung des Gebärmutterhalses und der Erweiterung des Muttermunds.
2 Austreibungsphase	Wenn der Muttermund vollständig geöffnet ist, beginnt die Austreibungsphase. Die Wehen sind hier häufig und die Frau hat das Bedürfnis aktiv mitzupressen. Die Austreibungsphase ist beendet, sobald das Kind vollständig entwickelt ist.
3 Nachgeburtsphase	Die Nachgeburtsphase dient der Ablösung und Entwicklung der Plazenta. Sie ist zeitlich sehr variabel und endet mit der Geburt des Mutterkuchens.

15. Beschreiben Sie grob Ihr Vorgehen im Rahmen einer Notgeburt auf einem Krankentransport.

Zunächst sollten Sie weitere Kräfte, ggf. sogar eine Hebamme, nachfordern. Die Patientin sollte sich in eine für sie bequeme Position begeben. Wenn das Köpfchen noch nicht zu sehen ist, kann versucht werden, die Patientin zur Hechelatmung anzuleiten. Diese vermindert die Wehen und kann Zeit überbrücken, bis die nachgeforderten Kräfte eingetroffen sind. Ist das Köpfchen schon zu sehen, sollte die Mutter angeleitet werden mit den Wehen mitzupressen. Das Kind wird sich beim Geburtsvorgang drehen. Sie können dieses Vorgangs vorsichtig unterstützen. Besonders bei der Entwicklung der Schulter kann es sein, dass Ihre Unterstützung benötigt wird. Untersuchen Sie nach der Geburt das Kind mit dem APGAR-Schema und schützen Sie es gegen Wärmeverlust. Untersuchen Sie auch die Mutter. Schließen Sie hier aktiv größere Nachblutungen aus.

16. Ergänzen Sie die Tabelle.

APGAR-Schema

Beurteilungskriterium	Bewertung		
	0 Punkte	**1 Punkt**	**2 Punkte**
Atembewegungen	keine (Apnoe)	flach, unregelmäßig, Schnappatmung	regelmäßige Atmung, kräftiges Schreien
Puls	nicht wahrnehmbar	< 100/min	> 100/min
Grundtonus (Muskeltonus, Aktivität)	schlaffer Tonus, keine Bewegungen	geringer Tonus, wenig Bewegungen	guter Tonus, aktive Bewegungen
Aussehen (Hautfarbe)	blau (zyanotisch), weiß/blass	Stamm rosa, Extremitäten blau	vollständig rosa
Reflexerregbarkeit (Reaktion auf Hautreiz oder Absaugen)	keine Reaktion	Grimassieren, geringe Reaktion	Schreien, Husten, Niesen, abwehrende Reaktion

Kapitel 22 – Pädiatrische Notfälle

1. Nennen Sie 4 generelle Besonderheiten bei Kindernotfällen.

- Kinder unterscheiden sich medizinisch gesehen von Erwachsenen
- Kinder haben oftmals große Angst vor dem Rettungsdienstpersonal
- Die Eltern können einen zusätzlichen Stressfaktor darstellen
- Kindernotfälle stellen häufig emotional eine große Belastung für das Einsatzpersonal dar

2. Sortieren Sie die Entwicklungsabschnitte zu den jeweiligen Altersangaben.

Zahnwechsel – Freies Laufen – Sitzen – Lächeln bei Sichtkontakt – Erster Milchzahn – Kennt Vor- und Nachnamen – Kennt Tag, Monat, Jahr und Uhr – Greifen

≥ 6 Wochen	Lächeln bei Sichtkontakt
≥ 5 Monate	Greifen
6–8 Monate	Erster Milchzahn
6–9 Monate	Sitzen
≥ 18 Monate	Freies Laufen
≥ 3 Jahre	Kennt Vor- und Nachnamen
› 6 Jahre	Zahnwechsel
8–10 Jahre	Kennt Tag, Monat, Jahr und Uhr

3. Höher (›), niedriger (‹) oder gleich (=)?

Vergleich der Messwerte zwischen Kindern und Erwachsenen

Parameter	
Atemfrequenz	Kinder › Erwachsene
Atemzugvolumen pro Kilogramm Körpergewicht	Kinder = Erwachsene
Totraumvolumen pro Kilogramm Körpergewicht	Kinder = Erwachsene
Herzfrequenz	Kinder › Erwachsene
Blutdruck	Kinder ‹ Erwachsene
Blutvolumen pro Kilogramm Körpergewicht	Kinder › Erwachsene
Schlagvolumen (Herz)	Kinder ‹ Erwachsene
Körpertemperatur	Kinder = Erwachsene
Blutzuckerspiegel	Kinder = Erwachsene

4. Zeichnen Sie die Atemwege bei Kindern und bei Erwachsenen schematisch ein.

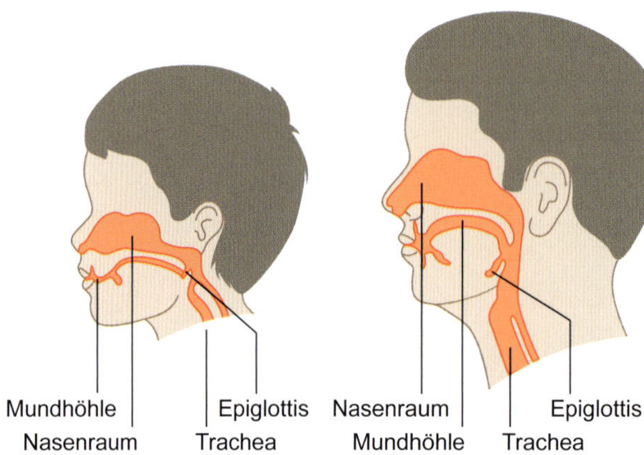

5. Nennen Sie mindestens 5 mögliche Anzeichen für respiratorische Störungen bei Kindern.

- Atemabhängige Hauteinziehungen zwischen den Rippen
- Fahlgraue/blasse Haut
- Nasenflügeln mit Schwitzen
- Veränderungen der Atemfrequenz (zunächst Tachypnoe, später Bradypnoe)
- Pathologische Atemgeräusche

6. Ergänzen Sie den Text.

Giemen – Atemwege – Erdnussschalen – selten – Mund – Fremdkörper – Stimmbandebene – Lungenabschnitt – Bronchialbaum – Fremdkörperaspiration

Besonders kleine Kinder neigen dazu, ihre Umgebung mit den Händen und dem Mund zu erfassen. Dabei kann es dazu kommen, dass kleine Gegenstände oder Lebensmittel, wie etwa Erdnussschalen, in ihre Atemwege gelangen. Der Großteil dieser Fremdkörper ist so klein, dass er durch den Kehlkopf in den Bronchialbaum gelangt. Ein geringerer Teil blockiert die Atemwege oberhalb der Stimmbandebene. Eine vollständige Verlegung der Atemwege ist vergleichsweise selten. Dennoch muss in solchen Einsatzszenarien immer damit gerechnet werden. Symptome einer Fremdkörperaspiration sind beispielsweise Stridor bzw. Giemen bei der Atmung oder ein abgeschwächtes bzw. aufgehobenes Atemgeräusch über einem Lungenabschnitt.

7. Ergänzen Sie die Tabelle.

Differentialdiagnose zwischen Pseudokrupp und Epiglottitis

Symptome	Pseudokrupp	Epiglottitis
Beginn	langsam	plötzlich, aus völliger Gesundheit heraus
Allgemeinzustand	gut, nur gering beeinträchtigt, unruhig	schwer krank, still
Gesichtsausdruck /Atmung	Mund geschlossen, Nasenflügeln	Mund offen, ängstlich, Nasenflügeln, vorgeschobener Unterkiefer
Atemnot	mäßig	erheblich
Husten	bellend	keiner
Schlucken	normal	erhebliche Schluckstörungen
Speichelfluss	normal	verstärkt
Körpertemperatur	Körpertemperatur < 38 °C	hohes Fieber, > 38 °C

8. Erläutern Sie die Basismaßnahmen, die im Rahmen eines Pseudokruppanfalls getroffen werden müssen.

Zunächst muss ausgeschlossen werden, dass es sich um eine bedrohliche Störung der Atmung handelt. Dies kann zum Beispiel über die konsequente Anwendung des pädiatrischen Beurteilungsdreiecks bzw. des ABCDE-Schemas und die Fiebermessung geschehen. Zumeist verläuft ein Pseudokruppanfall unproblematisch. Das wichtigste ist der beruhigende Zuspruch an die Eltern. Zudem sollte die Lagerung des Kindes aufrecht und auf einem Arm bzw. dem Schoss eines Elternteils erfolgen. Zusätzlich kann ein Fenster geöffnet werden, um kühle Luft hinein zu lassen. Dies wirkt sich günstig auf die Atemwegsschwellung aus. Auch sollte die Nachforderung eines Notarztes zur medikamentösen Therapie erfolgen.

Kapitel 22 – Pädiatrische Notfälle

9. Nennen Sie mindestens 6 mögliche Ursachen für eine Exsikkose bei Kindern.

- Zu geringe Trinkmenge (z.B. bei Trinkverweigerung)
- Vernachlässigung (Inkaufnahme einer geringen Trinkmenge seitens der Eltern)
- Starkes Erbrechen
- Heftiger Durchfall
- Massives Schwitzen
- Hohes Fieber

10. Finden Sie 9 versteckte Begriffe.

Tipp: Sie alle stehen im Zusammenhang mit Untersuchungen bei exsikkierten Kindern

R	F	L	Y	B	L	S	Y	H	**H**	**A**	**U**	**T**	**F**	**A**	**R**	**B**	**E**	R
L	W	J	G	I	X	Q	U	W	U	E	G	X	S	L	G	R	G	K
W	E	M	B	**S**	**C**	**H**	**L**	**E**	**I**	**M**	**H**	**Ä**	**U**	**T**	**E**	T	G	T
C	D	D	T	O	Q	T	I	P	K	F	S	Q	T	N	N	T	W	S
L	**I**	**D**	**S**	**C**	**H**	**L**	**A**	**G**	A	O	U	H	R	T	T	V	G	K
S	K	K	E	T	V	Z	C	T	J	T	Z	X	D	B	W	E	O	Q
S	U	R	W	R	L	K	**O**	**L**	**I**	**G**	**U**	**R**	**I**	**E**	O	C	C	P
A	X	**G**	**R**	**E**	**I**	**S**	**E**	**N**	**H**	**A**	**F**	**T**	**I**	**G**	**K**	**E**	**I**	**T**
U	V	D	P	B	I	B	T	V	C	C	M	G	L	G	S	B	Y	U
G	F	S	N	U	L	D	P	P	A	I	Y	D	F	X	F	U	A	S
R	M	S	W	E	S	R	G	Q	D	T	V	S	I	B	Z	I	P	O
E	W	Z	F	**M**	**U**	**S**	**K**	**E**	**L**	**S**	**C**	**H**	**M**	**E**	**R**	**Z**	**E**	**N**
F	G	F	**S**	**C**	**H**	**W**	**Ä**	**C**	**H**	**E**	J	C	M	U	M	U	K	T
L	N	J	Z	K	Y	V	P	L	O	N	N	X	T	H	O	B	R	G
E	L	L	X	K	L	Y	L	X	B	M	S	E	M	Q	H	V	T	Q
X	J	U	N	J	P	F	J	X	H	O	W	X	B	E	F	Y	T	Y
O	F	**F**	**O**	**N**	**T**	**A**	**N**	**E**	**L**	**L**	**E**	J	H	H	L	G	M	D
G	T	T	R	X	I	V	B	R	R	P	Z	S	J	I	C	V	O	K
J	T	R	V	D	K	Y	S	R	R	W	J	N	V	V	Y	C	C	B

11. Richtig oder falsch?

	Richtig	Falsch
Fieberkrämpfe sind zerebrale Krampfanfälle, die zur Gruppe der sogenannten Gelegenheitsanfälle gehören.	✓	
Oftmals treten sie aus völliger Gesundheit heraus auf, da der erste hohe Fieberanstieg im Rahmen eines Infekts für sie verantwortlich ist.	✓	
Fieberkrämpfe sind meist fokale Krampfanfälle, die sekundär zu generalisieren neigen.		✗
Das Bewusstsein ist bei ihnen meistens erhalten, die Kinder haben hinterher jedoch oftmals eine Amnesie.		✗
Im Großteil der Fälle ist der Krampfanfall bei Eintreffen des Rettungsdiensts bereits beendet.	✓	

12. Nennen Sie die drei wichtigsten Basismaßnahmen im Rahmen eines kindlichen Fieberkrampfs.

- Eltern beruhigen
- Kind vor Verletzungen schützen
- Weitere Kräfte (Notarzt) nachfordern

13. Unterscheiden Sie die Begriffe „SIDS" und „ALTE".

„SIDS" steht für „sudden infant death syndrome" und bezeichnet den plötzlichen, unerwarteten Tod eines Säuglings oder kleinen Kindes. „ALTE" steht für „apparent life-threatening event" und bezeichnet einen plötzlichen lebensbedrohlichen und unerwarteten Zustand eines Säuglings oder kleinen Kindes, der überlebt wird.

14. Richtig oder falsch?

	Richtig	Falsch
Oftmals werden Kinder, die an einem SIDS verstorben sind, an Nachmittagen aufgefunden.		✗
Der Großteil von ihnen wird in Rückenlage aufgefunden.		✗
Im Großteil der Fälle sind keine Reanimationsmaßnahmen mehr möglich, bzw. führen nicht mehr zu einem Erfolg.	✓	
Liegen keine sicheren Todeszeichen vor, muss unbedingt mit Wiederbelebungsmaßnahmen begonnen werden.	✓	
Der plötzliche Kindstod gilt als natürliche Ursache. Das Hinzuziehen der Polizei ist insofern nicht notwendig.		✗

15. Nennen Sie die 3 generellen Formen der Kindesmisshandlung und definieren Sie diese.

Formen der Kindesmisshandlung

Form	Definitionen
Vernachlässigung	Körperliche Vernachlässigung durch Vorenthalten von lebensnotwendigen Ressourcen und emotionale Vernachlässigung durch Vorenthalten einer emotionalen Bindung
Körperliche Kindesmisshandlung	Direkte, nicht unfallbedingte Gewaltanwendung gegen das Kind
Sexualisierter Kindesmissbrauch	Sexuelle Handlungen mit oder an Kindern, sexuelle Handlungen mit Jugendlichen unter bestimmten Bedingungen

16. Nennen Sie die wesentlichen Grundsätze zur Vorgehensweise beim Verdacht auf eine Kindesmisshandlung.

- Umsichtiges Vorgehen
- Keine Vorwürfe machen (Situation oft unklar)
- Kind in jedem Falle transportieren
- Kind nicht mehr aus den Augen lassen
- Ggf. Nachforderung eines Notarztes
- Nötigenfalls Nachforderung der Polizei

Kapitel 23 – Augen- und HNO-Notfälle

1. Nennen Sie mindestens 4 mögliche Notfallbilder, die die Augen betreffen.

- Stumpfes Trauma
- Penetrierendes Trauma
- Glaukomanfall
- Plötzlicher Sehverlust

2. Richtig oder falsch?

	Richtig	Falsch
Verätzungen des Auges werden unterschieden je nachdem, welche Substanzart für die Verätzung verantwortlich ist.	✓	
Laugenverätzungen führen zu Koagulationsnekrosen, Säureverätzungen zu Kolliquationsnekrosen.		✗
Stumpfe Verletzungen des Auges sind deutlich häufiger anzutreffen als penetrierende Verletzungen.	✓	
Bei stumpfer Gewalteinwirkung auf das Auge ist der Orbitaboden besonders frakturgefährdet.	✓	
Kleinere Fremdkörper werden oftmals durch den Tränenfluss entfernt und stellen nicht immer einen Notfall dar.		✗

3. Beschreiben und erläutern Sie die dargestellte Abbildung.

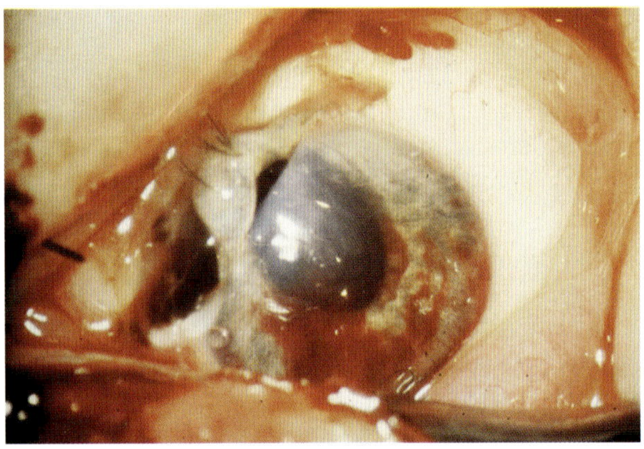

© Dr. U. Meyer-Bothling, Ashford

Beim dargestellten Befund handelt es sich um eine perforierende Augenverletzung. Zu erkennen ist eine große Verletzung des Glaskörpers mit einem einhergehenden Schaden der Iris. Die Pupille ist deformiert und wirkt milchig. Auch das Augenlid ist eröffnet. Es ist anzunehmen, dass das Auge nach einer solchen Verletzung permanent geschädigt sein wird.

4. Erläutern Sie Ihre Vorgehensweise im Rahmen einer Augenverletzung.

Zunächst einmal sollte der Patient unter Einsatz des ABCDE-Schemas auf lebensbedrohende Störungen hin untersucht werden. Sind diese ausgeschlossen, muss untersucht werden, ob es sich bei der Augenverletzung um eine stumpfe oder eine penetrierende Verletzung oder gar um eine Verätzung handelt. Bei Verätzungen muss großzügig mit Spüllösung gespült werden. Bei stumpfen Augenverletzungen kann die Kühlung mit einem Eisbeutel erfolgen. Große Fremdkörper müssen unbedingt im Auge belassen werden. Sind diese Untersuchungs- und Behandlungsschritte erfolgt, sollte eine sterile Abdeckung des betroffenen Auges erfolgen, bevor beide Augen verbunden werden.

5. Korrigieren Sie die Fehler im Text.

Beim Glaukom handelt es sich um einen Sammelbegriff für Erkrankungen, denen eine zunehmende Schädigung des Sehnervs durch eine Erhöhung des Augeninnendrucks gemeinsam ist. Diese Erhöhung erfolgt durch ein Missverhältnis zwischen Kammerwasserproduktion und Kammerwasserabfluss. Ein Glaukomanfall entsteht durch einen kurzfristigen hohen Anstieg des Augeninnendrucks aufgrund eines Verschlusses des Kammerwasserabflusses. Symptomatisch fallen häufig ein gerötetes Auge sowie eine stumpfe Hornhaut auf. Die Pupille des betroffenen Auges ist weit und lichtstarr. Der betroffene Augapfel ist im Tastbefund steinhart.

6. Nennen Sie mindestens 4 mögliche Begleitsymptome, die bei einem Glaukomanfall auftreten können.

- Übelkeit und Erbrechen
- Kopfschmerzen
- Hypertonie
- Tachykardie

7. Erläutern Sie Ihre Maßnahmen im Rahmen eines Glaukomanfalls.

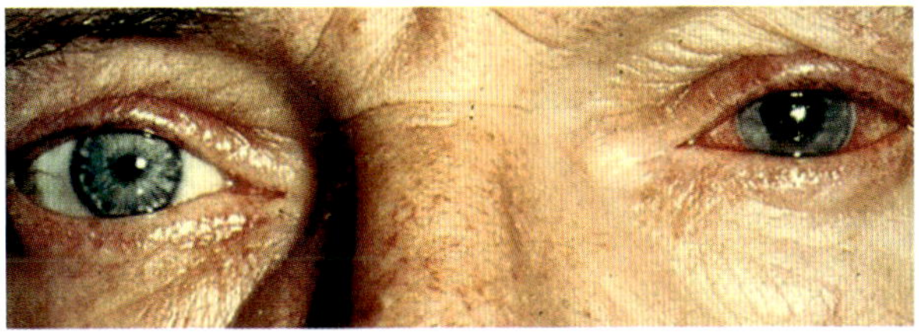

© ONJOPH.com/Prof. Dr. G. Michelson

Bei einem Glaukomanfall ist höchste Eile geboten. Im präklinischen Umfeld kann keine kausale Therapie erfolgen. Aus diesem Grunde sollte die schnellstmögliche Verbringung in ein Krankenhaus mit Augenabteilung erfolgen. Beide Augen werden zum Schutze verdunkelt. Eine Notarztnachforderung sollte im Rahmen starker Schmerzen oder anderer Komplikationen erfolgen.

8. Nennen Sie mindestens 6 mögliche Ursachen für einen plötzlichen Sehverlust.

- Netzhautablösung
- Gefäßverschluss im Auge
- Entzündungsprozesse in der Ader- oder der Netzhaut
- Sehnervenentzündungen
- Glaskörperblutungen
- Neurologische Ursachen (z.B. Schlaganfälle)

9. Erläutern Sie Ihr Vorgehen in Bezug auf die Kommunikation mit dem Patienten.

Sie werden zu einem Patienten mit plötzlichem, einseitigen Sehverlust gerufen. Der Patient ist sehr aufgeregt. Schmerzen bestehen keine.

Das Hauptgefühl eines Patienten in einer solchen Situation dürfte Angst sein. Auf diese Angst muss gezielt eingegangen werden. Dem Patienten muss in jedem Falle mit Verständnis begegnet werden. Ruhe ausstrahlen und ein empathisches Vorgehen hat oberste Priorität. Zudem muss bedacht werden, dass der Patient sich auf seinen Sehsinn nur noch eingeschränkt verlassen kann. Insbesondere das räumliche Sehen ist in solch eine Situation eingeschränkt. Somit ist es von großer Bedeutung den Patienten beim Gehen zu führen und bei anderen Tätigkeiten (etwa dem Abschließen der Wohnung) zu unterstützen.

10. Schildern Sie, was auf der Abbildung zu erkennen ist.

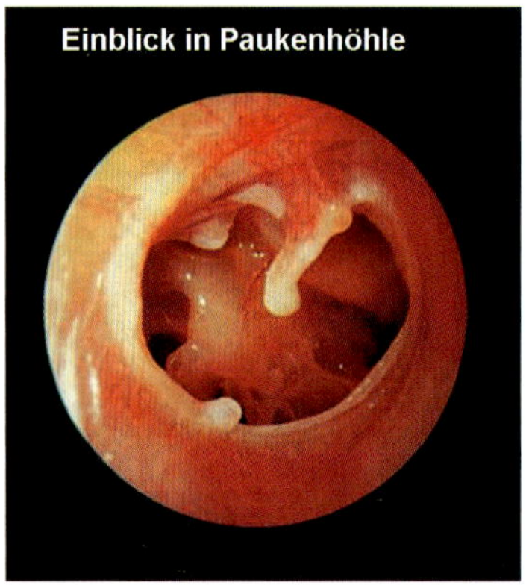

© Peggy Leonard: Building a medical vocabulary with Spanish translations, 6th ed. 2005, Elsevier/Saunders

Zu erkennen ist ein eröffnetes Trommelfell. Die Paukenhöhle mit den darin liegenden Gehörknöchelchen kann eingesehen werden.

11. Nennen Sie 3 mögliche Ursachen von Blutungen aus den Ohren.

- Verletzungen der Schädelbasis
- Verletzungen des Trommelfells, etwa durch Penetration oder ein Knalltrauma
- Entzündungen des Gehörgangs

12. Nennen Sie 3 schwerwiegende Komplikationen bei Blutungen aus dem Mund-Rachenraum.

- Erschwerung einer endotrachealen Intubation (A-Problem)
- Aspiration von Blut (A- bzw. B-Problem)
- Starker Blutverlust bis hin zum Schockgeschehen (C-Problem)

13. Nennen Sie 3 begünstigende Faktoren für das Auftreten von Nasenbluten.

- Hoher Blutdruck
- Gefäßanomalien in der Nase
- Einnahme blutverdünnender Medikamente

14. Beschreiben Sie Ihr Vorgehen im Rahmen eines unstillbaren Nasenblutens.

Zunächst muss der Patient nach dem ABCDE-Schema untersucht werden, um einen lebensbedrohlichen Zustand auszuschließen. Ist dies geschehen, kann versucht werden, durch eine Kompression der Nasenflügel eine Blutstillung zu bewirken. Zudem sollte der Patient angehalten werden, seinen Kopf nach vorne zu nehmen und das Blut abfließen zu lassen, bzw. auszuspucken. Außerdem sollte ein Coolpack in den Nacken des Patienten gelegt werden. Bei bewusstlosen Patienten ist unbedingt darauf zu achten, dass die Blutung nicht die Atemwege gefährdet. Bei sehr starken Blutungen oder bei hypertensiven Zuständen muss ein Notarzt hinzugezogen werden.

Kapitel 23 – Augen- und HNO-Notfälle

15. Ergänzen Sie den Text.

subjektiv – Umgebungsgeräuschen – Hörnervs – chronifiziert – psychosomatische – Innenohrschäden – Symptom – Belastung – Pfeifen – Ohrgeräusche – Tinnitus

Ein Tinnitus stellt ein Ohrgeräusch dar, das nur subjektiv wahrgenommen werden kann und das zusätzlich zu den objektiv vorhandenen Umgebungsgeräuschen besteht. Die Qualität der Ohrgeräusche ist breit. Patienten geben ein Pfeifen, Rauschen, Brummen oder Zischen an. Der Tinnitus selbst ist dabei ein Symptom einer zu Grunde liegenden Erkrankung. Oftmals liegen Innenohrschäden vor. Aber auch Erkrankungen des Hörnervs oder ein Ohrenschmalzpfropf können einen Tinnitus verursachen. Ein Tinnitus kann chronifiziert auftreten. Häufig liegt dann eine psychosomatische Ursache zu Grunde. Er stellt eine große Belastung für die betroffenen Patienten dar und sollte von den Rettungskräften dementsprechend ernst genommen werden.

16. Finden Sie 8 versteckte Begriffe.

Tipp: Sie alle haben etwas mit dem sogenannten „Vertigo“ zu tun.

N	L	A	W	F	G	F	X	M	Y	R	H	W	U	A	L	I	Q	J
E	C	P	U	U	V	**D**	**R**	**E**	**H**	**S**	**C**	**H**	**W**	**I**	**N**	**D**	**E**	**L**
Q	U	W	E	H	R	Y	C	D	L	D	R	Q	I	Y	M	K	M	V
C	O	E	E	K	O	W	X	N	J	P	O	F	S	U	Z	C	K	U
L	V	X	Y	J	W	Y	H	L	T	S	K	Z	N	C	F	E	C	Q
J	**B**	**E**	**W**	**E**	**G**	**U**	**N**	**G**	**S**	**S**	**C**	**H**	**W**	**I**	**N**	**D**	**E**	**L**
Y	**G**	**A**	**N**	**G**	**U**	**N**	**S**	**I**	**C**	**H**	**E**	**R**	**H**	**E**	**I**	**T**	T	U
W	N	**T**	**A**	**C**	**H**	**Y**	**K**	**A**	**R**	**D**	**I**	**E**	V	E	Y	O	X	B
V	O	G	R	B	M	W	V	R	L	R	S	E	H	G	E	P	V	**E**
I	X	J	X	D	W	M	X	B	H	O	N	R	D	E	P	O	T	**R**
U	T	Z	M	S	P	L	J	L	C	S	R	M	S	H	J	U	L	**B**
A	A	C	E	X	U	O	E	G	R	P	F	Q	Q	L	S	P	W	**R**
J	Y	Z	P	V	F	P	O	C	G	I	O	G	C	V	O	Q	L	**E**
T	M	E	D	V	J	J	G	Q	M	X	C	**A**	**N**	**G**	**S**	**T**	S	**C**
M	D	U	Q	O	O	Y	I	J	Q	X	W	O	Y	K	W	Y	O	**H**
B	**S**	**C**	**H**	**W**	**A**	**N**	**K**	**S**	**C**	**H**	**W**	**I**	**N**	**D**	**E**	**L**	D	**E**
X	O	G	P	P	E	V	D	B	G	T	D	H	S	U	D	F	E	**N**
D	P	D	**Ü**	**B**	**E**	**L**	**K**	**E**	**I**	**T**	V	Y	P	R	S	L	Z	P
X	O	U	Q	Z	S	Q	Y	O	J	Z	N	A	H	Y	U	C	R	W

17. Erläutern Sie mögliche Ursachen eines Hörsturzes.

Ursächlich wird der Hörsturz noch nicht vollkommen verstanden. Er ist aller Wahrscheinlichkeit nach durch eine Vielzahl von zusammenwirkenden Ursachen bedingt. So könnten Durchblutungsstörungen des Innenohrs, Infektionen oder Stoffwechselerkrankungen für sein Entstehen verantwortlich sein. Auch überdurchschnittlicher Stress und die darauf in manchen Fällen folgende psychosomatische Reaktion ist eine mögliche Ursache. Allerdings darf es durch diesen Umstand nie dazu kommen, dass die Beschwerden des Patienten als „geringfügig“ abgetan werden.

Kapitel 24 – Wassernotfälle

1. Nennen Sie mindestens 5 mögliche Unfallursachen des Ertrinkens.

- Unterschätzen von Gefahren
- Erschöpfung
- Verzicht auf benötigte Sicherheitsausrüstung
- Eiseinbruch
- Internistische Erkrankungen

2. Richtig oder falsch?

	Richtig	Falsch
Es können trockenes, feuchtes und nasses Ertrinken unterschieden werden.		✗
Beim trockenen Ertrinken kommt es zu einem persistierenden Krampf des Ösophagussphinkters, was das Eindringen von Wasser in die Lunge verhindert.		✗
Beim nassen Ertrinken löst sich der initiale Spasmus der betroffenen Struktur, was es dem Wasser ermöglicht, in die Lunge einzudringen.	✓	
Die Folge hieraus ist eine Vermischung des eingedrungenen Wassers und der Atemwegssekrete zur typischen Schaumbildung.	✓	
Die Unterscheidung von Süß- und Salzwasserertrinken ist für das präklinische Umfeld nicht relevant.	✓	

3. Finden Sie 6 versteckte Begriffe.

Tipp: Bei allen handelt es sich um Symptome oder Folgen des Ertrinkens.

I	P	U	S	G	Y	X	K	M	V	O	I	S	V	K	L	P	D	X
T	K	M	B	D	X	N	E	Y	N	J	T	I	O	A	X	**H**	X	D
N	P	W	K	T	O	F	X	J	C	J	S	P	R	Z	U	**Ä**	Y	N
N	S	D	F	S	**Z**	**Y**	**A**	**N**	**O**	**S**	**E**	L	**A**	A	T	**M**	Z	O
K	E	Z	B	S	N	Y	M	Y	R	R	A	O	**T**	R	L	**O**	P	H
L	**U**	**N**	**G**	**E**	**N**	**Ö**	**D**	**E**	**M**	V	J	F	**E**	J	Q	**L**	M	O
S	I	X	D	E	M	X	R	L	O	A	T	M	**M**	G	O	**Y**	I	G
B	H	T	B	U	S	P	L	A	G	T	H	C	**S**	W	H	**S**	K	F
L	X	Q	Q	B	L	T	S	R	G	R	V	G	**T**	Q	M	**E**	P	I
A	Q	C	Q	B	X	T	A	N	L	L	J	I	**I**	M	B	S	J	B
K	**R**	**E**	**I**	**S**	**L**	**A**	**U**	**F**	**S**	**T**	**I**	**L**	**L**	**S**	**T**	**A**	**N**	**D**
I	Q	E	Y	Y	I	Y	B	N	G	H	I	P	**L**	M	B	U	D	R
D	F	A	Z	I	D	O	S	E	O	G	I	M	**S**	N	W	S	Y	O
W	H	K	R	J	M	K	K	A	P	O	N	Y	**T**	G	H	D	Q	I
K	D	X	V	J	A	B	G	J	G	B	W	G	**A**	B	S	G	O	A
F	V	I	T	F	T	O	Q	W	D	X	R	V	**N**	T	R	X	T	J
S	H	P	V	D	U	Y	U	S	G	U	U	C	**D**	K	J	X	Y	G
S	**C**	**H**	**A**	**U**	**M**	**B**	**I**	**L**	**D**	**U**	**N**	**G**	U	K	A	T	N	V
Z	G	L	V	R	E	X	S	A	M	X	G	K	K	U	Q	T	T	P

4. Nennen Sie die 3 möglichen Arten des Sporttauchens und deren jeweiligen notfallmedizinisch relevanten Gefahren.

- **Apnoetauchen**
  Beim Apnoetauchen besteht insbesondere bei einer vorangegangenen Hyperventilation die Gefahr eines Bewusstseinsverlusts unter Wasser.
- **Schnorcheltauchen**
  Beim Schnorcheltauchen besteht die besondere Gefahr einer Totraumatmung, durch die Kombination aus der Atemwegsverlängerung durch den Schnorchel und dem Druck auf den Thorax, der die Einatmung erschwert.
- **Gerätetauchen**
  Beim Gerätetauchen sind die Taucher vor allem durch Barotraumen und die Dekompressionskrankheit bedroht.

5. Erläutern Sie die Begriffe.

Kompressionsphase	Abtauchphase eines Tauchvorgangs. Hierbei steigt der Druck auf den menschlichen Körper zunehmend.
Isopressionsphase	Tauchvorgang in gleichbleibender Tiefe. Der Druck hält ein konstantes Niveau, ist jedoch deutlich höher als an der Wasseroberfläche.
Dekompressionsphase	Auftauchphase eines Tauchvorgangs. Hierbei sinkt der Druck auf den menschlichen Körper stetig.

6. Erläutern Sie den Zusammenhang zwischen Barotraumen und dem Tauchsport.

Beim Tauchen wirken ungemeine Kräfte auf den menschlichen Organismus, die mit der Zunahme des Umgebungsdrucks unter Wasser zusammenhängen. Insbesondere luftgefüllte Räume im menschlichen Körper, wie etwa die Lunge, die Nebenhöhlen oder die Ohren, sind anfällig für diese Druckunterschiede, da sich das Gas in ihnen mit zunehmendem oder abnehmendem Umgebungsdruck komprimiert bzw. dekomprimiert. Dies kann zu Schäden an den festen Strukturen in diesen Bereichen führen.

7. Nennen Sie mindestens 8 mögliche Symptome der Dekompressionskrankheit.

- Müdigkeit
- Hautjucken
- Schwellungen
- Schmerzen
- Schwindel
- Lähmungen
- Sprachstörungen
- Atemabhängige Thoraxschmerzen

Kapitel 25 – Intoxikationen

1. Unterscheiden Sie „endogene" und „exogene Vergiftungen".

Bei endogenen Vergiftungen handelt es sich um eine Vergiftung mit körpereigenen Stoffen. Dies kann zum Beispiel im Rahmen einer Nierenfunktionsstörung auftreten. Bei exogenen Vergiftungen handelt es sich um Vergiftungen, bei denen dem Körper giftige Stoffe von außen zugeführt werden.

2. Nennen Sie die 3 möglichen Wege der Giftaufnahme.

- Über die Haut
- Über das Blut
- Über den Magen-Darmtrakt

3. Richtig oder falsch?

	Richtig	Falsch
Bei Vergiftungen können die sogenannten Primärschäden von den Sekundärschäden unterschieden werden.	✓	
Bei den Primärschäden handelt es sich immer um chronifizierende Prozesse, wie etwa die Leberzirrhose bei Alkoholintoxikationen.		✗
Dabei konzentriert sich die mittelbare Giftwirkung auf akute Prozesse im Organismus.	✓	
Sekundärschäden durch Vergiftungen sind Folgen der Vergiftungswirkung, die nicht durch die Giftwirkung an sich bedingt sind.	✓	
Ein Beispiel hierfür wäre etwa die Atemwegsverlegung infolge einer giftbedingten Bewusstseinsstörung.	✓	
Oftmals werden auch noch Tertiärschäden aufgelistet. Sie beziehen sich auf vergiftungsbedingte Unfälle und Verletzungen.		✗
Klassische Tertiärschäden sind z. B. Verletzungen unter Alkohol- oder Drogeneinfluss.		✗

4. Nennen und erläutern Sie 4 mögliche Wege der „Entgiftung".

Dekontamination	Die Maßnahmen der Dekontamination zielen auf die Verhinderung der Giftaufnahme, durch Unterbrechung des Kontakts zwischen Patient und Gift, ab.
Neutralisation	Als Neutralisation wird die Umwandlung der giftigen Substanz in nicht resorbierbare oder weniger giftige Substanzen (Giftinaktivierung) verstanden.
Elimination	Die Elimination fördert die beschleunigte Giftausscheidung aus dem Körper.
Antidot-Therapie	Gegengifte (Antidote) zielen auf die Inaktivierung der Giftwirkung durch direkte chemische und physikalische Reaktionen am Giftstoff selbst oder durch Verminderung der pharmakologischen Wirkung am Organ oder Rezeptor.

Kapitel 25 – Intoxikationen

5. Zählen Sie die 6 „W-Fragen", die stets bei dem Verdacht auf eine Vergiftung gestellt werden sollten, auf.

- Wer hat das Gift eingenommen?
- Wann begann die Giftexposition?
- Warum kam es zu der Vergiftung (Suizidversuch, Arbeitsunfall, Unfall)?
- Welche(s) Gift(e) hat/haben die Intoxikation herbeigeführt?
- Wie viel Gift wurde aufgenommen?
- Worüber wurde das Gift aufgenommen?

6. Erläutern Sie die generellen Basismaßnahmen bei Vergiftungen.

Da Vergiftungen sehr vielgestaltig sind, richten sich die spezifischen Maßnahmen immer nach der Art des aufgenommenen Gifts. Grundsätzlich können aber immer wiederkehrende Basismaßnahmen genannt werden. Generell und insbesondere bei Kontaktgiften, welche über die Haut aufgenommen werden können, steht der Eigenschutz an erster Stelle. Die persönliche Schutzausrüstung muss ggf. um spezielle oder zusätzliche Handschuhe, eine Schutzbrille sowie einen Mundschutz ergänzt werden. Im Folgenden sollten die Patienten nach dem ABCDE-Schema untersucht und behandelt werden. Hinweise auf das verwendete Gift, nötigenfalls auch Körperausscheidungen, sollten asserviert und der aufnehmenden Klinik übergeben werden.

7. Lösen Sie das Rätsel.

Tipp: Gesucht werden Drogen und Suchtstoffe.

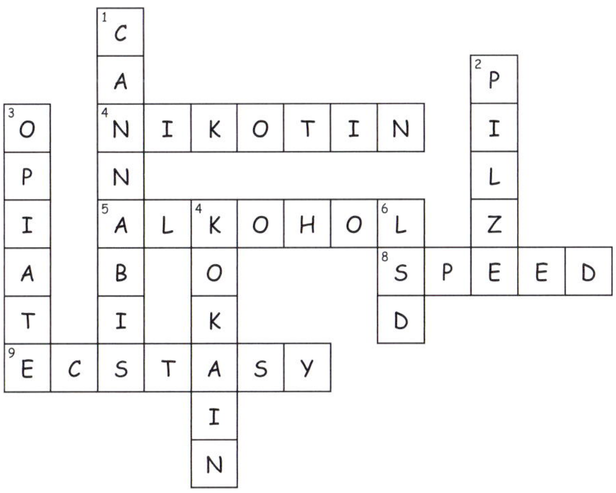

Waagerecht:

4. Ist in Zigaretten enthalten ...
5. Macht betrunken ...
8. Erhöht den Herzschlag ...
9. Wird in bedruckten Pillen gehandelt ...

Senkrecht:

1. Ist in den Niederlanden legal zu erwerben ...
2. Wachsen auch in heimischen Wäldern ...
3. Machen müde ...
4. Wird geschnupft ...
6. Löst Halluzinationen aus ...

8. Planen Sie Ihr Vorgehen.

Sie werden zu einem Rettungseinsatz gerufen. Frau Aslan sei in den letzten Tagen nicht mehr richtig wach geworden. Bei der Untersuchung stellt Ihr Team fest, dass auf ihrem Rücken mehrere Schmerzpflaster kleben.

Bei der Patientin besteht der Verdacht auf eine Opioidintoxikation. Die Schmerzpflaster sollten schnellstmöglich entfernt werden. Die Abgabe weiterer Opioide wird damit beendet. Unbedingt ist auf den Erhalt einer suffizienten Atmung zu achten, da diese durch die Wirkstoffe in ihrem Antrieb gemindert sein könnte. Hochdosierter Sauerstoff kann dem etwas entgegenwirken. Unter Umständen muss eine Beatmung erfolgen. Opioide können mit Naloxon antagonisiert werden. Allerdings muss beachtet werden, dass es zu einem Rebound-Effekt kommen kann, da das Naloxon eine kürzere Halbwertszeit aufweist als die meisten Opioide.

Lösungen

9. Nennen Sie die 4 Stadien der Alkoholvergiftung und erläutern Sie diese kurz.

Alkoholvergiftung

Stadium	Erläuterung
Exzitation	Die Patienten sind euphorisch, enthemmt und unruhig. Zudem weisen sie Gleichgewichtsstörungen und im Verlauf auch eine lallende Sprache auf.
Hypnose	Die Patienten sind bewusstseinsgestört, aber erweckbar. Die Schmerzwahrnehmung ist eingeschränkt. Der Blutzuckerspiegel ist erniedrigt.
Narkose	Die Patienten weisen einen niedrigen Blutdruck auf, sind tachykard und tief bewusstlos.
Asphyxie	Die Patienten sind komatös und weisen keine Schutzreflexe mehr auf. Die Spontanatmung geht im Verlauf verloren, was ein Herz-Kreislaufversagen zur Folge hat.

10. Richtig oder falsch?

	Richtig	Falsch
Eine mögliche Nebenwirkung von Antiarrhythmika, insbesondere bei Überdosierungen, sind Rhythmusstörungen.	✓	
Bei der Überdosierung bestimmter Neuroleptika kommt es zu motorischen Störungen.	✓	
Opioide wirken bei Überdosierung beschleunigend auf Atmung und Herzfrequenz.		✗
Eine Intoxikation mit Barbituraten ist mit einer geringen Letalität verbunden.		✗
Bei der Überdosierung von Antidepressiva kommt es zu Tachykardien und Überhitzungen des Organismus.	✓	

11. Nennen Sie mindestens 4 Symptome einer Kohlendioxidvergiftung.

- Kopfschmerzen
- Herzklopfen
- Atemnot
- Bewusstlosigkeit

12. Planen Sie Ihr Vorgehen.

Sie werden zu einem Notfall gerufen und finden die abgebildete Situation vor.

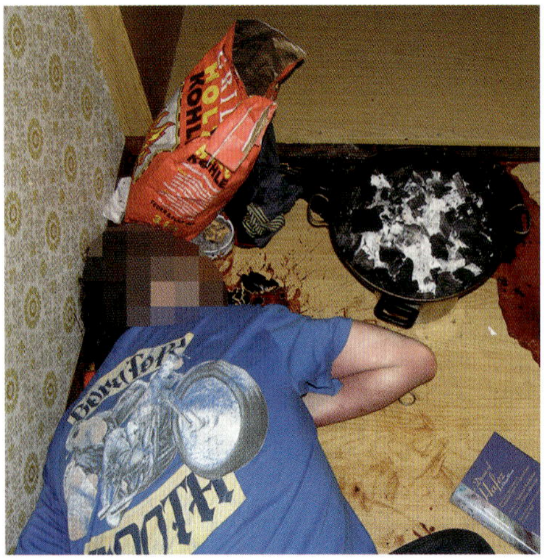

© Dr. Dr. Jürgen Luxem, Aschaffenburg

Sie müssen sofort die Wohnung verlassen! Der Holzkohlegrill in der Umgebung deutet darauf hin, dass es sich bei der Ursache für den Patientenzustand um eine Kohlenmonoxidvergiftung handelt. Die Feuerwehr muss nachgefordert werden, um den CO-Spiegel in der Raumluft zu messen und die Wohnung ggf. unter Atemschutz zu lüften.

Kapitel 26 – Organisation des Rettungsdiensts

1. Ordnen Sie die Daten den jeweiligen Ereignissen zu.

1938 – 1945 – 1958 – 1965 – 1975 – 1977 – 1989 – 2014

Geschichte des Rettungsdiensts ab 1900

Jahr	Errungenschaft
1989	Gesetz über den Beruf des Rettungsassistenten (RettAssG)
1945	Reorganisation des Krankentransportwesens durch die Besatzungsmächte
2014	Gesetz über den Beruf der Notfallsanitäterin und des Notfallsanitäters
1938	Prof. Kirschner, Tagung der Deutschen Gesellschaft für Chirurgie: „Der Arzt muss zum Patienten kommen!“
1958	Erstmalige Beschreibung der eigentlichen Herz-Lungen-Wiederbelebung (Beatmung, externe Thoraxkompression und Defibrillation)
1977	Unverbindliche Vereinbarung über eine bundeseinheitliche Ausbildung zum Rettungssanitäter („520-Stunden-Programm“)
1965	Erster Prototyp eines klassischen Rettungswagens ohne Arzt in Heidelberg
1975	Erlass von Rettungsdienstgesetzen durch die meisten Bundesländer

2. Definieren Sie die Begriffe „Notfallrettung“ und „qualifizierter Krankentransport“.

Notfallrettung

Gegenstand der Notfallrettung ist es, bei Notfallpatienten am Einsatzort Maßnahmen zur Lebensrettung und zur Verhinderung von weiteren schweren gesundheitlichen Schäden durchzuführen, ihre Transportfähigkeit herzustellen und sie unter fachgerechter Betreuung in ein für ihre Versorgung geeignetes Krankenhaus zu transportieren.

Qualifizierter Krankentransport

Gegenstand des qualifizierten Krankentransports ist es, Kranke, Verletzte oder sonstige hilfsbedürftige Personen, die keine Notfallpatienten sind, unter fachgerechter Betreuung zu befördern.

3. Tragen Sie die jeweiligen prozentualen Anteile in die Abbildung ein.

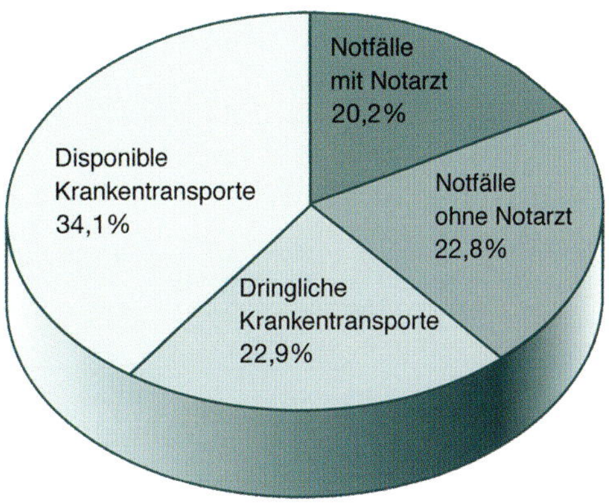

4. Erläutern sie, wer im Regelfall Träger des Rettungsdiensts in den deutschen Bundesländern ist.

Die Träger des Rettungsdiensts sind in Deutschland – mit Ausnahme von Baden-Württemberg – immer die Landkreise, die kreisfreien Städte oder sogenannte gebietsübergreifende Zweckverbände. Die Träger sind in der Verantwortung, die Sicherstellung des Rettungsdiensts als Form der öffentlichen Daseinsvorsorge zu gewährleisten. Mit der Durchführung des Rettungsdiensts können allerdings, unter bestimmten Bedingungen, auch andere juristische Personen beauftragt werden.

Lösungen

Kapitel 26 – Organisation des Rettungsdiensts

5. Benennen Sie die einzelnen Glieder der Rettungskette.

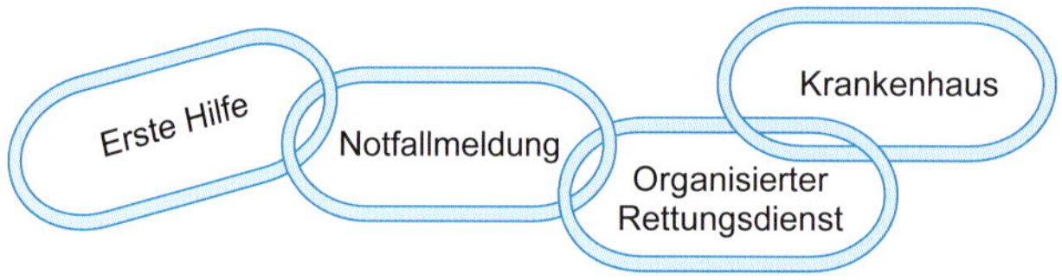

6. Ergänzen Sie die Tabelle.

Krankenkraftwagen

Typ	Benennung	Beschreibung
Typ A	Krankentransportwagen (KTW)	Ausgerüstet für Patienten, die nicht vorhersehbar sind. Weitere Unterteilung in Typ A1 und Typ A2 möglich.
Typ B	Notfallkrankenwagen	Konstruiert zur Erstversorgung, zum Transport und zur Überwachung eines Patienten.
Typ C	Rettungswagen (RTW)	Ausgestattet für die erweiterte Versorgung und Überwachung eines Patienten.

7. Nennen Sie mindestens 5 mögliche Einsatzzwecke von Luftrettungsmitteln.

- Einsatz als Notarztzubringer
- Zügiger Primärtransport kritisch Verletzter oder Erkrankter
- Schonender Primärtransport von Wirbelsäulenverletzten
- Sekundärtransport über größere Distanzen
- Eiltransport von Blutkonserven, Medikamenten, Transplantaten oder technischem Gerät

8. Erläutern Sie Situationen, in denen ein Primärtransport eines Notfallpatienten auch mit einem KTW erfolgen könnte.

Grundsätzlich sind Krankentransportwagen nicht dafür ausgestattet, Notfallpatienten zu transportieren. Dies ist in einigen Situationen aber kaum anders möglich. So ist vorstellbar, dass ein Patient, der während eines Transports eine akute Erkrankung, wie etwa einen Schlaganfall erleidet, notfallmäßig und in Rücksprache mit der Leitstelle durch einen KTW in das nächste geeignete Krankenhaus transportiert wird. Auch kann eine hinzugerufene RTW- oder NEF-Besatzung gemeinsam mit der KTW-Besatzung beschließen, dass das Umladen des Patienten in den RTW einen zu großen Zeitverlust bedeuten würde. In diesem Fall würde der Notfallsanitäter des RTW bzw. der Notarzt des NEF den Transport im KTW begleiten. Auch im Rahmen von Großschadenslagen ist es vorstellbar, dass Notfallpatienten mit KTWs abtransportiert werden.

9. Unterscheiden Sie „Rettungsfachpersonal“ und „Sanitätspersonal“.

Bei bestimmten Qualifikationsstufen wird von Rettungsfachpersonal gesprochen. Sie umfassen Notfallsanitäter, Rettungsassistenten, Rettungssanitäter und Rettungshelfer. Diese Qualifikationsstufen werden regelhaft in Rettungsdienst und Krankentransport eingesetzt. Im Gegensatz dazu handelt es sich bei Sanitätspersonalqualifizierungen um Kurzausbildungen, deren primäres Ziel die Herstellung der Einsatzfähigkeit in Katastrophenschutzeinheiten und bei Sanitätsdiensten ist. Diese Ausbildungen unterscheiden sich je nach anbietender Hilfsorganisation und sind regelhaft kürzer als 80 Unterrichtseinheiten (1 UE = 45 Minuten).

10. Richtig oder falsch?

	Richtig	Falsch
Die Rettungssanitäterausbildung ist bundesweit anerkannt und umfasst das sogenannte „520-Stunden-Programm“.	✓	
Sie ist allerdings nur in 9 von 16 Bundesländern landesrechtlich geregelt.	✓	
Die Rettungssanitäterausbildung stellt die rettungsdienstliche Basisqualifikation dar. Nach ihrem Abschluss kann die Notfallsanitäterausbildung um 1 Jahr verkürzt werden.		✗
Die Rettungsassistentenausbildung wird weiterhin in einigen Bundesländern angeboten. Damit besteht die Möglichkeit zur Verkürzung der Notfallsanitäterausbildung.		✗
Notfallsanitäter werden aller Wahrscheinlichkeit nach zukünftig die Teamführung auf allen Rettungswagen übernehmen.	✓	

11. Beschreiben Sie den Aufbau der Rettungssanitäterausbildung.

Die Rettungssanitäterausbildung besteht aus mehreren Abschnitten. Diese umfassen einen Grundlehrgang von 160 Stunden, eine klinisch-praktische Ausbildung in verschiedenen Krankenhausabteilungen sowie den Einsatz über 160 Stunden an einer anerkannten Lehrrettungswache. Abgeschlossen wird der Lehrgang mit 40 Stunden Prüfungsvorbereitung, auf die eine schriftliche, eine mündliche und eine praktische Prüfung folgen.

12. Bewerten Sie die Situation.

Sie haben Ihre Rettungssanitäterausbildung erfolgreich abgeschlossen und werden von einem guten Bekannten gefragt, ob Sie nicht in seinem Unternehmen als Betriebssanitäter anfangen möchten. Ist Ihnen dies nun möglich?

Der Einsatz ist Ihnen nicht ohne weiteres möglich. Zunächst muss die Qualifikation als Betriebssanitäter erworben werden. Diese ist über in § 27 der Unfallverhütungsvorschrift „Grundsätze der Prävention“ in Grundzügen geregelt und wird an anderer Stelle noch präzisiert. Der Kurs besteht aus 63 Unterrichtseinheiten Grundausbildung und 32 Unterrichtseinheiten Aufbaulehrgang für den betrieblichen Sanitätsdienst. Als Rettungssanitäter kann es für Sie unter Umständen möglich sein, nur den Aufbaulehrgang zu besuchen und die Dauer der Qualifikationsmaßnahme so zu verkürzen.

Kapitel 27 – Krankentransport

1. Unterscheiden Sie „qualifizierten" und „unqualifizierten Krankentransport".

Beim „qualifizierten Krankentransport" handelt es sich um die Beförderung von Patienten unter Einsatz spezieller Technik und speziell ausgebildetem Personal. So zum Beispiel regeln die Rettungsdienstgesetze der Länder auch die Besetzung der Krankentransportwagen. Im Gegensatz dazu wird der „unqualifizierte Krankentransport" oftmals von Personen durchgeführt, die nicht speziell hierfür ausgebildet wurden. Hier wird auch oftmals von „Krankenfahrten" gesprochen.

2. Erläutern Sie die jeweiligen Transportarten.

Formen des Krankentransports	
Einweisungstransport	Transport in ein Krankenhaus aufgrund einer Einweisung durch den behandelnden Arzt.
Konsilartransport	Transport von einem Krankenhaus zur ambulanten Vorstellung in einer Spezialabteilung einer anderen Klinik bzw. bei einem niedergelassenen Arzt.
Verlegungstransport	Transport von einem Krankenhaus zu einem anderen Krankenhaus.
Entlassungstransport	Transport von einem Krankenhaus zum Wohnort des Patienten.

3. Nennen Sie mindestens 5 mögliche Transportanlässe für einen qualifizierten Krankentransport.

- Bestimmte Infektionskrankheiten
- Verletzungen, die die Mobilität einschränken
- Degenerative Einschränkungen der Mobilität
- Desorientierung, Verwirrung
- Bevorstehende Geburt

4. Planen Sie Ihr Vorgehen.

Sie werden zu einem Krankentransport gerufen. Der Ehemann der Patientin erläutert Ihnen, dass seine Ehefrau stark dement und nicht mehr gehfähig sei. Sie habe in den letzten Tagen einen fieberhaften Infekt entwickelt. Der Hausarzt habe die Patientin telefonisch eingewiesen.

Telefonische Einweisungen stellen oftmals ein Problem für die Abrechnung der Transportleistung dar und sind formell gesehen nicht zulässig. Hier hilft jedoch oftmals der Kompromiss, im Sinne der Patientin in der Praxis des Hausarztes anzurufen und darum zu bitten, dass man die benötigten Unterlagen (Einweisungs- und Transportschein) auf dem Weg ins Krankenhaus abholen könne. Notfalls können diese in Ausnahmefällen auch per Post nachgesendet werden. Das Vorgehen sollte hier immer eng mit der zuständigen Leistelle besprochen werden. Zudem haben viele Organisationen für solche Situationen Verfahrensanweisungen.

5. Ergänzen Sie den Text.

Umstand – Faktor – Haltung – Gesprächstechnik – Prinzipien – Interaktionsprozesses – Kommunikation – Interesse – Störungen

Für eine angemessene Kommunikation im Krankentransport stellt der wichtigste Faktor die innere Haltung des Rettungsfachpersonals dar. Besteht ein ernsthaftes Interesse am Patienten und dessen Empfinden, wirkt sich dieser Umstand in der Regel sehr günstig auf das Verhältnis zwischen dem Patienten und dem Betreuenden sowie die hieraus resultierende Kommunikation aus. Allerdings muss bedacht werden, dass es selbst bei einer sehr zugewandten und empathischen Haltung zu Störungen des Kommunikationsvorgangs kommen kann. Hier ist die richtige Gesprächstechnik von großer Bedeutung für das Gelingen eines Interaktionsprozesses. Die richtige Gesprächstechnik kann durch das Einüben bestimmter kommunikativer Prinzipien entwickelt werden.

6. Nennen und erläutern Sie die „4 Es der therapeutischen Kommunikation".

Die vier Es der therapeutischen Kommunikation

E	Engagement	Menschen müssen spüren, dass man sich um sie bemüht.
E	Empathie	Menschen reagieren positiv auf echtes und ehrliches Mitgefühl und Einfühlungsvermögen.
E	Edukation	Menschen profitieren von Schulung und Aufklärung über ihren jeweiligen Gesundheitszustand.
E	Einbeziehung	Menschen benötigen Selbstwirksamkeitserfahrungen. Diese können ihnen über die aktive Einbeziehung ermöglicht werden.

7. Unterscheiden Sie „offene" und „geschlossene Fragen".

© Tobias Sambale, Hamburg

Offene Fragen bieten eine Vielzahl von Antwortmöglichkeiten. Sie werden oftmals mit W-Fragewörtern eingeleitet. z.B. „Wie geht es Ihnen?". Geschlossene Fragen hingegen, lassen als Antwort lediglich „Ja" oder „Nein" zu, z.B. „Geht es Ihnen gut?".

8. Planen Sie Ihr Vorgehen.

Sie befördern Herrn Müller ins Krankenhaus. Sie wissen von seiner Ehefrau, dass die Prognose seiner Krebserkrankung ungünstig ist. Während der Fahrt spüren Sie, dass Herr Müller sehr schweigsam ist. Eine unangenehm bedrückende Atmosphäre breitet sich im Patientenraum aus.

Diese Situation ist sehr schwierig. Herr Müller scheint kein Gespräch mit Ihnen führen zu wollen. Es kann sein, dass ihn die Tatsache belastet, dass er schwer krank ist und seine gewohnte Umgebung verlassen muss, um sich im Krankenhaus behandeln zu lassen. Hier empfiehlt es sich, sich dennoch gesprächsbereit zu halten und nötigenfalls das Schweigen zu ertragen, um Herrn Müllers Wunsch nach Schweigsamkeit zu achten. Allerdings sollten Sie weiterhin Maßnahmen, die Sie durchführen, etwa das Neupositionieren einer Sauerstoffbrille, ankündigen und um Erlaubnis hierfür bitten. Die Tatsache, dass Herr Müller abweisend auf uns wirkt, entbindet uns nicht vom professionellen Umgang mit ihm.

9. Beschreiben Sie mögliche Unterstützungsmöglichkeiten von eingeschränkt gehfähigen Patienten.

© Tobias Sambale, Hamburg

Oftmals benötigen gehfähige Patienten keine Unterstützung beim Gehen. Bei eingeschränkt gehfähigen Patienten ist allerdings einzuschätzen, aus welchem Grunde die Einschränkung besteht. So kann zum Beispiel bei einer Einschränkung durch Schmerzen gezielt durch langsames Vorgehen unterstützt werden. Bei Patienten mit Gangstörungen durch Schwindel sollte dringend ein Unterhaken erfolgen, um sie gegen das Stürzen abzusichern. Bei Treppen sollten die Patienten angeleitet werden, immer in Richtung der Stufen zu fallen, sollten sie das Gleichgewicht verlieren. Gleichzeitig ist der Patient aktiv (siehe Abbildung) gegen ein Hinabstürzen zu sichern.

10. Nennen und definieren Sie 4 verschiedene Formen des Krankentransportes.

Einweisungstransport	Transport in ein Krankenhaus (mit Einweisungsschein)
Konsiliartransport	Transport von einem Krankenhaus zu einer Spezialabteilung einer anderen Klinik oder einer Arztpraxis
Verlegungstransport	Transport von einem Krankenhaus zu einem anderen
Entlassungstransport	Transport von einem Krankenhaus zum Wohnort des Patienten

Kapitel 27 – Krankentransport

11. Nennen und erläutern Sie die 5 Phasen des Krankentransports.

Phasen des Krankentransports

Phase 1	Transportvorbereitung	In dieser Phase erfolgen alle notwendigen Vorbereitungen für den Transport. Das benötigte Material sollte ggf. nochmals überprüft werden. Auch kann bereits hier die Transportroute geplant werden.
Phase 2	Patientenübernahme	Die Patientenübernahme stellt einen Schlüsselzeitpunkt des Krankentransports dar. Eine höfliche Vorstellung beim Patienten und dessen Angehörigen ist obligat. Zudem sollte immer auf die Vollständigkeit der benötigten Unterlagen, des Patientengepäcks und der Patientendaten geachtet werden.
Phase 3	Transportdurchführung	Während dieser Phase steht die medizinische und pflegerische Betreuung des Patienten im Vordergrund.
Phase 4	Patientenübergabe	Bei der Patientenübergabe werden alle relevanten Informationen zum Patienten und der Transportverlauf zusammengefasst. Bei Entlassungstransporten nach Hause kann dies entsprechend gekürzt werden.
Phase 5	Transportabschluss	Der Transport wird abgeschlossen nachdem der Patienten übergeben wurde, indem das verbrauchte Material nachgefüllt, etwaige Desinfektionsmaßnahmen durchgeführt und die Transportunterlagen auf Vollständigkeit überprüft worden sind.

12. Richtig oder falsch?

	Richtig	Falsch
Der Patiententransport stellt den Abschnitt des Beförderungsvorgangs dar, bei dem sogenannte Transportmittel (z.B. Trage, KTW) eingesetzt werden.	✓	
Der Patiententransfer hingegen meint den Abschnitt des Beförderungsvorgangs, bei dem der Patient kurze Strecken, etwa vom Bett auf die Trage, zurücklegt. Hierbei können Transferhilfsmittel genutzt werden.	✓	
Beim Heben eines Gegenstands oder eines Patienten sollten die eigenen Arme so körperfern wie möglich gehalten werden, um den Hebeleffekt voll ausnutzen zu können.		✗
Zudem sollte der Rücken abgerundet werden, um eine gute Federung durch die Bandscheiben zu ermöglichen.		✗
Ruckartige Bewegungen sollten dringend vermieden werden, da diese sich negativ auf den Bewegungsapparat auswirken können.	✓	

13. Zählen Sie die 13 „Aktivitäten, Beziehungen und existentiellen Erfahrungen des Lebens (ABEDL)" nach Krohwinkel auf.

- Kommunizieren können
- Sich bewegen können
- Vitale Funktionen des Körpers aufrecht erhalten können
- Sich pflegen können
- Essen und Trinken können
- Ausscheiden können
- Sich kleiden können
- Ruhen und schlafen können
- Sich beschäftigen können
- Sich als Mann/Frau fühlen können
- Für Sicherheit in der Umgebung sorgen können
- Soziale Bereiche des Lebens sichern können
- Mit existentiellen Erfahrungen des Lebens umgehen können

14. Erläutern Sie den Entstehungsprozess eines Dekubitus.

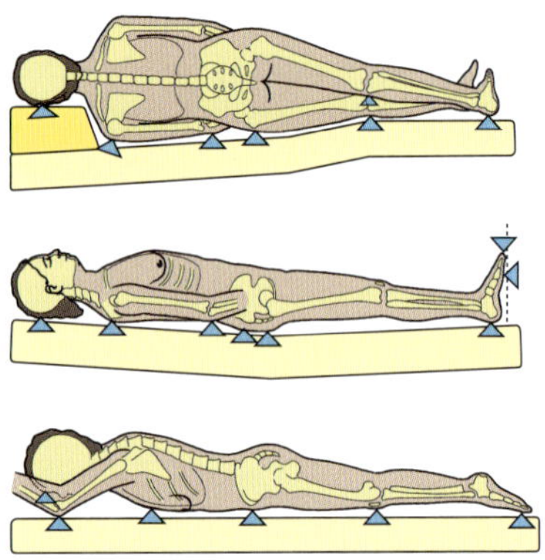

Ein Dekubitus, auch Druckgeschwür, bezeichnet einen Gewebedefekt, der durch Sauerstoffmangel infolge einer Gewebekompression entstanden ist. Dekubiti entstehen insbesondere an Körperstellen, an denen wenig Gewebe vorhanden ist, etwa am Steißbein oder an den Schulterblättern. Hier werden Haut, Muskulatur und Bindegewebe zwischen dem Knochen und der Liegefläche zusammengedrückt, was zu einer Reduzierung des Blutflusses mit nachfolgender Ischämie führt.

15. Ergänzen Sie den Text.

Rumpfwand – Keimeintrittspforte – Blutfluss – Ersatzakkus – Batterieeinheit – Puls – Herzunterstützungssystemen – Herzinsuffizienzen – Pumpe

Einige Patienten im Krankentransport sind als Folge schwerster Herzinsuffizienzen mit sogenannten Herzunterstützungssystemen versorgt. Diese bestehen aus einer implantieren Pumpe und einer externen Batterieeinheit. Verbunden sind beide Teile mit einem Kabel, welches die Rumpfwand durchtritt. Dies stellt dementsprechend eine mögliche Keimeintrittspforte dar. Zu beachten ist, dass der Blutfluss sich durch die Pumpe verändert, was damit einhergeht, dass möglicherweise kein Puls gefühlt werden kann, obwohl ein ausreichender Blutfluss vorhanden ist. Daneben muss dringend an die notwendigen Ersatzakkus für die Pumpe gedacht werden.

16. Planen Sie Ihr Vorgehen.

Sie sollen einen Patienten von einer Lungenfachklinik in ein anderes Krankenhaus transportieren. Sie und Ihre Kollegen überlegen vor dem Einsatz gemeinsam, was Sie alles bedenken müssen.

Zur Vorsicht sollten Sie nochmals überprüfen, ob Ihre Sauerstoffvorräte ausreichen, um die Transportstrecke inklusive einer möglichen Verzögerung zurücklegen zu können, falls der Patient auf Sauerstoff angewiesen sein sollte. Zudem sollten Sie Ihre Sauerstofftasche mit zum Patientenzimmer nehmen. Daneben sollte bei Patienten mit chronischen Erkrankungen im Bereich der Atmung möglichst ruhig und gelassen vorgegangen werden, da die Patienten oftmals sehr sensibel auf Stress reagieren. Während des Transports ist eine Aufrechtlagerung des Oberkörpers empfehlenswert. Eine Überwachung der Sauerstoffkonzentration im Blut kann unter Umständen sinnvoll sein.

Kapitel 28 – Einsatztaktik und Einsatzorganisation

1. Ergänzen Sie die Tabelle.

MANV Stufen (können regional unterschiedlich sein)

MANV Stufe	Anzahl verletzter Patienten
MANV I	5–10 verletzte/erkrankte Personen
MANV II	11–20 verletzte/erkrankte Personen
MANV III	20–50 verletzte/erkrankte Personen
MANV IV/ÜMANV	> 50 verletzte/erkrankte Personen

2. Ergänzen Sie die Abbildung.

Tipp: Es handelt sich bei der Abbildung um den sogenannten Führungskreis.

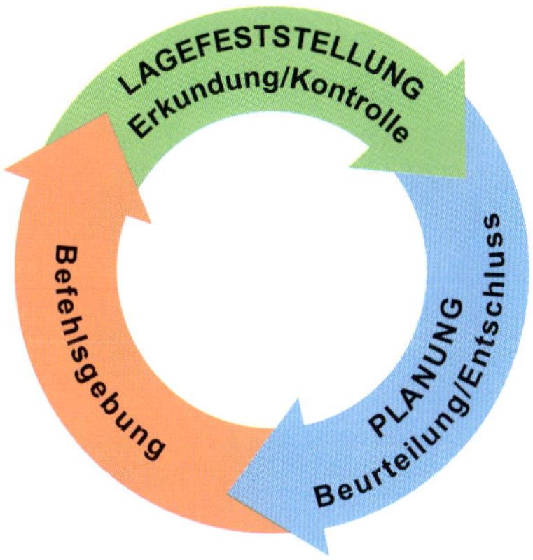

© Stefan Dangl, München

3. Nennen Sie die wichtigsten Informationen, die bei der Erkundung im Rahmen einer größeren Lage ermittelt werden sollten.

- Art und Umfang des Geschehens
- Besondere Gefahren
- Anzahl der Verletzten
- Schweregrad der Verletzungen
- Zugänglichkeit der Verletzten

4. Richtig oder falsch?

	Richtig	Falsch
Bestandteil einer Rückmeldung ist immer auch eine Analyse der Gefährdungslage am Einsatzort.	✓	
Einen möglichen Bereitstellungsraum im Rahmen einer Großschadenslage darf nur der organisatorische Leiter Rettungsdienst festlegen.		✗
Eine Nachforderung weiterer Einsatzkräfte sollte schon frühzeitig erfolgen, damit Zeitverluste geringgehalten werden können.	✓	
Die Anzahl der Patienten darf niemals geschätzt werden. Auch wenn nicht alle Patienten bei der Vorsichtung zugänglich sind.		✗
Das ersteintreffende Rettungsmittel (z.B. RTW) übernimmt die Führung über die Einsatzstelle, bis höhergestellte Kräfte (z.B. NEF oder OrgL) eingetroffen sind.	✓	

5. Erläutern Sie den Begriff „Sichtung".

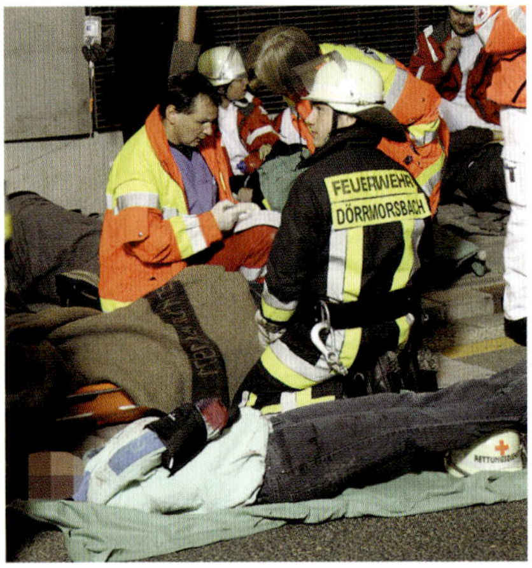

© Ralf Hettler, Aschaffenburg

Bei der Sichtung handelt es sich um eine ärztlich durchgeführte Maßnahme zur Erfassung der Patientenzahl und zur Ermittlung der Verletzungs- oder Erkrankungsschwere. Im Rahmen dessen werden Behandlungs- und ggf. Transportprioritäten festgelegt. Die Sichtung erfolgt ohne diagnostische Hilfsmittel und sollte pro Patient nicht mehr als 2 Minuten dauern.

6. Ergänzen Sie die Tabelle.

SEG-Einheit	Aufgabenschwerpunkt
Sanität	Behandlung von Patienten, Einrichtung einer Patientenablage. Errichtung von Behandlungsplätzen
Transport	Beförderung von Patienten von dem Behandlungsplatz in ein Krankenhaus
Betreuung und Verpflegung	Betreuung von unverletzten Patienten und Versorgung mit Verpflegung
Führungsunterstützung	Unterstützung der örtlichen oder technischen Einsatzleitung mit Personal und materiellen Ressourcen

7. Nennen Sie die verschiedenen Leitstellentypen und die generellen Aufgaben einer Leitstelle.

Leitstellentypen	Leistellenaufgaben
• Rettungsleitstellen • Feuerwehrleitstellen oder Feuerwehreinsatzzentralen • Integrierte Leitstellen	• Notrufannahme • Rettungsmitteldisposition • Einsatzlenkung • ggf. Entgegennahme von Hausnotrufen • ggf. Vermittlung des ärztlichen Bereitschaftsdiensts

8. Beschreiben Sie im Groben die Ausstattung einer Musterleitstelle.

Leitstellen verfügen über eine Vielzahl an Kommunikationsmitteln. So zum Beispiel über Internet, Telefon, Fax und Funk. Zudem werden Einsatzleitrechner, also EDV-gestützte Dispositionstechniken genutzt. Diese enthalten die Alarm- und Ausrückordnung und leisten dem Disponenten wertvolle Hilfe. Allerdings wird diese, ebenso wie aktuelles Kartenmaterial, auch in Papierform vorgehalten, um im Falle technischer Probleme handlungsfähig zu bleiben. Außerdem existiert in vielen Leitstellen ein sogenannter Lageraum, der im Fall von Großschadenslagen genutzt wird.

Kapitel 29 – Gefahrenlehre, Brandbekämpfung, Gefahrgutunfälle

1. Erläutern Sie die „5A-1B-1C-5E-Regel".

Die 5A-1B-1C-5E-Regel umfasst mögliche Gefährdungen an der Einsatzstelle. Dabei steht jeder Buchstabe für eine mögliche Gefahr. Sie ist in kürzerer Form auch als „„4A-1C-4E-Regel" bekannt.

- Absturz
- Atemgifte
- Ausbreitung
- Atomare Gefahren
- Angstreaktionen
- Biologische Gefahren
- Chemische Gefahren
- Elektrizität
- Explosion
- Einsturz
- Erkrankung/Verletzung
- Ertrinken

2. Nennen Sie mindestens 5 taktischen Grundregeln bei der Brandbekämpfung.

© Ralf Hettler, Aschaffenburg

- Immer mit der Windrichtung vorgehen
- Löschmittel von vorne und unten beginnend in die Flammen einbringen
- Löschmittel gezielt auf den Brandherd geben
- Löschmittel stoßweise aufbringen!
- Löschmittelreserven für Rückzündungen bereithalten

Lösungen

3. Ergänzen Sie die Tabelle.

Brandklasse	Beschreibung
Brandklasse A	Brennbare feste Stoffe
Brandklasse B	Brennbare flüssige/flüssig werdende Stoffe
Brandklasse C	Brennbare Gase
Brandklasse D	Brennbare Leichtmetalle

4. Planen Sie Ihr Vorgehen.

Sie werden zu einem Verkehrsunfall mit einer eingeklemmten Person gerufen. Die Feuerwehr ist bereits vor Ort. Wie sollten Sie sich taktisch verhalten?

Stellen Sie Ihr Fahrzeug in ausreichendem Abstand auf, um das direkte Umfeld der Einsatzstelle für die Feuerwehr freizuhalten. Melden Sie sich nach dem Eintreffen umgehend beim Einsatzleiter und besprechen Sie die Lage. Hierzu kann eine gemeinsame Lagefeststellung bzw. -beurteilung erfolgen. Die jeweiligen Abläufe aus rettungsdienstlicher und feuerwehrtechnischer Sicht werden abgesprochen und festgelegt. Hierzu gehört auch die Raumstrukturierung an der Einsatzstelle.

Kapitel 29 – Gefahrenlehre, Brandbekämpfung, Gefahrgutunfälle

5. Nennen Sie mindestens 5 mögliche Hinweise auf einen Gefahrgutunfall.

- LKWs, Tanklastwagen, Tankschiffen, o.ä. beteiligt?
- Qualm- oder Rauchentwicklung erkennbar?
- Ausgetretene Substanzen erkennbar?
- Besondere Geräusche oder Gerüche wahrnehmbar?
- Krankheitszeichen bei mehreren Personen (z.B. bei Gasaustritt)?

6. Beschriften Sie die Abbildung

7. Erläutern Sie die „GAMS-Regel".

Die GAMS-Regel ist ein Akronym als Merkhilfe zum Vorgehen während eines Gefahrgutzwischenfalls. Sie enthält die 4 Eckpunkte des Vorgehens:
- Gefahr erkennen
- Absperren
- Menschenrettung, wenn möglich
- Spezialkräfte nachfordern

Die Spezialkräfte werden die weiteren, notwendigen Schritte einleiten und Sie entsprechend Ihres Auftrags einbinden. Die Gesamteinsatzleitung in solchen Lagen liegt immer bei der Feuerwehr.

8. Beschreiben Sie die Abläufe bei einer Verletztendekontamination.

Betroffene im Rahmen eines Gefahrgutunfalls können durch schädliche Substanzen kontaminiert sein. Dies kann sowohl für die Betroffenen selbst als auch für die Rettungskräfte zur Gefahr werden. Aus diesem Grunde erfolgt eine Dekontamination durch Spezialkräfte. Hierbei werden mehrere Bereiche an der Einsatzstelle, unter Nutzung spezieller Zeltanlagen, eingerichtet. Einer hiervon dient zur Sammlung der kontaminierten Patienten, ein weiterer dem Dekontaminationsvorgang. Dieser erfolgt im Regelfall durch Entkleidung und Waschung der Betroffenen mit besonderen Lösungen. Die Spezialkräfte tragen dazu Schutzanzüge, die sie vor den Gefahren durch die spezifischen Substanzen bewahren sollen. Erst danach dürfen die Patienten in den sogenannten „weißen Bereich", wo sie dem Rettungsfachpersonal zur Behandlung übergeben werden.

Kapitel 30 – Funk im Rettungsdienst

1. Nennen Sie mindestens 5 mögliche Beispiele für Funkwellen im Alltag.

- Handy
- Radio
- W-Lan
- Radar
- Schurlose Computertastatur

2. Finden Sie 9 versteckte Begriffe.

Tipp: Alle haben etwas mit analogem oder digitalem Funk zu tun.

U	V	E	U	Y	J	J	Z	W	X	G	C	C	B	B	Q
K	D	D	J	M	Q	L	M	V	H	G	R	Y	U	T	G
X	U	M	A	J	E	L	R	Q	A	A	L	Q	D	C	K
S	T	V	B	Q	V	G	Y	I	N	M	L	S	R	T	T
D	N	V	Z	B	O	S	S	E	D	M	J	K	L	M	B
K	D	T	E	T	R	A	A	N	F	K	E	B	A	N	D
F	E	S	A	T	Y	E	M	F	U	E	M	S	J	S	L
M	R	U	F	N	A	M	E	R	N	H	P	P	U	G	C
K	H	S	G	L	I	O	S	E	K	W	F	Y	L	S	J
P	Q	I	Z	V	B	R	P	Q	G	V	A	I	L	L	J
T	C	P	D	B	U	R	X	U	E	Y	N	Z	V	H	K
O	T	T	W	T	T	C	C	E	R	G	G	Z	K	B	D
L	G	H	E	W	W	R	R	N	Ä	E	E	V	C	X	W
U	O	D	H	D	M	E	V	Z	T	C	N	F	K	D	I
G	S	E	N	D	E	N	K	E	Z	W	N	E	T	Z	B
Y	V	O	O	X	N	H	Y	N	T	H	Z	X	H	I	V

3. Erläutern Sie den Begriff „OPTA".

Jedes Endgerät im Digitalfunk verfügt über eine eigene Endgeräte-Adresse, die „OPTA" („operativ taktische Adresse"). Sie besteht aus 24 Zeichen und ist, ähnlich einer Telefonnummer, auf der Gerätekarte gespeichert.

4. Planen Sie Ihr Vorgehen.

Sie transportieren einen Notfallpatienten unter Inanspruchnahme von Sonder- und Wegerechten in ein Krankenhaus. Sie führen das Fahrzeug und ihr Teampartner betreut den Patienten. Er bittet Sie im Verlauf des Transports ein NEF nachzufordern. Wie sollten Sie nun verfahren?

Beschließen Sie im Team, ob Sie von Ihrem Teampartner gebraucht werden oder ob Sie die Einsatzfahrt fortsetzen können. Sofern möglich, sollte das Fahrzeug dann für einen kurzen Moment zum Stillstand gebracht werden, wenn Sie den Funkspruch absetzen. Zuvor sollten Sie jedoch mehr Informationen einholen. Der Funkspruch an die Leitstelle sollte einen ungefähren Nachforderungsgrund (z.B. Hypotonie), die eigene Position, das Ziel und die ungefähre Route enthalten, damit diese es an das NEF weitergeben kann. Im Regelfall wird die Leitstelle Sie jedoch darum bitten, einen Direktkontakt mit dem NEF aufzubauen und einen Treffpunkt zu vereinbaren. Einen möglichen Rendezvous-Punkt sollten Sie sich schon im Vorfeld überlegen. Idealerweise wählen Sie dazu Hauptverkehrsstraßen und meiden Autobahnen.

5. Ergänzen Sie die Tabelle.

Vor-/Nachteile im Überblick	Analoger Funk	Digitaler Funk
Notruftaste	Keine (lediglich der Status „0“ ermöglicht ein Anschalten aller Mikrofone im Fahrzeug)	Bei allen Geräten vorhanden, ggf. sogar mit Ortungsfunktion
Datenübertragung	Sehr eingeschränkt	SDS (Short Data Service) ähnlich der SMS im Mobilfunkbereich
Einzelkommunikation	Offener Kanal für alle Nutzer mithörbar	End-to-end-Verschlüsselung und direkter Anruf auf einzelne Geräte
Sprachqualität	Netz- und witterungsabhängig	Deutlich verbesserte Sprachqualität durch digitale Filterung von störendem Lärm
Telefonie	Keine	Möglichkeit aus dem BOS-Funk in das öffentliche Telefonnetz zu kommunizieren besteht

6. Richtig oder falsch?

	Richtig	Falsch
Die Alarmierung des Rettungsdienstes erfolgt inzwischen fast ausschließlich digital.	✓	
Dies bietet einige Vorteile, so können zum Beispiel auch Textnachrichten zur Alarmierung gesendet werden.	✓	
Das Telenotarztsystem steht bundesweit flächendeckend zur Verfügung. Auf diesem Wege können zum Beispiel Medikamente verordnet werden.		✗
Ein Telenotarzt kann sowohl von Rettungsdienstmitarbeitern als auch von Pflegediensten und Patienten angerufen werden.		✗

7. Ergänzen Sie den Text.

gebündelt – Antwort – relevante – Abschluss – Höflichkeitsfloskeln – Buchstabieren – Funkgespräch – Gesprächspartners

Ein Funkgespräch ist ein definierter kurzer Informationsaustausch. Der Rufname des Gesprächspartners wird zuerst genannt, darauf folgend der eigene. Zudem muss jeder Funkspruch mit der Aufforderung zur Antwort („Kommen“), beendet werden. Bei Abschluss des Gesprächs wird dies mit dem Wort „Ende“ mitgeteilt. Es ist immer darauf zu achten, dass die Informationen so gebündelt wie möglich übermittelt werden. Dabei sollte man nicht relevante Details auslassen. Höflichkeitsfloskeln sollten unterlassen werden. Bei komplizierten Begriffen, etwa Eigennamen, kann das Buchstabieren mittels der deutschen Buchstabiertafel versucht werden.

8. Buchstabieren Sie den Nachnamen Kosalcyicz unter Zuhilfenahme der „deutschen Buchstabiertafel“.

Kaufmann – Otto – Samuel (Siegfried) – Anton – Ludwig – Cäsar – Ypsilon – Ida – Cäsar – Zacharias

Kapitel 31 – Rechtliche Grundlagen im Rettungsdienst

1. Nennen Sie mindestens 5 mögliche Arten im Rettungsdienst beschäftigt zu sein.

- Hauptberuflich
- Nebenberuflich
- Ehrenamtlich
- Im Rahmen eines freiwilligen sozialen Jahres
- Im Rahmen des Bundesfreiwilligendiensts

2. Nennen Sie mindestens 4 Beispiele für Vorschriften, aus denen sich die Rechte und Pflichten von hauptamtlichen Rettungsdienstmitarbeitern ergeben.

- Gesetze
- Arbeitsvertrag
- Dienstanweisungen
- Betriebsvereinbarungen

3. Richtig oder falsch?

	Richtig	Falsch
Die Anordnungsverantwortung trägt derjenige, der eine medizinische Maßnahme anordnet.	✓	
Die Durchführungsverantwortung trägt der Durchführende des Rettungsdienstes.		✗
Ein Übernahmeverschulden liegt dann vor, wenn eine Maßnahme angeordnet und durchgeführt worden ist, die fachlich nicht korrekt war.	✓	
Auch rechtswidrige Dienstanweisungen müssen zunächst durchgeführt werden, sie können aber im Nachhinein gerichtlich bewertet und für die Zukunft ausgeschlossen werden.		✗
Die Pflicht zur Dokumentation stellt eine sogenannte Nebenpflicht dar, die durch das Rechtsverhältnis zum Patienten begründet ist.	✓	

4. Bewerten Sie die Situation.

Ein Notarzt ordnet die Verabreichung von 3 Hüben Nitroglyzerin-Spray im Rahmen einer Herzinfarktbehandlung an. Der Patient hat jedoch einen Blutdruck von 70/40 mmHg. Müssen Sie die Gabe durchführen?

Bei der Gabe von Nitroglyzerin-Spray besteht immer die Gefahr eines Blutdruckabfalls. Es ist daher nur über einem systolischen Blutdruckwert von 90 mmHg zugelassen. Dementsprechend müssen Sie die Gabe nicht durchführen. Hieraus können Ihnen keine Nachteile entstehen. Es könnte sogar sein, dass Sie sich eines Übernahmeverschuldens schuldig machen, wenn Sie die Gabe wider besseren Wissens durchführen. Prinzipiell darf der Notarzt die Maßnahme jedoch im Rahmen seiner Behandlungsfreiheit selbst durchführen. Hier sollten Sie allerdings versuchen, ihm Ihre Argumente nahezubringen.

5. Erläutern Sie die sogenannte „Notkompetenz".

Die „Notkompetenz" bezieht sich begrifflich auf eine Stellungnahme der Bundesärztekammer, welche eine Empfehlung zur Durchführung invasiver Maßnahmen durch nicht ärztliches Rettungsfachpersonal zum Inhalt hat. Dabei wurde der Versuch unternommen, den § 34 StGB zu konkretisieren und auf rettungsdienstliches Handeln zu beziehen.

6. Nennen Sie die Bedingungen, die zum Handeln im Rahmen der Notkompetenz erfüllt sein müssen.

- Die konkrete Maßnahme ist medizinisch indiziert.
- Eine ausdrückliche oder mutmaßliche Einwilligung des Patienten in die konkrete Maßnahme liegt vor.
- Die konkrete Maßnahme wird fachgerecht durchgeführt.
- (Not-)Ärztliche Hilfe ist trotz An- oder Nachforderung nicht oder nicht rechtzeitig verfügbar oder erreichbar.
- Die konkrete Maßnahme ist zur unmittelbaren Abwehr von Gefahren für das Leben des Patienten oder von wesentlichen Folgeschäden dringend erforderlich.
- Das gleiche Ziel kann allein durch weniger invasive Maßnahmen nicht ebenso sicher erreicht werden.

7. Richtig oder falsch?

	Richtig	Falsch
Notfallsanitäter sind unter Umständen im Rahmen ihrer Garantenstellung zum Ergreifen invasiver Maßnahmen verpflichtet.	✓	
Rettungssanitäter sind unter Umständen im Rahmen ihrer Garantenstellung zum Ergreifen invasiver Maßnahmen verpflichtet.		✗
Rettungssanitäter dürfen im Rahmen der Notkompetenz die gleichen Maßnahmen durchführen, wie Rettungsassistenten oder Notfallsanitäter.		✗
Dies gilt insbesondere für die intravenöse Verabreichung von Medikamenten.		✗
Rettungshelfern sind keine invasiven Maßnahmen mit Ausnahme einer Defibrillation mit einem AED und ggf. der Implementierung eines Larynxtubus zuzumuten.	✓	

8. Wer trägt die straf- und haftungsrechtliche Verantwortung für durchgeführte Notkompetenzmaßnahmen?

✓ Das durchführende Rettungsfachpersonal

9. Unterscheiden Sie die Begriffe „Fahrlässigkeit" und „Vorsatz".

Ein Vorsatz liegt immer dann vor, wenn eine Tat mit Wissen und Wollen begangen wurde. So zum Beispiel stellt die Punktion einer Vene immer eine vorsätzliche (gefährliche) Körperverletzung dar. Fahrlässigkeit ist die billigende Inkaufnahme einer möglichen Handlungsfolge. So zum Beispiel ist es (grob) fahrlässig, den Punktionsbereich vor der Zugangsanlage nicht zu desinfizieren und damit eine Infektion billigend in Kauf zu nehmen.

10. Nennen Sie mindestens 5 Quellen für allgemeine und spezielle Strafvorschriften, die im Bereich des Rettungsdiensts Anwendung finden.

- Strafgesetzbuch
- Medizinproduktegesetz
- Arzneimittelgesetz
- Betäubungsmittelgesetz
- Infektionsschutzgesetz

11. Finden Sie 8 versteckte Begriffe.

Tipp: Sie alle beziehen sich auf rettungsdienstrelevante Rechtsvorschriften.

G	N	R	G	A	R	A	N	T	E	N	S	T	E	L	L	U	N	G	C
Y	O	V	N	X	Y	O	O	E	I	N	W	I	L	L	I	G	U	N	G
B	N	U	S	C	V	K	I	D	V	M	N	P	T	S	L	X	X	R	P
L	O	P	X	L	P	Ö	C	T	N	O	T	S	T	A	N	D	M	H	C
S	I	S	A	H	J	R	Y	I	M	K	D	N	W	G	T	V	R	W	D
S	M	V	W	P	O	P	M	C	K	W	K	T	L	A	Q	M	R	U	Q
C	I	Z	L	G	R	E	K	P	S	E	H	Ö	S	H	G	J	S	M	T
C	N	U	X	B	B	R	U	G	Q	J	U	T	H	N	Y	N	Q	J	N
V	A	G	R	O	O	V	U	B	B	V	H	U	M	G	Q	C	Q	Z	J
R	E	C	H	T	F	E	R	T	I	G	U	N	G	S	G	R	U	N	D
V	Y	W	O	P	T	R	N	H	J	G	G	G	D	F	O	S	Q	I	O
S	N	B	J	E	H	L	K	A	C	X	D	R	Y	S	H	A	X	Q	M
L	J	Y	P	D	A	E	O	S	N	D	O	H	V	V	Z	L	V	H	Y
X	P	Q	C	U	B	T	W	F	C	L	F	R	G	N	X	S	D	H	V
R	H	Q	S	J	P	Z	A	X	U	N	T	E	R	L	A	S	S	E	N
B	D	U	J	W	I	U	Z	I	C	W	C	U	Q	F	V	R	G	M	Z
Y	Z	Y	L	P	M	N	P	N	J	N	G	S	R	I	B	P	H	Q	F
T	O	I	S	T	W	G	N	W	V	Y	R	A	O	U	U	H	Y	Y	V
S	C	H	W	E	I	G	E	P	F	L	I	C	H	T	P	S	W	W	M
X	F	V	Y	O	K	W	P	Q	O	J	H	P	P	K	X	H	W	G	H

12. Bewerten Sie die Situation.

Sie betreten morgens die Rettungswache, als Sie Ihre Kollegen über eine Patientin reden hören, bei der einer der Anwesenden in der letzten Schicht zuhause war. Er erzählt von der Unordnung und der Verschmutzung der Wohnung und nennt in diesem Zusammenhang auch den Namen der Patientin und ihren genauen Wohnort. Ist dieses Verhalten juristisch zu beanstanden?

Der §203 StGB besagt, dass weder ein Arzt, noch dessen „berufsmäßig tätige Gehilfen“, bzw. Auszubildende zu „Gehilfen“, Patientengeheimnisse offenbaren dürfen, die ihnen in der Ausübung ihrer Tätigkeit anvertraut oder offenbart worden sind. Dementsprechend darf der Kollege die Lebensumstände der Patientin nicht weitergeben. Dies umfasst auch den Personenkreis der Kollegen, die nicht an dem Einsatz beteiligt waren, obwohl sie im selben Rettungsdienstbereich angestellt sind. Er könnte die Geschichte jedoch erzählen, wenn er dafür Sorge trägt, dass nicht nachvollziehbar ist, um welche Patientin es sich handelt.

13. Nennen und erläutern Sie die Paragrafen der Straßenverkehrsordnung, die die Fahrt mit Sonder- und Wegerechten regeln.

© Ralf Hettler, Aschaffenburg

§ 35 StVO regelt die Fahrt mit Sonderrechten. Diese besagen, dass bestimmte Fahrzeuge von den Vorschriften der Straßenverkehrsordnung entbunden werden können, wenn höchste Eile geboten ist, um Menschenleben zu retten oder schwere gesundheitliche Schäden abzuwenden. Sonderrechte entbinden allerdings nicht von der Sorgfaltspflicht im Straßenverkehr.
§ 38 StVO regelt die Fahrt mit Wegerechten. Diese besagen, dass Fahrzeugen, die blaues Blinklicht zusammen mit einem Einsatzhorn verwenden, umgehend freie Bahn zu schaffen ist. Auch hier gilt, dass höchste Eile zum Erhalt von Leben oder Gesundheit des Patienten geboten sein muss. Ein Erzwingen des Wegerechts ist nicht gestattet.

Lösungen

14. Richtig oder falsch?

	Richtig	Falsch
Rettungsfachpersonal wird durch einen speziellen Rechtsparagrafen vor Übergriffen geschützt.	✓	
Dabei wird explizit von „Widerstand gegen Personen, die Vollstreckungsbeamten gleichstehen“ gesprochen.	✓	
Als Folge hieraus lassen sich auch polizeiliche Befugnisse des Rettungsfachpersonals ableiten.		✗
Gewalttätige Personen können zum Schutze der Rettungskräfte von der Polizei in Gewahrsam genommen werden.	✓	

15. Nennen Sie die wichtigste Bedingung für eine wirksame Transportverweigerung durch einen Notfallpatienten.

Der Patient muss entscheidungs- und verweigerungsfähig sein.

16. Bewerten Sie die Situation.

Sie werden zu einer leblosen Person gerufen. Sie treffen vor dem NEF ein. Bereits an der Tür hält Ihnen die Ehefrau des Patienten eine handgeschriebene Patientenverfügung entgegen, die lebensverlängernde Maßnahmen ausschließt. Ihr Team untersucht den Patienten und stellt weder Puls noch Atmung fest. Dürfen Sie die Reanimation trotz Patientenverfügung einleiten?

Sie müssen die Reanimation sogar einleiten. Jeder Mensch hat das Recht, seine Wünsche für Krankheit und Tod zu Lebzeiten in Form einer Patientenverfügung darzulegen. Diese Wüsche sind generell auch unbedingt zu achten. Jedoch ist es dem Rettungsfachpersonal in dieser Situation nicht möglich, zu unterscheiden, ob es sich wirklich um den Willen des Patienten handelt oder ob die Patientenverfügung von jemand anderem verfasst wurde. Allerdings kann die Situation neu bewertet werden, wenn der hinzukommende Notarzt sich einen Eindruck von der Lage verschafft hat und versucht, eine Entscheidung im Sinne des Patienten zu treffen.

Kapitel 32 – Psychologische Aspekte

1. Definieren Sie den Begriff „Stress".

Das Wort „Stress" entspringt ursprünglich dem Lateinischen. Es lässt sich auf das Wort „strictus" zurückführen, das übersetzt „angezogen, stramm oder gespannt" bedeutet. Stress wird also als Spannungszustand des Organismus verstanden und ist somit zunächst einmal nicht nur negativ besetzt. Eine mögliche Stresseinteilung bietet somit auch die Aufteilung in positiven (Eustress) und negativen (Disstress) Stress an.

2. Ergänzen Sie die Tabelle mit jeweils mindestens 6 Aspekten.

Reaktionen auf Disstress

Mögliche psychosoziale Reaktionen auf Stress	Mögliche körperliche Reaktionen auf Stress
• Schwierigkeiten, Emotionen zu kontrollieren	• Erschöpfung
• Verlust an Vertrauen in sich selbst und andere	• Zittern
• Unfähigkeit zur Entspannung, Schlafstörungen	• Herzklopfen
• Neigung zu Substanzmissbrauch	• Kopf-, Nacken- und Rückenschmerzen
• Starke Gefühlsschwankungen	• Verstimmungen im Magen-Darm-Trakt
• Schuldgefühle über Dinge, die falsch oder nicht gemacht wurden	• Häufige Krankheit

3. Nennen Sie jeweils mindestens 3 mögliche Stressoren im Rettungsdienst.

Einsatzbedingte Stressoren	Berufs- und Standespolitische Stressoren	Innerbetriebliche Organisationsabläufe als Stressoren
• Schneller Wechsel zwischen Anspannungs- und Entspannungsphasen	• Missbrauch des Rettungssystems für andere Zwecke	• Vorschriften und Dienstanweisungen
• Schlafmangel	• Konflikte mit anderen Berufsgruppen	• Schlechtes Arbeitsklima
• Belastungen durch Tragen und Heben	• Rollenunklarheit	• Unterbezahlung

4. Bewerten Sie die Situation und planen Sie Ihr Vorgehen.

Ein Kollege von Ihnen, der sich immer sehr um die Wachgemeinschaft bemüht hat, ist in den letzten Monaten zusehends abweisend und zynisch geworden. Im Umgang mit den Patienten ist er ruppig und unfreundlich.

Auch wenn Sie nicht über ausreichende Informationen verfügen, ist es möglich, dass der betroffene Kollege an den Zeichen eines Burnouts leidet. Sie sollten, sofern Sie einen entsprechenden Draht zu ihm haben, ein Gespräch mit ihm suchen und gezielt fragen, was ihn belastet. Sollte dies nicht möglich sein, sollten Sie Kollegen oder Vorgesetzte mit der Bitte ansprechen, den Kollegen zu unterstützen. Hierbei sollten Sie aber unbedingt diskret vorgehen. Auch sollte versucht werden, Stressoren innerhalb Ihrer Arbeitsumgebung zu erfassen und diesen wenn möglich aktiv zu begegnen.

5. Nennen Sie mindestens 4 mögliche primäre und 4 mögliche sekundäre Symptome einer akuten Belastungsreaktion.

Akute Belastungsreaktion

Primäre Symptome	Sekundäre Symptome
• Gefühl der Empfindungslosigkeit • Konzentrationsunfähigkeit • Hilflosigkeit • Fehlen der emotionalen Reaktionsfähigkeit	• Ein- und Durchschlafstörungen • Sozialer Rückzug • Sich aufdrängende Wiedererinnerungen • Abweichendes Essverhalten

6. Beschriften Sie die Abbildung mit den entsprechenden Begriffen und Zeitangaben.

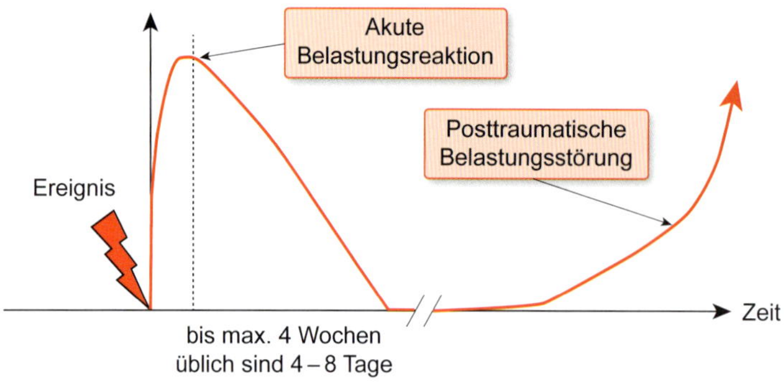

© Prof. Dr. med. K. Runggaldier, Bramsche/Heike Hübner, Berlin

7. Ergänzen Sie den Text.

Mitarbeiter – Sprache – formuliert – verstorben – Floskeln – Betreuung – Prinzipien – Basiskrisenintervention – Mobilisieren – Abschiednehmen – Einsatzgeschehen

Eine Basiskrisenintervention kann von jedem Mitarbeiter der Hilfs- und Notdienste durchgeführt werden. Hierzu sollten einige grundsätzliche Prinzipien berücksichtigt werden. Angehörige sollten, sofern möglich, niemals ausgegrenzt, sondern aktiv ins Einsatzgeschehen mit einbezogen werden. Zudem sollte die eigene Sprache überdacht und angepasst werden. Floskeln sind zu vermeiden und es sollte inhaltlich eindeutig formuliert werden. Eine kontinuierliche Betreuung der Betroffenen schafft Vertrauen und baut Ängste ab. Insbesondere in Situationen, bei denen Menschen verstorben sind, sollte der nötige Raum für ein angemessenes Abschiednehmen zur Verfügung gestellt werden. In solchen und ähnlichen Situationen empfiehlt sich das Mobilisieren sozialer Ressourcen, wie etwa weiteren Familienangehörigen oder Freunden.

8. Unterscheiden Sie PSNV-B und PSNV-E.

PSNV steht für „psychosoziale Notfallversorgung“. Die Kürzel „B“ und „E“ stehen für „Betroffene“ und „Einsatzkräfte“. Hier wurden also gezielt die Hilfsangebote für diese beiden Personengruppen getrennt. Der Umgang mit zivilen Betroffenen und Einsatzkräften unterscheidet sich stellenweise im großen Maße. Dabei ist insbesondere darauf zu achten, dass keine Techniken aus der Krisenintervention bei Einsatzkräften in der Betreuung von zivilen Betroffenen Anwendung finden. Dies könnte unter Umständen zu einer Verschlimmerung der Situation für die Betroffenen führen.

Kapitel 32 – Psychologische Aspekte

9. Zeichnen Sie das Kommunikationsquadrat nach Schulz von Thun ein und beschriften Sie die einzelnen Seiten.

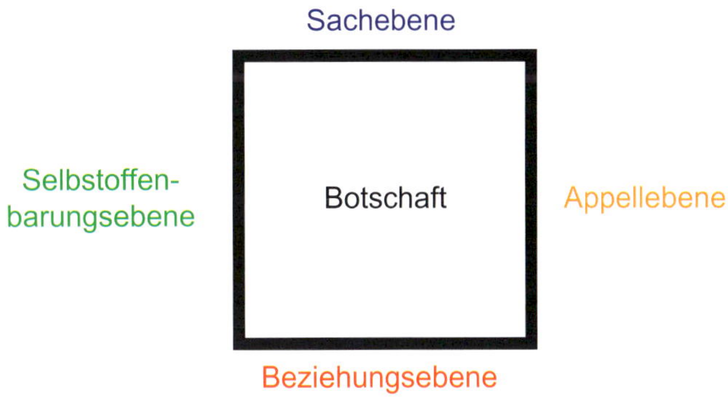

10. Richtig oder falsch?

	Richtig	Falsch
Menschen mit Sehbehinderung benötigen Orientierung über Sprache und ggf. über Körperkontakt.	✓	
Jedes „Anfassen" seitens des Rettungsfachpersonals sollte jedoch zuvor angekündigt werden.	✓	
Um gehörlosen Menschen das Lippenlesen zu vereinfachen, sollte man besonders überbetont sprechen.		✗
Bei Kindern steht in Notfallsituationen die Angst im Vordergrund. Diese liegt oftmals auch bei den Eltern vor.	✓	
Beim Umgang mit älteren Menschen ist viel Geduld aber auch eine gewisse Gleichgültigkeit notwendig, um sich nicht aus der Ruhe bringen zu lassen.		✗
Die Sprachbarriere bei fremdsprachigen Patienten stellt eine große Herausforderung dar. Zur Lösung dieses Problems können Hilfsmittel, wie etwa „Zeigebild-Bücher" verwendet werden.	✓	

11. Nennen Sie jeweils 4 Vor- und 4 Nachteile von Teamarbeit.

Vorteile	Nachteile
• Erhöhtes Sicherheitsgefühl • Aufteilung der Maßnahmen möglich • Kompensation und Stärkung unerfahrener Mitarbeiter • Das Fähigkeitspotenzial ist durch individuelle Kompetenzen deutlich erhöht	• Es kann schwerfallen, Ideen von einzelnen Mitgliedern eine Chance zu geben • Zeitlicher Aufwand ist unter Umständen erhöht • Möglicher Gruppenzwang • Mögliches Konkurrenzdenken

12. Beschreiben Sie mögliche Schwierigkeiten in Bezug auf die Teamarbeit in dieser Situation.

© J. Kümmel, Rechtenbach

Das Schwierige in dieser Situation ist, dass mindestens 4 verschiedene Teams zusammentreffen (RTW, NEF, Feuerwehr, Polizei) und ein neues, größeres Team mit dem gemeinsamen Auftrag der Patientenrettung bilden müssen. Diese einzelnen Teams haben teilweise sehr unterschiedliche Perspektiven und Herangehensweisen. Auch sind sie schlimmstenfalls nicht aufeinander abgestimmt. Insofern müssen eine klare Aufgabenverteilung und eine Aufteilung der Verantwortlichkeiten hergestellt werden. Zudem sollten regelmäßige Absprachen und Planungen des gemeinsamen Vorgehens erfolgen.

Kapitel 33 – Qualitätsmanagement im Rettungsdienst

1. Nennen Sie die 4 Abschnitte eines Qualitätsmanagementsystems nach der DIN-EN-ISO-9000-Reihe

- Verantwortung der Leitung
- Ressourcenmanagement
- Dienstleistungserstellung
- Messung, Analyse und Verbesserung

2. Unterscheiden Sie die Begriffe „Tätigkeit", „Prozess" und „System".

Eine „Tätigkeit" ist eine Arbeitshandlung, die entweder von Menschen oder Maschinen erbracht wird. Eine Abfolge von Tätigkeiten wird allgemein als „Prozess" bezeichnet. Wenn mehrere Prozesse zueinandergehören und miteinander wirken, so wird dies als „System" bezeichnet.

3. Richtig oder falsch?

	Richtig	Falsch
Der Kundenbegriff im Qualitätsmanagement umfasst sowohl die klassischen „Kunden" als auch Mitarbeiter oder andere Vertragspartner.	✓	
Ein „Produkt" ist immer das Ergebnis von Prozessen bzw. Tätigkeiten. Im Rettungsdienst hat sich der Produktbegriff nicht durchsetzen können. Hier wird von „Dienstleistungen" gesprochen.	✓	
Sowohl Dienstleistungen als auch Produkte können nach ihrer Fertigstellung noch korrigiert werden.		✗
Es existieren verschiedene Qualitätsdimensionen (Struktur-, Prozess- und Ergebnisqualität).	✓	
Qualitätsmanagement wird in der Regel von den sogenannten Betriebs- und Qualitätsräten geplant und organisiert		✗

4. Tragen Sie die 3 Ebenen der Qualitätsaufzeichnungen in die Abbildung ein.

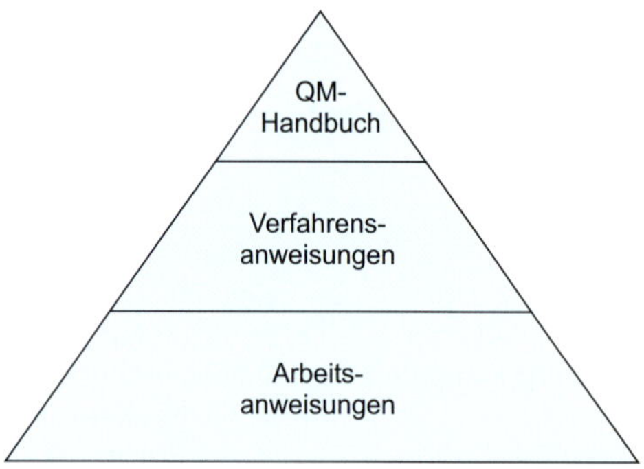

5. Geben Sie an, wie viele Jahre ein Qualitätszertifikat gültig ist, nachdem es erteilt wurde.

Drei Jahre

6. Definieren Sie den Begriff „Audit" und geben Sie den Unterschied zwischen „internen" und „externen Audits" an.

Bei einem Audit handelt es sich um eine systematische unabhängige Untersuchung, die feststellen soll, ob alle Tätigkeiten und Prozesse den qualitätsbezogenen Vorgaben gerecht werden. Das Audit wird von speziell geschulten Fachkräften, den sogenannten Auditoren durchgeführt. Bei einem internen Audit sind die Auditoren Mitarbeiter des jeweiligen Betriebs, bei einem externen Audit sind sie Mitarbeiter unabhängiger Prüforganisationen. Ziel eines Audits ist immer die Verbesserung der Prozesse im Unternehmen in Bezug auf die Qualitätsanforderungen.

7. Nennen Sie mindestens 5 Qualitätsziele im Rettungsdienst.

- Gutes Betriebsklima
- Leitliniengerechte Patientenversorgung
- Moderne technische Ausstattung
- Geringhaltung der Kosten
- Einhaltung des Hygieneplans

8. Ergänzen Sie den Text.

Nachvollziehbarkeit – Aspekte – Maximum – Einsatzmitteln – Desinfektionsplans – Qualitätsvorgabe – Behandlungsqualität – Medizintechnik – Qualitätsrichtlinien – Qualitätsvorgaben

Klare Qualitätsrichtlinien ermöglichen es dem Mitarbeiter, anhand einer Qualitätsvorgabe, tätig zu werden. Dies vereinfacht die Nachvollziehbarkeit von Prozessen und senkt das individuelle Haftungsrisiko. Sie ermöglichen zum Beispiel viele Aspekte der Patientenversorgung zu standardisieren und jedem Patienten auf diese Weise ein Maximum an Behandlungsqualität zu ermöglichen. Aber auch Prozesse, die nicht direkt mit der Patientenversorgung zu tun haben, profitieren von Qualitätsvorgaben. So ist das Einhalten des Desinfektionsplans eine Grundvoraussetzung für die Eindämmung multiresistenter Erreger. Standardisierte Prozesse im Bereich der Medizintechnik liefern Sicherheit im Umgang mit den Einsatzmitteln.

9. Tragen Sie die gesuchten Begriffe in den Regelkreis ein.

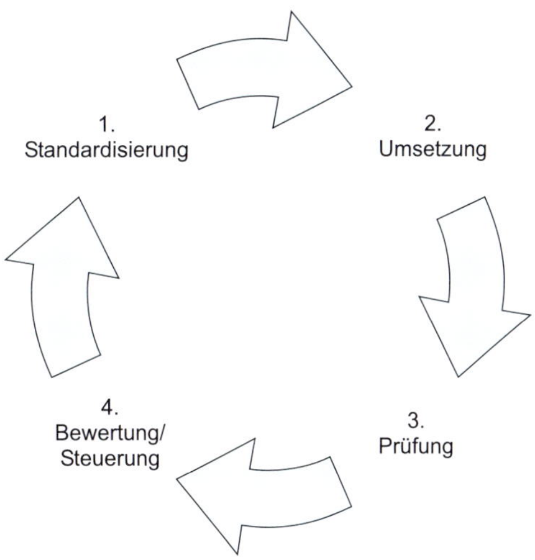

10. Nennen Sie mindestens 4 Schnittstellen des Rettungsdiensts, die durch ein gelungenes Qualitätsmanagement verbessert werden können.

- Kostenträger
- Lieferanten
- Krankenhäuser
- Angehörige

Kapitel 34 – Standardisierte Kurskonzepte und Kurssysteme

1. Finden Sie 9 versteckte Begriffe.

Tipp: Gesucht werden die Abkürzungen für internationale Kurssysteme.

S	P	I	O	Q	R	T	E	R	K	O	B	D	L
W	**E**	L	I	Q	N	V	I	P	N	U	F	D	Q
S	**P**	N	M	U	X	O	M	W	N	W	**A**	W	B
F	**C**	N	O	T	**A**	**C**	**L**	**S**	Q	E	**M**	S	C
E	Q	F	D	**A**	S	V	P	O	B	X	**L**	B	I
P	B	C	Q	**T**	O	Z	G	G	D	N	**S**	Z	H
D	W	V	Y	**C**	L	Y	**I**	**T**	**L**	**S**	**E**	P	E
X	V	U	O	**N**	K	U	S	**A**	O	V	**P**	V	**A**
P	L	S	G	M	Y	I	V	**T**	W	N	**L**	B	**L**
L	P	X	S	B	I	Q	W	**L**	K	M	**S**	S	**S**
J	W	P	D	P	A	X	S	**S**	J	N	X	Q	D
I	Z	Y	A	S	W	D	X	N	E	F	M	W	F
S	L	I	X	G	M	Q	R	U	Z	**P**	**A**	**L**	**S**
E	T	**P**	**H**	**T**	**L**	**S**	M	E	G	J	S	L	B

2. Schildern Sie die generellen Vorgehensweisen im Versorgungsablauf bei den meisten Kurskonzepten.

- Beurteilung der Einsatzstelle
- Ersteindruck am Patienten (General Impression)
- Primary Survey (ABCDE-Konzept)
- ggf. Reassessment (Neubeurteilung nach dem ABCDE-Konzept)
- Secondary Survey (Zweiter gründlicher Untersuchungsdurchgang)

3. Unterscheiden Sie „Provider-“ und „Instruktorenkurse“.

Bei einem „Providerkurs“ wird der theoretische und praktische Inhalt des jeweiligen Kurssystems trainiert und abgeprüft. Der Status, der damit erworben wird, ist der des Anwenders (Provider). Bei diesen Kursen können die Instruktoren (Ausbilder) ein sogenanntes Instruktorenpotential aussprechen. Dies eröffnet dem jeweiligen Teilnehmer den Zugang zu einem „Instruktorenkurs“. Hier werden die Lehraussagen des Kurssystems nochmals vertieft und ein didaktisches Training absolviert, das dem Teilnehmer das eigenständige Ausbilden des Kurssystems ermöglichen soll. Dabei erfolgt eine enge Begleitung durch die Ausbilder. Hiernach hat der Teilnehmer den Status eines „Instruktorenkandidaten“. Zum Status des Instruktors fehlen nun noch Unterrichtshospitationen, die beurteilt und bewertet werden.

4. Nennen Sie je 2 Vor- und 2 Nachteile internationaler Kurssysteme.

Vorteile	Nachteile
• Etablierung gemeinsamer Abläufe • Internationale Anerkennung	• Kosten • Ersetzen keine Erfahrung, ergänzen diese jedoch positiv

Kapitel 35 – Fallbeispiel: Erster Tag mit RTW-Dienst

Sie treten Ihren ersten Dienst als Aushilfe an einer Rettungswache in einer ländlichen Gegend an. Da sie spontan eingesprungen sind, kennen Sie die Kollegen noch nicht und fühlen sich daher etwas unsicher. Eigentlich hätten Sie erst zum Monatswechsel dort beginnen sollen. Sie werden allerdings sehr herzlich empfangen. Man ist dankbar, dass Sie Zeit gefunden haben, um einzuspringen und lässt Sie das auch spüren. Da Sie sich auch in Bezug auf das genutzte Material unsicher sind, erklärt sich Ihr Teampartner bereit, die Bestückung des RTW mit Ihnen durchzugehen.

1. Nennen Sie 4 Probleme, die bei mangelnder Materialkenntnis auftreten können.

- Zeit im Einsatz geht durch das Suchen verloren
- Durch das Suchen entsteht Hektik
- Diese Hektik wirkt verunsichernd und störend
- Außerdem kann es zu Anwendungsfehlern kommen

Noch während des Checkens werden Sie zu einem Notfalleinsatz alarmiert. Da sie spontan eingesprungen sind, haben Sie noch keine Geräteeinweisung für Defibrillator und Beatmungsgerät erhalten. Diese war für die kommende Woche angesetzt.

2. Entscheiden und begründen Sie, ob Sie den Einsatz annehmen dürfen.

Die Situation, in der Sie sich befinden ist äußerst unglücklich und hätte so nicht auftreten dürfen. Insbesondere Ihre Vorgesetzten hätten an diesen Schritt denken müssen. Es ist für Sie auf Dauer absolut notwendig, die Geräte selbstständig nutzen zu können und hierfür ist eine Einweisung rechtlich vorgeschrieben. Dennoch besteht grundsätzlich die Möglichkeit, diesen Einsatz aufzunehmen, wenn Ihr Kollegen, der als Einsatzleiter fungiert, über eine Einweisung verfügt. Hieraus folgt allerdings, dass nur er die genannten Geräte bedienen darf. Dies steht einer effektiven Teamarbeit entgegen, denn Ihnen ist so die aktive Zuarbeit nur eingeschränkt möglich. Ein möglicher Lösungsweg könnte wie folgt aussehen:
Benachrichtigen Sie die Leitstelle und erklären Sie die Umstände kurz. Wenn ein anderes Fahrzeug zur Verfügung steht, kann dieses für den Einsatz genutzt werden. Wenn nicht, sollten Sie den Einsatz umgehend aufnehmen. Bedenken Sie dann aber, dass es Ihnen nicht erlaubt ist, die genannten Geräte zu bedienen. Spätestens nach Beendigung des Einsatzes sollten Sie Ihren Vorgesetzten benachrichtigen und Ihr Fahrzeug außer Dienst nehmen. Im Idealfall kann eine Einweisung noch am selben Tag erfolgen.

Ihr Wachleiter entschuldigt sich telefonisch bei Ihnen für den Vorfall. Durch mehrere Krankheitsfälle, die unter anderem den MPG-Beauftragten und den stellvertretenden Wachleiter betreffen, sei Ihre Einweisung einfach untergegangen. Da er selbst auch einweisungsberechtigt ist, bietet er an, sofort zur Wache zu kommen, und Ihre Einweisung nachzuholen. Nach der Einweisung melden Sie Ihr Fahrzeug wieder als „einsatzbereit" und werden auch direkt zu einem Notfalleinsatz mit der Meldung „bewusstlose Person" alarmiert.
Als Sie vor Ort ankommen, liegt ein junger Mann auf der Straße vor einer Bushaltestelle. Ihr Teampartner führt die Erstuntersuchung durch. Dabei erhebt er auch die GCS.

3. Berechnen und bewerten Sie die GCS.

Kein Öffnen der Augen	1 Punkt
Keine verbale Reaktion	1 Punkt
Ungezielte Abwehrbewegungen	4 Punkte
Gesamt	**6 Punkte**

Der Patient ist schwer bewusstseinsgestört und bedarf entsprechend einer zügigen Versorgung. Insbesondere der Atemweg ist bei solchen Patienten immer als gefährdet einzustufen.

Lösungen

Während das NEF eintrifft, stellen Sie und Ihr Teampartner fest, dass der Patient einen Blutglukosewert von 30 mg/dl aufweist. Bei der körperlichen Untersuchung finden Sie eine laufende Insulinpumpe vor.

4. Erklären Sie, welche Schritte nun erfolgen müssen.

Die Insulinpumpe muss abgestellt und der Blutzuckerspiegel ausgeglichen werden. Bei der Insulinpumpe kann einfach der Bauchkatheter gezogen werden. Das Mittel der Wahl zur Behandlung einer Hypoglykämie ist hochkonzentrierte Glukoselösung (zumeist als G 20%). Für die Verabreichung ist ein venöser Zugang notwendig. Dieser muss unbedingt auf die richtige Lage geprüft werden, denn hochkonzentrierte Glukoselösung darf weder in das arterielle System, noch in das umliegende Gewebe gelangen. Im Idealfall gelingt es, den Patienten in den RTW zu verbringen oder ihm zumindest eine wärmende Decke überzulegen. Auch sollte er gezielt nach Verletzungen untersucht werden.

Nach der Medikamentengabe klart der Patient zunehmend auf. Er erklärt Ihrem Team, dass er unter einem Typ-1-Diabetes leide und wohl versehentlich die falsche Dosierung eingestellt habe. Er sei dankbar für Ihre Hilfe, würde aber nur ungerne ins Krankenhaus mitkommen.

5. Erläutern Sie die Bedingungen, die erfüllt sein müssen, damit der Patient die Mitfahrt rechtswirksam verweigern kann.

Zunächst einmal ist es wichtig festzuhalten, dass Patienten weder durch Rettungsfachpersonal noch durch Ärzte zu unserem Krankenhausaufenthalt gezwungen werden können. Dies wird jedem Menschen in Deutschland grundgesetzlich zugesichert. Dennoch steht das Einsatzteam in der Verantwortung, Sorge für das Wohl des Patienten zu tragen. Es muss sich also vergewissern, dass der Patient Einwilligungsfähig (also auch „Verweigerungsfähig") ist und es muss ihn über die möglichen Konsequenzen seines Handelns aufklären. Die Einwilligungsfähigkeit wird maßgeblich über die qualitative und quantitative Orientiertheit überprüft. Der Patient wird zur Person, Ort, Zeit und Situation befragt und es wird eingeschätzt, ob er die groben Folgen seiner Handlung angemessen einschätzen kann. Dabei gilt der Grundsatz, dass jeder Mensch auch das Recht auf Entscheidungen hat, die ihm womöglich schaden könnten. Auf der medizinischen Seite sollte erfragt werden, welche Sorte Insulin genutzt wird und ob noch andere Medikamente eingenommen werden, um das Risiko einer erneuten Unterzuckerung abschätzen zu können. Hierüber und über andere Risiken ist der Patient angemessen aufzuklären. Auch sollte er Ihnen bzw. dem behandelnden Notarzt die Verweigerung der Mitfahrt schriftlich bestätigen.

Nach Beendigung des Einsatzes füllen Sie Ihren Rucksack wieder auf. Das NEF gibt derweil die notwendigen Informationen zu dem Einsatz an die Leistelle weiter.

6. Kreuzen Sie die richtige Lösung an.

Auf welchem Status befindet Sich Ihr Fahrzeug, wenn Sie den Notfallort einsatzbereit verlassen?
✓ 1